安徽省成人高等教育公共网络课程教材

大学计算机
应用基础教程

许 勇 等 ◎ 著

安徽师范大学出版社
·芜湖·

策　　划：张奇才
责任编辑：桑国磊
装帧设计：丁奕奕
责任印制：郭行洲

图书在版编目(CIP)数据

大学计算机应用基础教程/许勇等著.—芜湖:安徽师范大学出版社，2014.12（2017.3 重印）
ISBN 978-7-5676-1277-8
Ⅰ.①大… Ⅱ.①许… Ⅲ.①电子计算机—高等学校—教材 Ⅳ.①TP3
中国版本图书馆CIP数据核字(2014)第101476号

大学计算机应用基础教程

许勇　等　著

出版发行：安徽师范大学出版社
　　　　芜湖市九华南路189号安徽师范大学花津校区　　邮政编码：241002
网　　址：http://www.ahnupress.com/
发 行 部：0553-3883578　5910327　5910310(传真)　　E-mail：asdcbsfxb@126.com
印　　刷：安徽芜湖新华印务有限责任公司
版　　次：2014年12月第1版
印　　次：2017年 3 月第2次印刷
规　　格：787 × 1092　1/16
印　　张：19
字　　数：462千
书　　号：ISBN 978-7-5676-1277-8
定　　价：37.50元

目　录

第1章　计算机基础知识

学习目标

1. 了解计算机的产生和发展。
2. 了解计算机的特点及应用。
3. 掌握信息在计算机中的表示方式。
4. 掌握计算机系统的组成及计算机硬件、软件知识。

重点和难点

1. 信息在计算机中的表示方式。
2. 计算机系统的组成及计算机硬件、软件知识。

电子计算机是一种能高速、准确、自动地对程序和数据进行处理的电子设备。由于它能模拟人大脑处理信息的部分功能，故又俗称电脑。电子计算机是人类20世纪最伟大的发明创造之一，是科学技术和生产力的结晶。经过60多年的飞速发展，如今它以不可阻挡之势迅速渗透到社会各个领域，正在改变人们的生活、学习、工作方式。掌握计算机基础知识和应用技术已成为现代人的基本素质之一，了解计算机的发展历史、硬件、软件和运行机制，是学习计算机必不可少的基础。

1.1　计算机的诞生与发展

需要是发明之母，计算工具及计算技术是随着人类实践的需求逐步发展起来的。当人类的脚步迈入20世纪时，两次世界大战并没有阻止科学技术的大发展，相反，正是战争的需要促使人类掌握了电子技术。就在第二次世界大战硝烟未散之时，具有划时代意义的计算工具——电子计算机诞生了。现在电子计算机的应用已远远超出了传统计算的范畴，已经深入人类生活的各个领域，极大地促进了人类智力解放的进程。

1.1.1　计算机的诞生

世界上公认的第一台数字式电子计算机，是由美国宾夕法尼亚大学的物理学家约翰·莫齐利（John Mauchly）和工程师普雷斯伯·埃克特（J.Presper Eckert）领导研制的，于1946年2月15日在美国宾夕法尼亚大学正式投入运行，取名为ENIAC（电子数值积分计算机，Electronic Numerical Intergrator And Computer）。它使用了17468个真空电子管，耗电150千瓦·

时，占地167平方米，重达27吨，每秒钟可进行5000次加法运算。它是在第二次世界大战中，美国陆军弹道研究所为了解决弹道问题所涉及的许多复杂计算而设计制造的。与现代的计算机相比，它体积庞大，耗电量也特别大，而存储容量却很小，运算速度也非常慢，但在当时它已是运算速度的绝对冠军，并且其运算的精确度和准确度也是史无前例的。ENIAC奠定了电子计算机的发展基础，开辟了一个计算机科学技术的新纪元。有人将其称为人类第三次产业革命开始的标志。

图1-1 世界第一台数字式电子计算机ENIAC

ENIAC并不完美，存在许多缺陷，最不能容忍的则是编排程序都要靠人工改接连线，因此每次解题都要靠人工改接连线，准备时间大大超过实际计算时间。美国数学家冯·诺依曼（John Von Neumann）考察了ENIAC后，提出了全新的计算机方案——离算变量自动电子计算机（Electronic Discrete Variable Automatic Computer，简称EDVAC）。它采用二进制编码表示机器指令和数据，在计算机中设置存储器，将要执行的指令和数据按顺序编成程序存储到计算机存储器中，依次取出存储的内容进行译码，并按照译码结果进行计算，从而实现计算机工作的自动化。整个计算机由运算器、控制器、存储器、输入设备和输出设备五个基本部分组成。60多年过去了，计算机的基本体系结构仍然沿袭着这种构思和设计，我们把这种体系结构的计算机称之为冯·诺依曼原理计算机。

1.1.2 计算机的发展阶段

从第一台计算机的诞生到现在，计算机走过了60多年的发展历程。在这期间，计算机技术的发展突飞猛进，应用领域不断拓宽，以致于影响到了人类的生活方式。根据计算机所使用的主要元器件来分，计算机的发展经历了4个阶段：

（1）第一代计算机（1946~1957年）——电子管计算机

其基本器件是电子管，内存为磁鼓，外存为磁带，运算速度为每秒几千次。这个时期计算机的特点是：体积庞大、运算速度慢、可靠性差、耗电量大、维修困难、价格昂贵、没有系统软件，用机器语言或汇编语言编程。计算机只能在少数尖端领域中得到应用，一般用于科学、军事等方面的计算。

（2）第二代计算机（1958～1964年）——晶体管计算机

其电子元件主要是半导体晶体管，内存为磁芯存储器，外存为磁盘，运算速度为每秒几万次至几十万次。相对于第一代计算机而言，其特点是：体积缩小、重量减轻、耗电量减少、运算速度加快、可靠性增强，系统软件出现了监控程序，提出了操作系统概念，出现了高级语言，如FORTRAN、ALGOL 60等。使用范围也扩展到数据处理和实时控制。

（3）第三代计算机（1965～1970年）——中、小规模集成电路计算机

这个时期的计算机采用中、小规模集成电路作为基本器件，内存除磁芯外，还出现了半导体存储器，外存为磁盘，运算速度达每秒几千万次。其特点是：体积更小，耗电量、价格等方面进一步下降，运算速度、可靠性等进一步提高，系统软件有了很大发展，出现了分时操作系统和会话式语言，采用结构化程序设计方法，为研制复杂的软件提供了技术上的保证。应用范围扩展到更多领域。

（4）第四代计算机（1971年至今）——大规模和超大规模集成电路计算机

这个时期的计算机采用大规模和超大规模集成电路作为基本器件，内存为半导体集成电路，外存为磁盘、光盘、U盘，运算速度达每秒几亿次～几亿亿次。其特点是：体积、重量、耗电量、价格等方面比上一代计算机进一步下降，运算速度和可靠性等方面大幅度提高，并不断地向大存储容量、高速度方面发展。在系统结构方面，发展了并行处理技术、分布式计算机系统和计算机网络等。在软件方面，发展了数据库系统、分布式操作系统、高效而可靠的高级语言以及软件工程标准化等，并逐渐形成软件产业部门。计算机的发展进入了以计算机网络为特征的时代。计算机的应用深入到社会生活的方方面面。

从20世纪80年代开始，发达国家开始研制第五代智能计算机，它是一种有知识、会学习、能推理的计算机，具有能理解自然语言、声音、文字和图像的能力，并且具有说话的能力，使人机能够用自然语言直接对话，可以利用已有的和不断学习到的知识，进行思维、联想、推理，并得出结论，能解决复杂问题，具有汇集、记忆、检索有关知识的能力。智能计算机突破了传统的冯·诺依曼式机器的概念，舍弃了二进制结构，把许多处理机并联起来并行处理信息，大大提高了运行速度。它的智能化人机接口使人们不必编写程序，只需发出命令或提出要求，电脑就会完成推理和判断，并且给出解释。智能计算机目前仍处于研制中。

1.1.3　微型计算机的发展

微型计算机，简称微机或PC（Personal Computer）机是1971年出现的，属于第四代计算机。它的一个突出特点是将运算器和控制器做在一块集成电路芯片上，一般称为微处理器MPU（Micro Processor Unit）。根据微处理器的集成规模和功能，又形成了微机的不同发展阶段。世界上第一台微机是由美国Intel公司年轻的工程师马西安·霍夫（M.E.Hoff）于1971年研制成功的。它把计算机的全部电路做在四个芯片上：4位微处理器Intel 4004、320位（40字节）的随机存取存储器、256字节的只读存储器和10位的寄存器，它们通过总线连接起来，于是就组成了世界上第一台4位微型电子计算机——MCS-4，从此揭开了微机发展的序幕。

第一代微处理器和微型计算机（1971～1973年），是微机的问世阶段，主要的微处理器

是1972年由Intel公司研制的8位微处理器Intel 8008，由它装备起来的计算机称为第一代微型计算机。

第二代微处理器和微型计算机（1974～1977年），主要采用速度较快的8位微处理器。代表产品有Intel公司的Intel 8085、Motorola公司的M6800、Zilog公司的Z80等。这些微处理器有完整的配套接口电路，如可编程的并行接口电路、串行电路、定时/计数器接口电路，以及直接存储器存取接口电路等，并且已具有高级中断功能。软件除采用汇编语言外，还配有BASIC、FORTRAN、PL/M等高级语言及相应的解释程序和编译程序，并在后期配上了操作系统。

第三代微处理器和微型计算机（1978～1984年）。超大规模集成电路（VLSI）工艺的研制成功，使一个硅片上可以容纳十万个以上的晶体管。代表产品是Intel 8086、Z8000和MC68000。这类16位微型计算机都具有丰富的指令系统，采用多级中断系统、多种寻址方式、多种数据处理形式、分段式存储器结构及乘除运算硬件，电路功能大为增强。软件方面可以使用多种语言，有常驻的汇编程序、完整的操作系统、大型的数据库，并可构成多处理器系统。

第四代微处理器和微型计算机（1985～1992年）。在每个单片硅片上可集成几十万个晶体管。典型产品有Intel的80386、National Semiconductor的16032、Motorola的68020等。在32位微处理器中，具有支持高级调度、调试及系统开发的专用指令。由于集成度高，系统的速度和性能大为提高，可靠性增加，成本降低。

第五代微处理器和微型计算机（1993～1995年）。随着人们对图形图像、定时视频处理、语音识别、大规模财务分析和大流量客户机/服务器应用等的需求日益迫切，第四代微处理器已难以胜任此类任务。于是，在1993年3月，Intel公司率先推出了第五代微处理器体系结构产品——Pentium（奔腾），也称为80586。从它的设计制造工艺到性能指标，都比第四代产品有了大幅度的提高。

1998年Intel公司推出PentiumⅡ、Celeron，后来又推出PentiumⅢ。2004年6月，Intel发布了PentiumⅣ 3.4GHz处理器。为了降低功耗、提高运行速度，2004年开始Intel公司向多核微处理器方向发展。2008年10月，Intel公开展出首款80核处理器原型：Teraflops Research Chip，它也是Intel公司在“万亿级计算”研究领域内取得的最新成果。

微机具有体积小、重量轻、功耗小、可靠性高、对使用环境要求低、价格低廉、易于成批生产等特点。所以，微机一出现，就显示出它强大的生命力，同时也大大推动了计算机的普及和应用。随着计算机、网络、通信技术的发展，微机派生出许多移动智能设备，如笔记本电脑、平板电脑、智能手机等，而且微机日益与家用电器融为一体形成智能家居产品。

1.1.4 中国计算机的发展

我国从1956年开始研制计算机，1958年研制成功第一台电子管计算机——103机。1959年夏研制成功运行速度为每秒1万次的104机，这是我国研制的第一台大型通用电子管数字计算机。103机和104机的研制成功，填补了我国在计算机技术领域的空白，为促进我国计算机技术的发展做出了贡献。1964年研制成功晶体管计算机，1971年研制了以集成电路为主要器件的DJS系列机。在微型计算机方面，研制开发了长城系列、紫金系列、联想系列等微机，并取得了迅速发展。此外我国在CPU的自主研制方面已取得突破性进展，2012年由中国科学院计算技术研究所推出的龙芯3B，是首款国产商用8核处理器，主频达到1GHz，支持矢量运算加速，峰值计算能力达到128GFLOPS，具有很高的性能功耗比。相信在不久的将来，有更多的计算机使用“中国芯”。

在国际高科技竞争日益激烈的今天，高性能计算机技术及应用水平已成为显示综合国力的一种标志。1978年，邓小平同志在第一次全国科技大会上曾说：“中国要搞四个现代化，不能没有巨型机！”。30多年来，在我国计算机界专家的不懈努力下，取得了丰硕成果，“银河”、“曙光”和“神威”计算机的研制成功，使我国成为具备独立研制高性能巨型计算机能力的国家之一。

1983年底，我国第一个被命名为“银河”的亿次巨型电子计算机诞生了。1992年，10亿次巨型电子计算机银河－Ⅱ研制成功。1997年6月，每秒130亿次浮点运算，全系统内存容量为9.15GB的银河－Ⅲ并行巨型计算机在北京通过国家鉴定。2000年由1024个CPU组成的银河－Ⅳ超级计算机研制成功，峰值性能达到每秒1.0647万亿次浮点运算。2009年10月29日由国防科技大学研制的“天河一号”在湖南长沙亮相，每秒钟1206万亿次的峰值速度和每秒563.1万亿次的Linpack实测性能，使中国成为继美国之后世界上第二个能够自主研制千万亿次超级计算机的国家。国际TOP500组织2013年11月18日公布的最新全球超级计算机500强榜单上，中国“天河二号”以峰值计算速度每秒5.49亿亿次，持续计算速度每秒3.39亿亿次双精度浮点运算的优异性能位居榜首。

1995年5月曙光1000研制完成，这是我国独立研制的第一套大规模并行机系统，打破了国外在大规模并行机技术方面的封锁和垄断。1998年，曙光2000－I诞生，它的峰值运算速度为每秒200亿次浮点运算。1999年9月，曙光2000－II超级系统问世，它是国家863计划的重大成果，峰值速度达到每秒1117亿次，内存高达50GB。2004年6月，曙光4000A超级服务器的计算能力突破了每秒11万亿次。2008年6月，中国曙光信息事业有限公司发布的超级计算机曙光5000A，它的峰值运算速度达到每秒230万亿次。2010年5月27日，曙光公司推出高性能计算机“星云”，其峰值性能达每秒2984万亿次，实测Linpack性能达到每秒1271万亿次，是我国目前最快的计算机。国际TOP500组织2010年5月31日发布最新的500强名单，“星云”跻身世界超级计算机第二位。

1999年9月，“神威Ⅰ”并行计算机研制成功并投入运行，其峰值运算速度可高达3840亿浮点运算。2007年研制的“神威3000A”运算速度可达每秒18万亿次浮点运算。

我国在巨型机技术领域中取得了跨“银河”、迎“曙光”、显“神威”的鼓舞人心的巨大成就。

1.1.5 计算机的发展趋势与未来计算机

1. 计算机的发展趋势

随着人类社会的不断发展，科学技术的不断进步，人类活动的不断拓展，对计算机技术也在提出新的需求，计算机技术（包括硬件技术和软件技术）还要继续发展，其发展趋势可以归纳为以下几个方面。

（1）巨型化（功能巨型化）

巨型化不是指计算机的体积巨大，而是指存储容量更大、运算速度更快、功能更强。其运算速度一般在每秒百万亿次以上、内存容量达到数十TB。巨型计算机主要用于尖端科学技术和军事国防系统的研究开发。

巨型计算机的发展集中体现了计算机科学技术的发展水平，推动了计算机系统结构、硬件和软件的理论和技术、计算数学以及计算机应用等多个科学分支的发展。

（2）微型化（体积微型化）

微型化是指在保持计算机功能的前提下，使其体积越来越小。微型计算机已经形成了台式机、笔记本、个人数字助理和嵌入式计算机多个系列。随着微电子技术的进一步发展，微型计算机将发展得更加迅速，未来体积更小、功能更强、操作简便、价廉物美的微型计算机将走进了千家万户，辅助着人们的生活、学习和工作。

（3）网络化（资源网络化）

网络化是指利用通信技术和计算机技术，把分布在不同地点的计算机互联起来，按照网络协议相互通信，以达到所有用户都可共享软件、硬件和数据资源的目的。现在，计算机网络在交通、金融、企业管理、教育、邮电、商业等各行各业中得到广泛的应用。

目前各国都在开发三网合一的系统工程，即将计算机网、电信网、有线电视网合为一体。将来通过网络能更好地传送数据、文本资料、声音、图形和图像，用户可随时随地在全世界范围拨打可视电话或收看任意电视和电影。

（4）智能化（处理智能化）

智能化就是要求计算机能模拟人的感觉和思维能力，也是第五代计算机要实现的目标。智能化的研究领域很多，其中最有代表性的领域是专家系统和机器人。目前已研制出的机器人可以代替人从事危险环境的劳动，运算速度为每秒约十亿次的“深蓝”计算机已在1997年战胜了国际象棋世界冠军卡斯帕罗夫。

2. 未来计算机

展望未来，计算机的发展必然要经历很多新的突破。从目前的发展趋势来看，未来的计算机将是微电子技术、光学技术、超导技术和电子仿生技术相互结合的产物。在不久的将来，神经网络计算机、生物计算机、量子计算机、光子计算机、超导计算机等全新的计算机也会诞生，届时计算机将发展到一个更高、更先进的水平。

（1）神经网络计算机

近年来，日、美、西欧等大力投入对人工神经网络（Artificial Neural Network，简称ANN）的研究，并取得很大进展。人脑是由数千亿个脑细胞（神经元）组成的网络系统。神经网络计算机，就是用简单的数据处理单元模拟人脑的神经元，从而模拟人脑活动的一种巨型信息处理系统。它具有智能特性，能模拟人的逻辑思维、记忆、推理、设计、分析、决策等智能活动，人、机之间有自然通信能力。

（2）生物计算机

1994年11月美国首次公布对生物计算机的研究成果。生物计算机使用生物芯片。生物芯片是由生物工程技术产生的蛋白分子为主要原材料的芯片。生物芯片具有巨大的存储能力，数据处理的速度比当今最快巨型机的速度还要快百万倍以上，而能量的消耗仅为其十亿分之一。由于蛋白质分子具有自我组合的特性，从而可能使生物计算机具有自调节能力、自我修复能力和自我再生能力，更能易于模拟人类大脑的功能。

（3）量子计算机

1996年初，美国的科学家发现在某种条件下，光子能够发生相互作用。这个发现能够被用来制造新的信息处理器件，从而导致出现世界上性能最好的超级计算机。

加利福尼亚理工学院的物理学家已经证明，个体光子通常不相互作用，但是当它们与光学谐振腔内的原子聚在一起时，它们相互之间会产生强烈影响。光子的这种相互作用，能用于改进利用量子力学效应的信息处理器件的性能。这些器件转而能形成建造“量子计算机”的基础，量子计算机的性能能够超过基于常规技术的任何处理器件的性能。量子计算于1994年跃居科学前沿，当时研究人员发现了在量子计算机上分解大数因子的一种数学技术。这种数学技术意味着，在理论上，量子计算机的性能能够超过任何可以想象的标准计算机。量子计算机潜在的用途将涉及人类生活的每一个方面，从工业生产线到公司的办公室，从军用装备到学生课桌，从国家安全到自动柜员机。科学家们在实验中已经证明，光子和光学谐振腔内的原子之间的相互作用，能为建造光学量子逻辑门奠定基础。

（4）光子计算机

在光子计算机中，利用光导纤维来传递光信号，由各种光学元件及用光信号控制的逻辑元件组成各种光学回路，用光信号来实现信息的贮存、运算及逻辑判断。不同的光信号沿着各自的通道或并行通道传送，彼此毫无干扰，光导纤维虽然比电线细得多，但一条线路可以同时进行好多路信息的传输。常规地，如果有几个信号在同一条电路中，电子就可能相碰，影响传递质量。因此，光子计算机能并行处理大量的数据，并且能用激光磁盘等方式存贮信息，使存贮容量成千上万倍地增长。光子计算机使用能以光速处理信息的线路取代常规的电子线路，使计算机的速度成百倍增加，而消耗的电能只有电子计算机的百分之一。

（5）超导计算机

超导计算机是使用超导体元器件的高速计算机。所谓超导，是指有些物质在接近绝对零度（相当于-269摄氏度）时，电流流动是无阻力的。1962年，英国物理学家约瑟夫逊提出了超导隧道效应原理，即由超导体—绝缘体—超导体组成器件，当两端加电压时，电子便会像通过隧道一样无阻挡地从绝缘介质中穿过去，形成微小电流，而这一器件的两端是无电压的。约瑟夫逊因此获得诺贝尔奖。

用约瑟夫逊器件制成电子计算机，称为约瑟夫逊计算机，也就是超导计算机，又称超导电脑。这种电脑的耗电仅为用半导体器件制造的电脑所耗电的几千分之一，它执行一个指令只需十亿分之一秒，比半导体元件快10倍。日本电气技术研究所研制成世界上第一台完善的超导电脑，它采用了4个约瑟夫逊大规模集成电路，每个集成电路芯片只有3~5立方毫米大小，每个芯片上有上千个约瑟夫逊元件。

1.2 计算机的特点和应用领域

1.2.1 计算机的分类

计算机发展到今天，种类繁多，可以从不同的角度对它们进行分类。

1. 按处理数据的形态分类

按处理数据的形态分类，可以分为数字计算机、模拟计算机和混合计算机。

（1）数字计算机

数字计算机所处理的数据是以0和1表示的二进制数字，是不连续的数字量。如职工人数、工资数据等。处理结果以数字形式输出；其基本运算部件是数字逻辑电路。数字计算机的优点是精度高、存储量大、通用性强。目前，常用的计算机大都是数字计算机。

（2）模拟计算机

模拟计算机所处理的数据是连续的，称为模拟量。模拟量以电信号的幅值来模拟数值或某物理量的大小，如电压、电流、温度等都是模拟量。所接受的模拟数据经过处理后，仍以连续的数据输出，这种计算机称为模拟计算机。一般说来，模拟计算机解题速度快，但不如数字计算机精确，且通用性差。模拟计算机常以绘图或量表的形式输出。

（3）混合计算机

它集数字计算机和模拟计算机的优点于一身，既可以处理数字信息，又可以处理模拟信息。

2. 按使用范围分类

按使用范围分类，可以分为通用计算机和专用计算机。

（1）通用计算机

能适用于一般科技运算、学术研究、工程设计和数据处理等广泛用途的计算机。通常所说的计算机均指通用计算机。

（2）专用计算机

这是为适应某种特殊应用而设计的计算机，其运行程序不变，效率较高，速度快，精度较高，但不宜作它用。如飞机的自动驾驶仪，坦克上的火控系统，都属专用计算机。

3. 按性能分类

这是最常用的分类方法，所依据的性能主要包括字长、存储容量、运算速度、外部设备、允许同时使用一台计算机的用户数和价格等。根据这些性能可将计算机分为超级计算机、大型计算机、小型计算机、微型计算机和工作站5类。

（1）超级计算机（Super Computer）

超级计算机又称巨型机。它是目前功能最强、速度最快、价格最贵的计算机。一般用于解决诸如气象、太空、能源、医药等尖端科学研究和战略武器研制中的复杂计算。它们安装在国家高级研究机关中，可供几百个用户同时使用。这种机器价格昂贵，号称国家级资源。世界上只有少数几个国家能生产这种机器，如美国克雷公司生产的Cray-1、Cray-2和Cray-3都是著名的巨型机。我国自主生产的天河二号、星云、神威、深腾等都属于巨型机。巨型机的研制开发是一个国家综合国力和国防实力的体现。

（2）大型计算机（Mainframe Computer）

这种机器也有很高的运算速度和很大的存储容量，并允许相当多的用户同时使用。当然还不及超级计算机，价格也相对比巨型机便宜。大型机通常都像一个家庭一样形成系列，如IBM4300系列、IBM9000系列等。同一系列的不同型号的机器可以执行同一个软件，称为软件兼容。这类机器通常用于大型企业、商业管理或大型数据库管理系统中，也可用作大型计算机网络中的主机。

(3) 小型计算机 (Mini Computer)

其规模比大型机要小，但仍能支持十几个用户同时使用。这类机器价格便宜，适用于中小型企事业单位使用。像DEC公司生产的VAX系列，IBM公司生产的AS/400系列都是典型的小型机。

(4) 微型计算机 (Micro Computer)

其最主要的特点是小巧、灵活、便宜。不过通常一次只能供一个用户使用，所以微型计算机也叫个人计算机 (Personal Computer)。近几年又出现了体积更小的微机，如笔记本型、膝上型、掌上型微机等。

微型计算机还可按字长分为8位机、16位机、32位机和64位机；按结构分为单片机、单板机、多芯片机和多板机；按CPU芯片分为286机、486机、Pentium机、PentiumⅡ和PentiumⅢ机等。

(5) 工作站 (Work Station)

它与功能较强的高档微机之间差别并不十分明显。通常，它比微型机有更大的存储容量和较快的运算速度，而且配备大屏幕显示器。主要用于图像处理和计算机辅助设计等领域。不过，随着计算机技术的发展，包括前几类机器在内，各类机器之间的差别有时也不再是那么明显了。如，现在高档微机的内存容量比前几年小型机甚至于大型机的内存容量还大得多。

随着网络时代的到来，网络计算机 (Network Computer) 的概念也应运而生。Acorn公司在1997年底推出了网络型计算机。其主要宗旨是适应计算机网络的发展，降低机器成本。这种机器只能联网运行而不能单独使用，它不需配置硬盘，所以价格较低。

1.2.2　计算机的主要特点

曾有人说，机械可使人类的体力得以放大，计算机则可使人类的智慧得以放大。作为人类智力劳动的工具，计算机具有以下主要特点。

1. 运算速度快

计算机是速度最快的计算工具，一些先进的巨型机的运算速度已达到每秒数亿亿次。如中国的“天河二号”巨型机。随着科学技术的发展，计算机的运算速度还会越来越快。它为人们赢得了时间，使许多极复杂的科学问题得以解决。在国防建设、石油勘探、生物制药和天气预报等领域，快速的高性能计算机有着特殊的作用。

2. 计算精度高

由于计算机采用二进制数字进行运算，因此计算精度主要由表示数据的字长决定。随着字长的增长和配合先进的计算技术，计算精度不断提高，可以精确到几十位，甚至上百位，可以满足各类复杂计算对计算精度的要求。2009年筑波大学研究人员借助最新的超级计算机系统，仅花费73小时36分钟，就将圆周率计算到小数点后25769.8037亿位。

3. 具有记忆和逻辑判断功能

计算机的记忆能力是通过存储器系统来实现的。计算机可以存储程序，也可以存储原始数据、运算过程中的中间结果以及最后结果。随着微电子技术的发展，计算机内存储的容量越来越大。目前一般的微机内存容量已达数百GB。加上大容量的U盘、光盘等外部存储器，实际上存储容量已达到了“海量”。计算机不仅能进行算术运算，还可以进行逻辑运算，即可以对数据信息进行判断、比较或逻辑运算，根据结果决定后续命令的执行，具有智能的特点。

4. 具有自动、连续运行的能力

计算机采用存储程序的工作方式，人们把解决问题的方法编成程序存入计算机，计算机就能够自动、连续地执行事先编制好的程序，并按要求输出完整的计算结果。这是它与其他计算工具的本质区别，也是它最突出的优点之一。

5. 适用范围广，通用性强

计算机是靠存储程序控制进行工作的。不同的应用领域中，只要编制和运行不同的应用软件，计算机就能在此领域中很好地服务，即通用性极强。

1.2.3 计算机的应用领域

计算机，特别是微型计算机性能的不断提高，价格不断下降，使得计算机技术在现代社会各方面得到了非常广泛的应用。目前计算机的应用领域可归纳为以下几个方面。

1. 科学计算

科学计算是计算机的一个传统应用领域，也是应用最早、最重要的一个应用领域。发明计算机的最基本目的，就是解决工程研究与设计中所涉及的各种复杂的数学计算，目前它已广泛应用于航空航天、军事、气象、高能物理、地质勘探等方面。

2. 信息处理

信息处理是计算机应用最广泛的一个领域。信息处理是指计算机对外部设备送来的各种复杂的数据信息进行采集、加工、分类、存储、传送、检索等综合性的处理工作。如生产管理、财务管理、档案管理等各种管理中的数据库应用，以及办公自动化中的文字处理和文件管理。例如计算机在企业管理、物资管理、数据统计、账务计算、情报检索等方面的应用。利用计算机极大地提高了信息处理的质量和效率。

3. 过程控制

生产过程的自动控制，是计算机应用中的另一广泛领域，即由计算机进行数据检索、采集，实现自动检测、自动调节和自动控制，其特点是精确度高、速度快、反应灵敏。典型的应用领域有：生产过程控制、交通自动管理、火警自动警报系统、导弹控制系统等。

4. 计算机辅助技术

计算机辅助技术包括辅助设计、辅助教育、辅助制造等。

计算机辅助设计CAD（Computer-Aided Design）是利用计算机帮助各类设计人员进行设计的技术，它可以取代传统的图纸设计，加快设计速度，提高设计的精度和质量，在建筑工程、机械部件、家电产品和服装等设计领域应用非常广泛。

计算机辅助教育CBE（Computer-Based Education）包括计算机辅助教学CAI（Computer Aided Instruction），计算机辅助测试CAT（Computer Aided Test），计算机管理教学CMI（Computer Managed Instruction）。其中CAI是通过人机交互方式帮助学生自学，代替教师提供丰富的教学资料和进行各种问答式教学，改变了过去传统的教学模式，使教学内容生动形象、图文并茂。CAT是利用计算机进行模拟实验、自我测评等，帮助学生了解实验的过程，分析学习过程中的不足。随着多媒体技术和网络技术的发展与应用，远程教学和网上学习已越来越普及，为学习者提供了更多、更便利的学习方式。

计算机辅助制造CAM（Computer-Aided Manufacturing）是利用计算机控制生产过程，即用计算机进行生产设备的管理、控制和操作，它能提高产品质量、降低成本、缩短生产周期，对经济的发展起着重要的作用。

5. 模拟系统

用计算机系统进行复杂系统的仿真实验和研究，为复杂系统的研制提供了低成本与高准确度的辅助手段，大大降低了成本，缩短了周期。此外，计算机系统能够与图形显示、动态模拟系统组成逼真的模拟训练系统，在飞行训练、军事演习、技能评估等方面得到了很好的应用。

6. 网络通信

计算机与通信技术的结合引起了信息技术的巨大革命。将许多计算机用通信线路（或专用线路）连接，形成了计算机网络。计算机网络可以传递语音、图像、文字和数据，不同的计算机可通过网络共享信息资源。例如，银行计算机网络使得资金周转加快，用户可异地存取款；国际互联网（Internet）将全世界的计算机连接在一起，人们可以在任何一台连到互联网的计算机上访问网上的其他任何一台计算机，并且可以和它联络和交换信息，可以共享世界各国的信息资源。

7. 人工智能

人工智能AI（Artificial Intelligence）是计算机应用发展的又一个前沿方向，它的主要目的是用计算机来模拟人类的某些智能活动，使其具有"学习"、"适应能力"、"推理"等功能，在一定程度上具有"思维"能力。AI的应用主要包括：模式识别、专家系统、机器人、智能检索等。

8. 家庭应用

计算机在现代社会的家庭中已有了广泛的应用。例如，利用计算机进行家庭经济管理、家庭信息管理，特别是随着国际互联网的广泛普及，人们可以在家中用计算机浏览全世界的信息资源，通过电子邮件、BBS、QQ等方式与世界各地的亲友联系。另外，计算机游戏、多媒体娱乐丰富了人们的生活；计算机教学软件使得人们可在家里进行各个方面的学习，接受教育。计算机在家庭中的广泛应用大大改变了人们的传统生活方式。

1.3 信息在计算机内的表示

在计算机中，信息分为两大类：一类是数值信息，如5、-8、2.68、-135.378等；另一类非数值信息，如文字、声音、图形、图像、动画、视频等。无论是数值信息还是非数值信息，在计算机内部都必须用二进制的0和1两个符号来表示。下面分别介绍这些信息在计算机中的表示。

1.3.1 进位计数制及其相互转换

1. 进位计数制

用进位的方法进行计数的数制称为进位计数制，简称进制。如"逢十进一"的十进制，

“逢二进一”的二进制。

无论哪种进位计数制，都包含两个基本要素，即“基数”和各数位的“权”。某进制的基数是指该进制中允许使用的数码的个数，而进制中每一固定位置对应的单位值称为权。如十进制允许使用的数码为0、1、2、3、4、5、6、7、8、9共10个，其基数为10，各数位的权是以10为底的幂，一个十进制的数可按权展开成为多项式。例如十进制数168.98按权展开为：

$$168.98=1\times10^2+6\times10^1+8\times10^0+9\times10^{-1}+8\times10^{-2}$$

下面是常用的几种进位计数制的基数和数码：

表1–1　几种常用进制的基数和数码

进 制	基 数	使用的数码
二进制	2	0,1
八进制	8	0,1,2,3,4,5,6,7
十进制	10	0,1,2,3,4,5,6,7,8,9
十六进制	16	0,1,2,3,4,5,6,7,8,9,A,B,C,D,E,F

2. 不同进位计数制之间的转换

我们日常生活中使用的是十进制，而在计算机内部，各种信息都是以二进制的形式表示的，但二进制数读写都不方便。由于八进制数、十六进制数与二进制数有简单直观的对应关系，在程序开发、调试及阅读机器内部代码时，人们经常使用八进制或十六进制来等价表示二进制，因此要经常实现不同进位计数制之间的转换。

为清晰简便起见，一般在数的后面加一个字母以区别不同的进制。用B表示二进制，Q表示八进制、D或不加字母表示十进制、H表示十六进制。如：101101B、256Q、168D或168、10E6H。

（1）二进制、八进制、十六进制转换为十进制

将其他进制的数转化为十进制数，采用“按权展开，相加求和”的方法，即用多项式展开，然后逐项累加。

例：$(1101101.0101)_2=1\times2^6+1\times2^5+0\times2^4+1\times2^3+1\times2^2+0\times2^1+1\times2^0$
$+0\times2^{-1}+1\times2^{-2}+0\times2^{-3}+1\times2^{-4}$
$=(109.3125)_{10}$

例：$(3506.2)_8=3\times8^3+5\times8^2+0\times8^1+6\times8^0+2\times8^{-1}$
$=(1862.25)_{10}$

例：$(1EC.2A)_{16}=1\times16^2+14\times16^1+12\times16^0+2\times16^{1-1}+10\times16^{-2}$
$=(492.164\,062\,5)_{10}$

（2）十进制数转化为二进制数、八进制数、十六进制数

将十进制数转换为基数为R的等效表示时，可将此数分成整数与小数两部分分别转换，然后再拼接起来即可实现。

十进制整数转换成R进制的整数，可用十进制整数部分连续地除以R直到商为零为止。其余数即为R进制的各位数码。此方法称之为“除R取余法”。

例如，将$(57)_{10}$转换为二进制数。

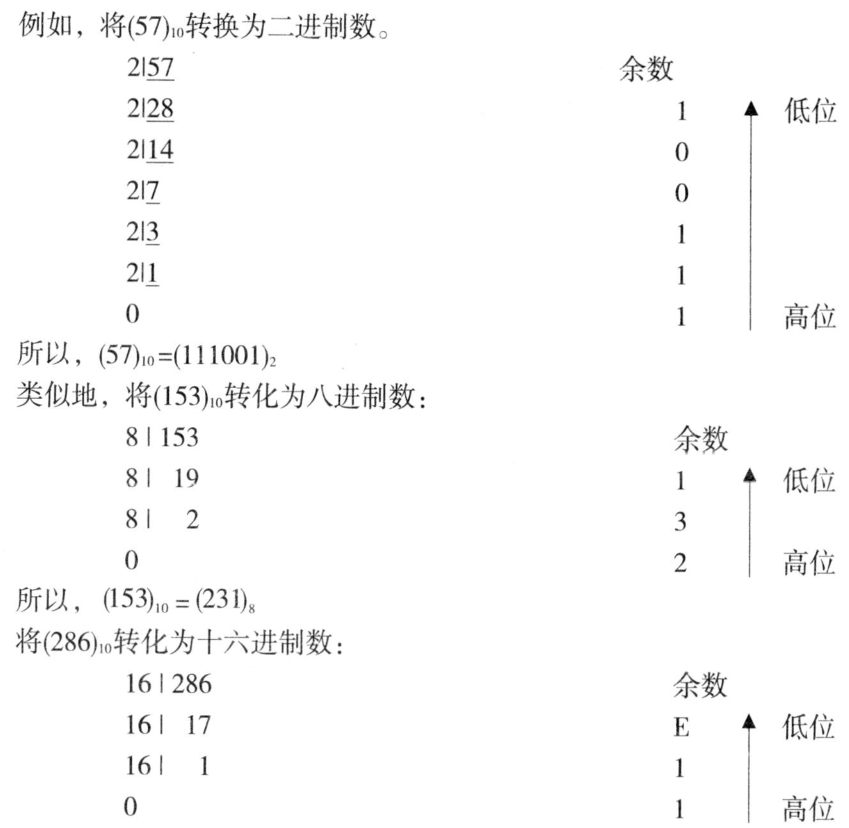

所以，$(57)_{10}=(111001)_2$

类似地，将$(153)_{10}$转化为八进制数：

所以，$(153)_{10}=(231)_8$

将$(286)_{10}$转化为十六进制数：

所以，$(286)_{10}=(11E)_{16}$

十进制小数转换成R进制小数时，可将小数部分连续地乘以R；直到小数部分为0，或达到所要求的精度为止（小数部分可能永不为零），得到的整数即组成R进制的小数部分。此方法称为“乘R取整法”。

例：将$(0.3125)_{10}$转换成二进制数。

所以$(0.3125)_{10}=(0.0101)_2$

要注意的是，十进制小数常常不能准确地换算为等值的二进制小数（或其他R进制小数），有换算误差存在。

例如，将$(0.5627)_{10}$转换成二进制数。

	整数	
0.5627		
× 2		
1.1254	1	高位
× 2		
0.2508	0	
× 2		
0.5016	0	
× 2		
1.0032	1	
× 2		
0.0064	0	↓ 低位

此过程会不断进行下去（小数位达不到0），因此只能取到一定精度：

$(0.5627)_{10} \approx (0.10010)_2$

若将十进制数57.3125转换成二进制数，可分别进行整数部分和小数部分的转换，然后再拼在一起：

$(57.3125)_{10} = (111001.0101)_2$

采用上述方法也可以将十进制小数转换为八进制或十六进制小数，但是这种方法计算比较复杂，通常是先把十进制数先转换成二进制数，再将二进制数转换成八进制或十六进制数。

（3）二进制、八进制、十六进制数的相互转换

表1-2　八进制数码与二进制数对照表

八进制数码	二进制数
0	000
1	001
2	010
3	011
4	100
5	101
6	110
7	111

表1-3　十六进制数码与二进制数对照表

十六进制数码	二进制数	十六进制数码	二进制数
0	0000	8	1000
1	0001	9	1001
2	0010	A	1010
3	0011	B	1011
4	0100	C	1100
5	0101	D	1101
6	0110	E	1110
7	0111	F	1111

二、八、十六进制的相互转换在应用中占有重要的地位。由于这三种进制的权之间有内在的联系，即$2^3=8$，$2^4=16$，因而它们之间的转换比较容易。每位八进制数码用三位二进制数表示，即三个二进制位为一组；每位十六进制数码用四位二进制数表示，即四个二进制位为一组。

在转换时，以小数点为中心向左右两边延伸进行分组，中间的0不能省略，两头不够时必须补0，补满一组的位数为止。

例如：将（1011010.100）$_2$转换成八进制和十六进制数。

$\underline{001}\ \ \underline{011}\ \ \underline{010}.\ \underline{100}$　　　　（1011010.100）$_2$=（132.4）$_8$

1　　3　　2 .　4

0101 1010.1000 (1011010.1000)$_2$=(5A.8)$_{16}$

5 A . 8

将十六进制数F7.28变为二进制数。

F 7 . 2 8 (F7.28)$_{16}$=(11110111.00101)$_2$

1111 0111 .0010 1000

将八进制数25.63转换为二进制数。

2 5 . 6 3 (25.63)$_8$=(10101.110011)$_2$

010 101 .110 011

对于十进制与十六进制或八进制之间的转换，通过二进制来进行转换也很方便，读者可以自己试一试。

1.3.2 信息存储单位

前面讨论到，在计算机内部，各种信息都是以二进制数的形式出现的。因此存储在计算机内的信息必然是以二进制编码形式存储，这些信息在计算机内的多少必须用某个计量单位表达，因此这里有必要介绍信息存储的单位。

在计算机中，信息的单位常采用位、字节、字、机器字长几种。

（1）位（bit，缩写为b）

度量数据的最小单位，为一位二进制数。它是信息表示中的最小单位，称为“信息基本单位”。如同“原子”构成所有物质一样，bit构成计算机虚拟世界中的所有“物质”。

（2）字节（byte，缩写为B）

一个字节由八位二进制数字组成（1byte=8bit）。字节是信息存储中最常用的单位，是计算机中存储信息的“基本单位”。

计算机的存储器（不管是内存还是外存），通常都是以多少字节来表示它的容量。常用的单位有：

“千字节kB” 1kB=2^{10}字节=1024B

“兆字节MB” 1MB=2^{20}字节=1024kB

“千兆字节GB” 1GB=2^{30}字节=1024MB

“太字节TB” 1TB=2^{40}字节=1024GB。

“拍字节PB” 1PB=2^{50}字节=1024TB。

（3）计算机字长

在讨论信息单位时，还有一个与计算机硬件指标有关的单位，这就是计算机字长。计算机字长一般是指参加运算的寄存器所含有的二进制数的位数，它表示一次信息处理的二进制位数和计算机的精度。计算机的功能设计决定了计算机的字长。一般大型机用于数值计算，为保证足够的精度，需要较长的字长，如32位、64位等。

1.3.3 非数值数据在计算机中的表示

在计算机内部，除了数值信息外的其他信息，如文字、声音、图形、图像、动画、视频等信息，都称为非数值信息。显然，这些非数值信息也是采用0和1两个符号来进行编码表示的。下面着重介绍一下中、西文的编码方案。

1. 西文字符的编码

(1) ASCII码

ASCII码是“美国标准信息交换代码”(American Standard Code for Information Interchange)的简称，是目前国际上最为流行的字符信息编码方案，用一个字节表示，它分为标准ASCII码和扩展ASCII码两部分。

① 标准ASCII码：最高位为0，低七位二进制数用于编码，所以标准ASCII码最多可表示128个不同的符号。包括0～9共10个数字，大小写英文字母及专用符号等95种可打印字符，还有33种控制字符(如回车、换行等)(见表1-4)。

表1-4　标准ASCII字符集

高三位 低四位	000	001	010	011	100	101	110	111
0000	NEL	DLE	<空格>	0	@	P	`	p
0001	SOH	DC1	!	1	A	Q	a	q
0010	STX	DC2	”	2	B	R	b	r
0011	ETX	DC3	#	3	C	S	c	s
0100	EOT	DC4	$	4	D	T	d	t
0101	ENQ	NAK	%	5	E	U	e	u
0110	ACK	SYN	&	6	F	V	f	v
0111	BEL	ETB	’	7	G	W	g	w
1000	BS	CAN	(	8	H	X	h	x
1001	HT	EM	)	9	I	Y	i	y
1010	LF	SUB	*	:	J	Z	j	z
1011	VT	ESC	+	;	K	[	k	{
1100	FF	FS	,	<	L	\	l	|
1101	CR	GS	–	=	M	]	m	}
1110	SO	RS	.	>	N	^	n	~
1111	SI	US	/	?	O	_	o	DEL

例如数字0～9用ASCII编码表示为30H～39H，H指明是十六进制形式。

30H转化成二进制为0110000，这就是机器内数字0的ASCII码表示。

又如：大写英文字母A～Z的ASCII编码为41H～5AH。

字母Z的机内表示为：

0101　1010

5　　A

由于标准ASCII码采用七位编码，没有用到字节的最高位，很多系统就利用这一位作为校验码，以便提高字符信息传输的可靠性。

② 扩展ASCII码：最高位为1，扩展部分的范围为128～255，代表128个扩展字符。8位ASCII码总共表示256个符号，其标准ASCII码都是相同的，而扩展ASCII码在不同的计算机上可能会有不同的字符定义。如果没有特别说明，人们通常所说的ASCII码是指标准ASCII码。

(2) EBCDIC码

EBCDIC码(Extended Binary Coded Decimal Interchange Code)是美国IBM公司在它的各类机器上广泛使用的一种信息编码。

一个字符的EBCDIC码占用一个字节，用八位二进制码表示信息，最多可以表示出256个不同代码。

例如，数字0的EBCDIC码为F0H，字母A的编码为C1H，即

0	1111	0000	A	1100	0001
	F	0		C	1

（3）Unicode编码

Unicode编码是由国际组织设计，它为全世界每种语言中的每个字符设定了统一并且唯一的二进制编码，以满足跨语言、跨平台进行文本转换、处理的要求。Unicode的学名是“Universal Multiple-Octet Coded Character Set”，简称为UCS。UCS有两种格式：UCS-2和UCS-4。顾名思义，UCS-2就是用两个字节编码，UCS-4就是用4个字节（实际上只用了31位，最高位必须为0）编码。目前UCS-2格式包含符号6811个，汉字20902个，韩文拼音11172个，造字区6400个，保留20249个，共计65534个。例如：“A”的Unicode编码是4100H，高位41H（转换为ASCII码即是65=“A”），“汉”字的Unicode编码是6C49H。

2. 中文信息编码

（1）汉字输入码（或外码）

汉字的字数繁多，字形复杂，常用的汉字有6000～7000个，比英文的26个字母要多得多。在计算机系统中使用汉字，首先遇到的问题就是如何把汉字输入到计算机内。为了能直接使用西文标准键盘进行输入，必须为汉字设计相应的输入码。汉字输入码主要分为三类：数字编码、拼音编码和字形编码。

●数字编码就是用数字串代表一个汉字的输入，常用的是国标区位码。国标区位码将国家标准局公布的6763个两级汉字分成94个区，每个区又分为94个位，实际上是把汉字表示成二维表的形式，区码和位码各用两位十进制数字表示，因此，输入一个汉字需要按键四次。例如“中”字位于第54区48位，区位码为5448。

汉字在区位码表的排列是有规律的。在94个分区中，1～15区用来表示字母、数字和符号，其中10～15区为空、16～55区为一级汉字共3008个，56～87区为二级汉字共3755个，88～94区为空。字库中没有的符号或汉字，可通过造字程序创建并填入空的区中。使用区位码方法输入汉字时，必须先在表中查找汉字并找出对应的区位码才能输入。数字编码输入的优点是无重码，而且输入码和内部编码的转换比较方便，但是每个编码都是等长的数字串，代码难以记忆。

●拼音编码是以汉语读音为基础的输入方法。由于汉字同音字太多，输入重码率很高，因此，按拼音输入后还必须进行同音字选择，影响了输入速度。

●字形编码是以汉字的形状确定的编码。汉字总数虽多，但都是由一笔一画组成，全部汉字的部件和笔画是有限的。因此，把汉字的笔画部件用字母或数字进行编码，按笔画书写的顺序依次输入，就能表示一个汉字。五笔字型、表形码等便是这种编码法。这种方法的缺点也是需要记忆很多的编码。五笔字型编码是最有影响的字形编码方法之一。

（2）汉字国标交换码和机内码

西文处理系统的交换码和机内码均为ASCII，用一个字节表示，一般只用低七位。1981年我国为国标GB2312-80制定了汉字交换码，称为国标交换码（简称国标码）。在国标码

中，一个汉字用两个字节表示，每个字节也只用其中的低七位，每个字节的取值范围和94个可打印的ASCII字符的取值范围相同（21H ~ 7EH），涵盖了一、二级汉字和符号。为了避免ASCII码和国标码同时使用时产生二义性问题，大部分汉字系统一般都将国标码每个字节高位置“1”作为汉字机内码。这样既解决了汉字机内码与西文机内码之间的二义性问题，又使汉字机内码与国标码具有极简单的对应关系。区位码、国标码和机内码之间的关系可以概括为：区位码（十六进制表示）+2020H=国标码，国标码+8080H=机内码。以汉字“大”为例，“大”字的区位码为2083，将其区、位分别转换为十六进制表示为1453H，加上2020H得到国标码3473H，再加上8080H得到机内码为B4F3H。

（3）汉字字形码

汉字字形码是表示汉字字形的字模数据，通常用点阵、矢量函数等方式表示。用点阵表示字形时，汉字字形码一般指确定汉字字形的点阵代码。字形码也称字模码，它是汉字的输出形式，随着汉字字形点阵和格式的不同，汉字字形码也不同。常用的字形点阵有16 × 16点阵、24 × 24点阵、48 × 48点阵等。

字模点阵的信息量是很大的，占用存储空间也很大。以16 × 16点阵为例，每个汉字占用32（2 × 16=32）个字节，两级汉字大约占用256kB。因此，字模点阵只能用来构成“字库”，而不能用于机内存储。字库中存储了每个汉字的点阵代码，当显示输出时才检索字库，输出字模点阵得到字形。

1.4 计算机系统组成

一个完整的计算机系统是由硬件系统和软件系统两大部分组成。计算机运行一个程序，既需要一定的硬件设备，也需要一定的软件环境支持。所谓的硬件系统是构成计算机系统的各种物理设备的总称，是看得见、摸得着的固体，通常包括主机、输入/输出设备、电源等，是计算机完成各种任务、功能的物质基础。所谓的软件系统是指在计算机硬件系统上运行的各种程序以及文档的总和，它是看不见、摸不着的东西。它可以提高计算机的工作效率，扩大计算机的功能。硬件是计算机的实体，软件是计算机的灵魂。二者缺一不可。计算机系统组成如图1–2所示：

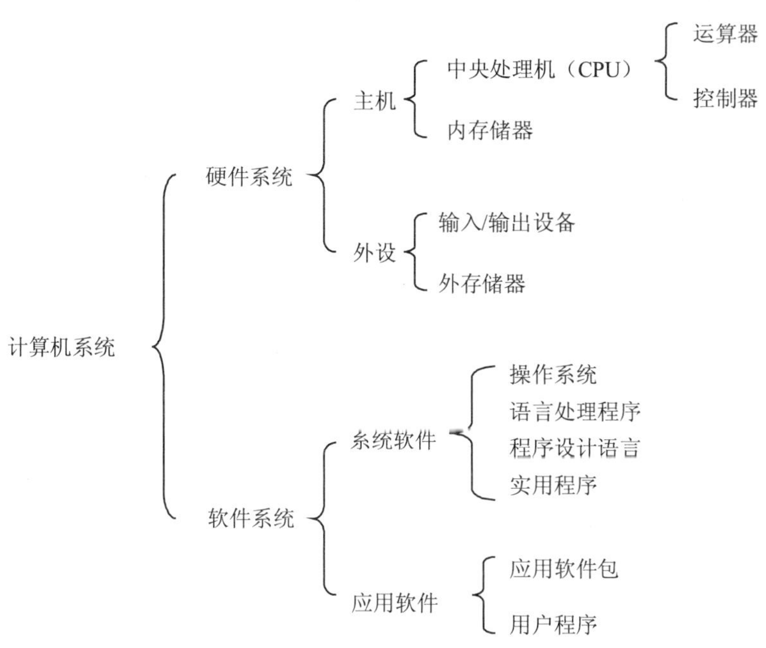

图1-2　计算机系统组成

1.4.1　计算机的基本组成与工作原理

1. 计算机的基本组成

计算机发展至今，尽管在规模、速度、性能、应用领域等方面存在着很大的差别，但其体系结构仍然沿袭着冯·诺伊曼的结构。计算机硬件由五个部分组成：运算器、控制器、存储器、输入设备、输出设备。各部分间的关系如图1-3所示。

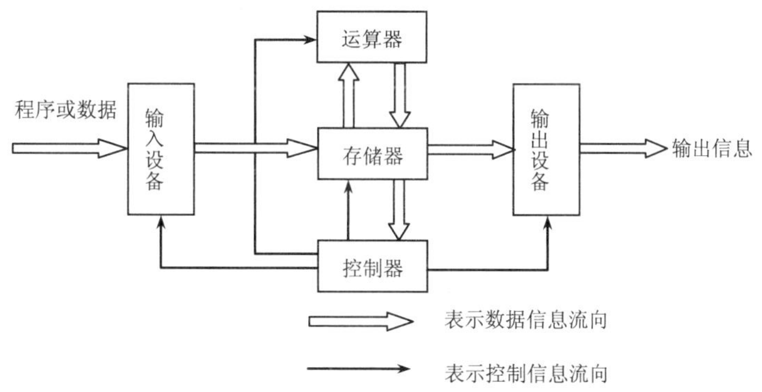

图1-3　计算机的基本结构

①运算器：是进行各种算术和逻辑运算的部件。

②控制器：发布控制指令，指挥计算机各部件协调工作。

③存储器：是存放数据和程序的记忆装置，分为内存储器和外存储器两种。

④输入设备：用来接收操作者输入的原始数据、程序，并将其转变为计算机可处理的信

号存入存储器。

⑤输出设备：将计算机处理的信息和响应，以人们或其他机器所能接受的形式输出。

2. 计算机基本工作原理

计算机基本工作原理是程序存储及程序控制原理，即对所要解决的问题进行分析、编程，并以二进制代码的形式存储在计算机的内存中（这些二进制代码即称为指令），在控制器的控制下从内存中读取每条指令、分析指令、执行指令完成相应的操作。这样计算机就按照程序的要求完成了工作。

（1）指令

指令是计算机能够识别并可执行的一个基本操作命令，由这些基本的操作命令组成的集合称为指令系统（Instruction Set）。不同类型的计算机其指令系统也不相同。每个指令都有一定的格式，其最基本的两个部分是操作码和操作数，操作码用来表示计算机应该执行什么性质的操作，即表示计算机遇到该指令时干什么事；操作数是操作对象的数据或其存放的地址，是操作动作的承受者。

最常见的指令格式为：

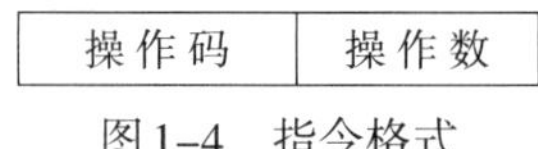

图1-4　指令格式

一个指令的执行时间称为一个指令周期，它至少包括两部分：取指令周期和执行指令周期。指令的执行过程：先将要执行的指令从内存读到CPU里，然后由CPU对所读入的指令进行分析，判断该指令是要完成什么操作，最后向各部件发出完成该操作的控制信号，从而完成该指令的功能。

（2）程序

人们为解决某一问题而写出的有序指令的组合。即用计算机能够读懂的“语言”（即指令集合）进行解题，而解决问题的过程就是指令的有序组合过程，也称程序设计过程。

要使计算机能够按照我们的要求去解决问题，就必须告诉计算机“该做些什么”和“如何去做”，即通过我们对问题的分析、判断，找出解决问题的数学模型和解题方法，然后用计算机能够理解的“语言”（即指令）把解题过程描述出来，写成一系列的指令形式。我们把这一系列的指令序列称之为程序（Program），这个过程称之为程序设计，也称编程。

程序的执行过程：当程序输入到计算机里并让该程序运行时，计算机按照一定的次序依次取出指令并根据指令的要求进行运算（即执行程序中的指令），这个过程就是程序执行过程。

综上所述，要想让计算机能够解决问题，首先必须根据问题的性质、问题的大小编制出相应的程序，并提供必要的数据，和程序一起放到计算机中保存起来。计算机中的CPU将在程序的控制下自动运行，这表明计算机必须先存储程序，才能在其控制下自动地工作，这就是程序存储和程序控制原理，即冯·诺伊曼原理。

1.4.2　微型机硬件系统及主要技术指标

微型机（或称PC机）是目前计算机中用得最多的一种，它的硬件系统主要由中央处理器、存储器、输入/输出接口电路与输入/输出设备等组成，各部分之间采用总线结构实现连接，并与外界实现数据传送。其基本结构如图1-5所示。

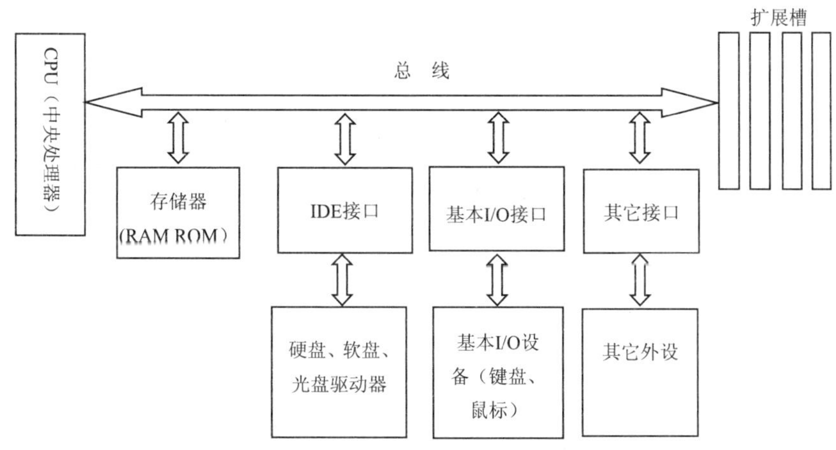

图1-5　微型机硬件基本结构

1. 中央处理器（CPU）

中央处理器（Central Processing Unit，简记CPU）是微型机硬件系统的核心部件，由运算器、控制器和一组寄存器组成，并集成在一个芯片上。如果把计算机比做一个人，那么CPU就是人的大脑。

运算器：它的核心部件是算术逻辑单元ALU（Arithmetic Logic Unit），是算术和逻辑运算的功能部件。

控制器：是计算机的神经中枢和指挥中心，它根据程序指令的要求，向其他各部件发出控制信息，控制其他各部件协调一致地工作。

一台计算机功能的强弱、运算能力的大小主要由CPU决定，反映CPU品质优劣的最重要的技术指标是字长和主频。

字长：CPU能同时处理的二进制数据的位数（bit），它决定了计算机的运算精度和运行速度。字长越长，运算精度越高。

主频：CPU内部时钟晶体一秒钟产生的震荡频率，用MHz表示。它是协调各部件行动的基准，它决定了CPU每秒钟可以有多少个指令周期，可以执行多少条指令。主频越高，CPU运算速度越快。时钟频率不等于CPU一秒钟执行的指令数，因为一条指令的执行可能需要多个指令周期。

多核：是指在一枚处理器中集成两个或多个完整的计算引擎（内核）。多核技术的开发源于工程师们认识到，仅仅提高单核芯片的速度会产生过多热量且无法带来相应的性能改善，先前的处理器产品就是如此。英特尔工程师们开发了多核芯片，使之满足“横向扩展”（而非“纵向扩充”）方法，从而提高性能。目前CPU有2、4、6、8、12核，Intel宣布2010年底推出的32核Knights Ferry芯片。

1971年Intel公司推出了世界上第一台微处理器4004。CPU经历了四十多年的发展，其处理信息的字长也经历了4位、8位、16位、32位直到如今的64位。主频从最初的几兆赫到现在的几千兆赫。集成度从几千个晶体管到几亿个晶体管，并且还在不断提高。

目前除了Intel公司以外，生产CPU的著名公司还有AMD、IBM、Cyrix等，其中AMD大有赶超Intel之势。

图1-6　Intel公司的Core i7

2. 主机板

主机板（也称为系统板或母板）是微型计算机最基本的也是最重要的部件之一，是其它部件组装和工作的基础。它是一块多层集成电路板，它的主要功能有两个：一是提供插接CPU、内存条和各种功能卡的插槽，部分主机板将功能卡（如显卡、声卡、网卡等）集成在主机板上；二是为各种常用外部设备（如键盘、鼠标、显示器、打印机、硬盘、U盘等）提供通用接口。主机板采用开放式结构，其上有若干个扩展槽，供外部设备的控制卡插接，使厂家和用户在配置机型方面有更大的灵活性。图1-7是华硕A8N-VM CSM主机板示意图。

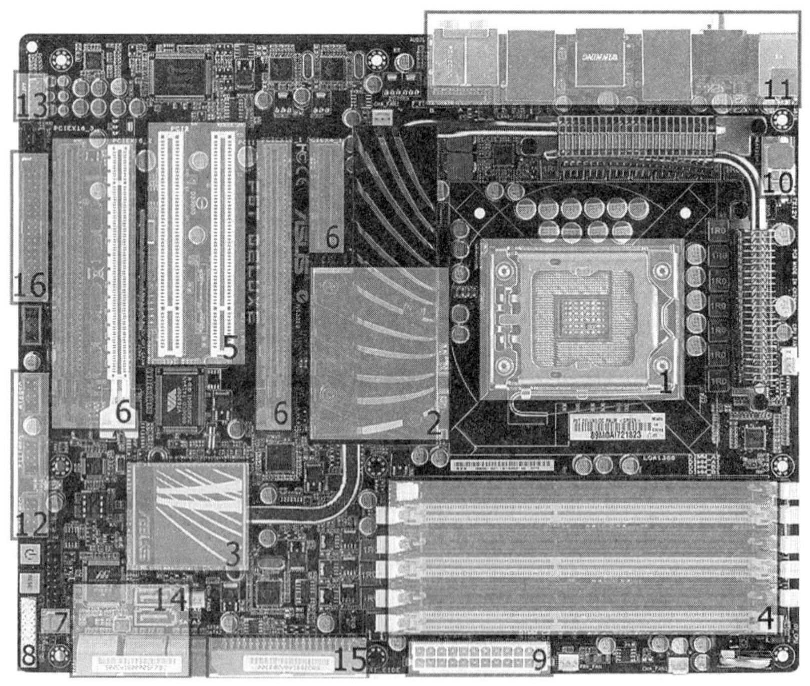

图1-7　华硕A8N-VM CSM主机板

图中各编号含义：

1 CPU插座；

2 北桥 （被散热片覆盖）；

3 南桥 （被散热片覆盖）；

4 内存条插座 （三通道）；

5 PCI扩充槽；

6 PCI Express扩充槽；

7 跳线；

8 控制面板 （开关制、LED等）；

9 20+4pin主板电源；

10 4+4pin处理器电源；

11 背板I/O；

12 USB 2.0针脚；

13 前置面板音效；

14 SATA插座；

15 ATA插座；

16 软盘驱动器插座。

3. 总线

总线（Bus）是指计算机组件间规范化的交换数据的方式，即以一种通用的方式为各组件提供数据传送和控制逻辑。从另一个角度来看，如果说主板（Mother Board）是一座城市，那么总线就像是城市里的公共汽车（Bus），能按照固定行车路线传输信息。

微型机从诞生以来就采用了总线结构方式和标准接口技术。微型机中总线是CPU、内存储器、输入/输出（Input/Output，简记I/O）接口之间相互交换信息的通道，根据传输信息内容的不同可分为：数据总线（Data Bus，简记DB）、地址总线（Address Bus，简记AB）、控制总线（Control Bus，简记CB）。DB是CPU与内存储器、I/O接口之间相互传送数据的通道；AB是CPU向内存储器和I/O接口传递地址信息的通道，它的宽度决定了微型机的直接寻址能力；CB是CPU与内存储器和I/O接口之间相互传递控制信号的通道。微型机的系统总线又可分为ISA、EISA、MCA、VESA、PCI、AGP等多种工业标准。

4. I/O接口

微型机与外部设备之间的数据交换需要通过I/O接口，因为外部设备处理的信息既有用数字形式（由“0”、“1”组成的信息）表示的，也有用模拟量（如电压、电流等物理量）表示的，而在微型机的内部只能处理数字量。此外，计算机内部处理数据的速度很快，而外部设备处理数据的速度相对要慢些，通过I/O接口能协调主机与外部设备之间的数据传送。现在的微型机通常把常用的一些接口电路都集成在主机板上，主要有：

①串行通信适配器接口（COM1，COM2）：它将信息一位一位地按次序传送，常用来连接鼠标、绘图仪、调制解调器等。

②并行打印机适配器接口（LPT1，LPT2）：它传送信息时一次同时传送若干位，常用于连接打印机。

③IDE接口：用于连接软盘驱动器、硬盘驱动器、光盘驱动器。通过驱动器实现硬盘、软盘、光盘的读写操作。微型机通常配有两个IDE接口，每个IDE接口可以连接两个设备。

④USB接口：是微型机与外围设备连接的接口新标准，它能够将多个外部设备相互串联，树状结构最多可接127个外设。它即插即用，可接不同的外部设备，如键盘、鼠标、扫描仪、U盘、数码相机等。

此外，微型机的主机板上还有接口卡的插槽，用来接插其他常用的接口卡，如显示卡、网络卡、A/D及D/A卡等。

5. 内存储器（或主存储器）

在计算机中直接与CPU交换信息的存储器称为内存储器，简称内存（见图1-8）。内存主要用于存放程序和数据（包括原始数据、中间数据、最后结果）。通常，内存储器分为只读存储器（ROM）、随机读/写存储器（RAM）和高速缓冲存储器（Cache）3类。

图1-8 内存条

①只读存储器（ROM）：是指只能读数据，而不能往里写数据的存储器。ROM中的数据是由设计者和制造商事先编制好固化在里面的一些程序，使用者不能随意更改。ROM主要用于检查计算机系统的配置情况并提供最基本的输入/输出控制程序，如存储BIOS参数的CMOS芯片。其特点是计算机断电后存储器中的数据仍然存在。

ROM按写入方式划分，可分为掩模ROM、可编程ROM（PROM）、可擦ROM（EPROM）和电可擦ROM（EEPROM）。

②随机读/写存储器（RAM）：是计算机工作的存储区，一切要执行的程序和数据都要先装入该存储器内。随机读/写的含义是指既能读数据，也可以往里写数据。通常所说的2GB内存就是指RAM。

RAM的两大特点：一是存储器中的数据可以反复使用，只有向存储器写入新数据时存储器中的内容才被更新；二是存储器中的信息会随着计算机的断电自然消失，所以说RAM是计算机处理数据的临时存储区，要想使数据长期保存起来，必须将数据保存在外存中。

RAM按信息存储方式划分，可分为静态RAM（SRAM）和动态RAM（DRAM）。DRAM比SRAM价格便宜，但读写速度比SRAM慢，微型机上使用的内存通常是DRAM。

RAM通常是由几个芯片组成一个内存条，可以很方便地插入主板的内存插槽内。内存条容量有512MB、1GB、2GB、4GB等，其插脚有168、184、240线等标准。现在常用的内存有SDRAM（同步动态RAM，168线）、DDR DRAM（双倍数据传输率的同步动态RAM，184线）和速度更快的QDR SRAM（四倍数据传输率的静态RAM）。有些程序（如图像处理程序、三维动画程序、制图程序）要求的内存容量比较大，可以用多个内存条组合，以达到用户所需的内存容量，使程序能够顺利执行。在使用时，内存条的引脚数必须与主板上内存槽的插脚数相匹配。

③高速缓冲存储器（Cache）：Cache是指在CPU与内存之间设置一级或多极高速小容量存储器，称之为高速缓冲存储器。Intel 酷睿 i7 2600S 内设一级 Cache128kB，二级 Cache1MB，三级 Cache8MB。在计算机工作时，系统先将数据由外存读入RAM中，再由RAM读入Cache中，然后CPU直接从Cache中取数据进行操作。设置高速缓冲存储器就是为了解决CPU速度与RAM的速度不匹配问题。

内存主要有以下技术指标：

①容量：容量这一指标直接制约系统的整体性能。目前内存条通常有512MB、1GB、2GB、4GB等容量级别，其中4GB～8GB内存已成为当前家庭微型机的主流配置。

②存取时间：内存条芯片的存储时间决定了内存的速度，其单位是纳秒（ns）。

③奇偶校验位：内存条的奇偶校验位可以用于保证数据的正确读写，对于常见的机型，有无奇偶校验位一般均可正常工作。

④接口类型：内存的接口类型，一般包括SIMM（Single Inline Memory Medule）单面接触直插式类型接口和DIMM（Dual Inline Memory Medule）双面接触直插式类型接口。

6. 外存储器（或辅助存储器）

在一个计算机系统中，除了内存储器外，一般还有外存储器。内存储器最突出的特点是存取速度快，但是容量小、价格贵、断电数据丢失（指RAM）；外存储器的特点是容量大、价格低，但是存取速度慢，断电数据不会丢失。内存储器用于存放那些立即要用的程序和数据；外存储器用于存放暂时不用的程序和数据。外存储器中的程序、数据只有调入内存中才能由CPU处理，处理的结果常存在外存储器上，内存储器和外存储器之间常常频繁地交换信息。目前微型机上常用的外存储器有硬磁盘、光盘、U盘、移动硬盘等几种。

（1）硬盘存储器

软盘虽然有携带方便等优点，但其容量小，读写速度慢，对于数据量较大的数据或程序无法存储，而硬盘能够解决这些问题。硬盘一般是在铝合金圆盘上铺有磁性材料，从结构上分为固定式和移动式，固定式硬盘安装在主机箱内。它的尺寸主要为3.5英寸，其特点是把磁头、盘片和驱动器密封在一起，这种硬盘也称为温彻斯特盘。硬盘上每个存储面也划分为若干个磁道，每个磁道划分为若干个扇区。硬盘通常有多张盘片组成，也有多个磁头，每个存储面的同一磁道形成一个柱面。硬盘的读写速度是软盘的几十倍，在相同尺寸上的存储容量是软盘的几千到几万倍。硬盘容量的计算方法为：磁头数×柱面数×扇区数×每个扇区的字节数。

图1-9　硬盘存储器及内部结构

硬盘的性能参数除了存储容量外，还有电机的转速和内置的Cache的大小。目前硬盘的容量在数百GB至数TB之间，转速有4200r/min、5400r/min、5900r/min、7200r/min、10000r/min和15000r/min等几种规格。转速愈高通常数据传输速率愈好，但同时噪音、耗电量和发热量也较高。

（2）光盘存储器

光盘存储技术是20世纪70年代的重大科技发明。光盘存储器使用激光进行读写，具有携带方便、存储容量大、信息保存时间长、读写速度快、不易受干扰等特点，是多媒体计算机的关键部件之一。CD光盘有三种类型：只读型光盘CD-ROM（Compact Disk Read-Only Memory）、一次写入型光盘CD-WO（Compact Disk Write One）、可擦写型光盘CD-MO（Compact Disk Magneto Optical）。CD光盘的容量在700MB左右。

DVD（Digital Versatile Disc数字多用途光盘）光盘是一种新的产品，现在已取代CD光盘被广泛使用。DVD光盘的大小与CD光盘相同，且DVD光盘驱动器兼容CD光盘，它的容量有4.7GB、7.5GB和17GB等多种，比CD光盘容量大8～25倍，速度也快。DVD光盘也有只读型（DVD-ROM）、一次性写入型（DVD-R）、可重复写入型（DVD-RAM）等类型。

光盘要有光盘驱动器（光驱）与之配合，通过光盘驱动器来读取和播放光盘中存储的信息。光驱是一个结合光学、机械及电子技术的产品。在光学和电子结合方面，激光光源来自一个激光二极管，光束首先打在光盘上，再由光盘反射回来，根据凹点和非凹点反射的信号的不同识别出存储的数据是0还是1，完成读取数据操作。光驱的重要性能指标为数据传输速率，也称倍速，指一秒钟读取的最大数据量。1倍速为150kB/S，目前的光驱已经超过72倍速。

图1-10　光盘驱动器和光盘

（3）U盘

U盘（有的称为闪盘、优盘、魔盘）是一种可以直接插在通用串行总线USB端口上进行读写的新一代外存储器。它具有容量大（通常达数GB）、体积小、携带方便、保存信息可靠等优点，目前它已取代软盘被人们普遍使用。

图1-11　U盘

7. 输入、输出设备

输入设备中键盘和鼠标是必须具备的部件；输出设备中显示器是必须具备的部件，大多数产品都能够满足一般需要。

（1）输入设备

① 键盘

键盘是计算机的标准输入设备，只有熟练掌握了计算机键盘的使用方法，才能得心应手地操作计算机。键盘的按键数随键盘型号不同而有所不同。图1-12是104标准键盘。其布局按照不同的功能分为四个区：字符键区、功能键区、光标控制键区和小键盘区。键盘的左上边是功能区，左边是字符键区，右边为小键盘区，中间为光标控制键区。

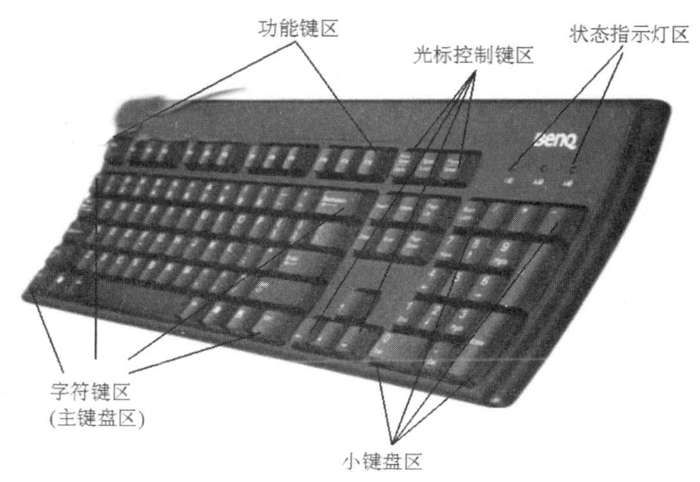

图1-12　键盘结构

●字符键区

字符键区最上面一排是10个数字键，中间是26个字母键，下面最长的键是空格键，此外还有一些符号键，如>、<、?、/、;等，使用时按一个键，就输入一个字符（字母、数字或符号）。其中Shift键与数字键或符号键同时按下时，表示输入的是该键的上面一个字符。当直接按字母键，输入的是大写字母，Shift键与字母键同时按下，输入的是小写字母。Caps Lock键是英文字母大小写转换键。此外还有一些键的功能如下：

▲ Enter：　　回车键或换行键。

▲ Ctrl：　　控制键，常与其他键或鼠标组合使用。

▲ Alt： 变换键，常与其他键组合使用。

▲ Backspace： 退回键，按一次，删除光标左边一个字符。

▲ Tab： 制表键，按一次，光标跳8格。

● 功能键区

键盘上最上面一行F1 ~ F12这12个键叫功能键，其作用可以用于输入某一串字符、某一条命令或调用某种功能。在不同的软件中，功能键具体的功能有所不同。

● 光标控制键区

光标控制键是在整个屏幕范围内进行光标移动或其它相关操作。该键区的主要控制如下：

▲ ↑、↓、←、→：光标上移一行、光标下移一行、光标左移一列、光标右移一列。

▲ Home、End、PgUp、PgDn：光标移动键，它们的操作与具体软件定义有关。

▲ Del：删除光标所在位置的字符。

▲ Insert：设置改写或插入状态。

● 小键盘区

小键盘区又叫做数字键区，这些键有两种功能：编辑或输入数字，但在任何瞬间只有一种功能有效。当数字功能有效时，按这部分键可以输入数字。由于这部分键比较集中，所以输入大量数据时，使用这些数字键会更方便、快捷。当编辑功能有效时，按这部分键可以移动光标或插入、删除字符。←、↓、→、↑这4个键可以按箭头指示的方向移动光标；Home、End、PgUp、PgDn这4个键也可以移动光标，但在不同的编辑器中它们的用法不一样；Del键可以删除字符，Insert键可以插入/改写字符。用户可以用Num Lock键进行编辑或输入数字这两种功能之间的转换。

②鼠标

鼠标（Mouse）是电脑常见的输入设备，用户通过鼠标，可以方便、直观地操作计算机。鼠标的主要用途是用来定位光标或用来完成某种特定的操作。按照鼠标按键数目的不同，鼠标可分为两键鼠标、三键鼠标和四键鼠标，如图1-13所示。在Windows下，通常鼠标的左键用于选择菜单、工具等，右键通常用于打开快捷菜单，中间滚轮用于快速翻页、定位等。

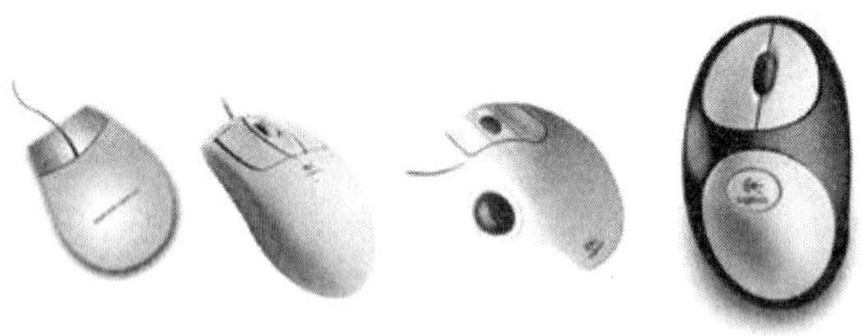

图1-13　几种鼠标外观

按照鼠标与计算机连接方式来分，鼠标又可分为有线和无线两类。目前用户大都使用有线鼠标，它通过RS-232C串行口或USB口与计算机相连。无线鼠标一种以红外线遥控，另一种采用蓝牙（Bluetooth）技术，其遥控距离不能太长，通常在几米以内。

目前常用的鼠标有机械式和光电式两种。

机械式鼠标：鼠标下面有一个可以滚动的小球，当鼠标在平面上移动时，小球与平面摩擦产生脉冲，测出X–Y方向的相对位移量，从而可反映出屏幕上鼠标的位置。机械式鼠标价格比光电式鼠标便宜，但故障率较高。

光电式鼠标：鼠标下面有一个光电转换装置，鼠标在平板上移动时，安装在鼠标下的光电装置根据移动的位移来定位屏幕上的坐标点。光电式鼠标较可靠，故障率低，现已普遍用于微型机。

③其它输入设备

常见的其他输入设备还有光笔、扫描仪、麦克风、数码相机、触摸屏等。

光笔：光笔是专门用来在显示屏幕上作图的输入设备。配合相应的硬件和软件可以实现在屏幕上作图、改图及图形放大等操作。

扫描仪：是目前比较流行的一种图片和文字输入设备，它通过光学扫描原理将纸介质的照片、图形、文字信息，以点阵图像的格式送入计算机进行分析、加工、处理。扫描仪有手持式和平板式两种，使用十分方便。目前扫描仪有黑白和彩色两类，每英寸的点数（DPI）是扫描仪的精度指标。

麦克风：利用麦克风可以进行语音输入。目前，常用的语音输入系统是IBM的ViaVoice连续语音识别系统。其硬件系统是由声卡和话筒（麦克风）组成，但还需要在Windows操作系统上使用ViaVoice系统软件。此外，利用麦克风和声卡还可以进行录音、网上交流等工作。

数码相机：数码相机是一种无胶片相机，是集光、电、机于一体的电子产品。数码相机集成了影像信息的转换、存储、传输等部件，具有数字化存储功能，能够与计算机进行数字信息的交互处理。

触摸屏：触摸屏是一种快速实现人机对话的工具，分为电容式、电阻式和红外式3种。其基本原理是在荧光屏前安装一块特殊的玻璃屏，其反面涂有特殊的材料，当手指触摸屏幕时，引起触点正反面间电容或电阻值发生变化，控制器将这种变化翻译成（x，y）坐标值，再送到计算机中。

（2）输出设备

①显示器

显示器是微型机的标准输出设备，是人机对话的主要工具之一，其作用是显示内容、输出字符、数据或图形、表格等各种形式的结果。显示系统由显示适配器（又称显示卡）和监视器两部分组成，显示卡是监视器的控制电路和接口，它插在主机板上的扩展槽内，通过专用信号线与监视器相连，如图1 15所示。

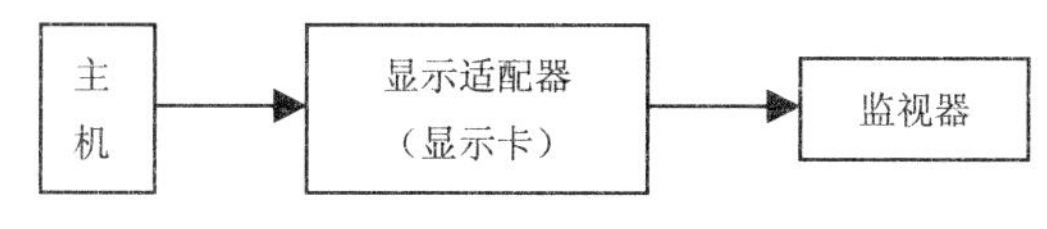

图1–14 显示系统结构

● 显示器的分类

按显示颜色分类：可分为单色显示器和彩色显示器。彩色显示器是由红（R）、蓝（B）、绿（G）三原色构成。现在多使用彩色显示器。

按显示器件分类：可分为阴极射线管显示器（CRT）、液晶显示器（LCD）、LED背光液晶显示器、等离子体显示器（PDP）等。由于CRT显示器功耗较大且有一定的辐射，越来越多的人选用LCD或PDP显示器。

（a）阴极射线管显示器

（b）液晶显示器

（c）LED背光液晶显示器

（d）等离子体显示器

图1-15　显示器

● 显示器的显示方式

显示器的显示方式分为字符显示方式和图形显示方式。

字符显示方式：是先把要显示字符的代码（ASCII码或汉字）送入主存储器中的显示缓冲区，再由该缓冲区送往字符发生器，将字符代码转换成字符点阵，最后通过视频控制电路送屏幕显示。这种显示方式只需较小的显示缓冲区，且控制电路简单，显示速度快。

图形显示方式：是直接将显示字符或图像的点阵（非字符代码）送往显示缓冲区，再由缓冲区通过视频控制电路送屏幕显示。该显示方式要求显示缓冲区很大，但可以直接对屏幕上的“点”进行操作。

● 显示器的主要技术参数

屏幕尺寸：指矩形屏幕的对角线长度，以英寸为单位。常有15、17、19等英寸的显示器。

宽高比：屏幕横向与纵向的比例，一般为4∶3和16∶9。

点距：指屏幕上荧光点间的距离，它决定像素的大小，以及屏幕能达到的最高显示分辨率。点距越小越好，现有的点距规格有0.20毫米、0.25毫米、0.26毫米、0.28毫米、0.31毫米、0.39毫米等。

像素：指屏幕上能被独立控制颜色和亮度的最小区域，即荧光点，是显示画面的最小组成单位。屏幕像素点的多少与屏幕尺寸和点距有关。

显示分辨率：指屏幕像素的点阵，通常写成（水平点数）×（垂直点数）的形式。分辨率越高屏幕越清晰。常用的分辨率有800×600、1024×768、1024×1024、1600×1200等。显示器分辨率的大小与点距和屏幕尺寸有关，也与显示卡有关。

灰度和颜色深度：灰度指像素三基色亮度的差别，用二进制数进行编码，位数越多级数越多，图像层次越清晰。颜色深度指计算机中表示色彩的二进制位数，位数越多表示的色彩越丰富，24位可表示2^{24}种色彩。增加颜色种类和灰度等级，主要受到显示存储器容量的限制。

刷新频率：每分钟内屏幕画面更新的次数称为刷新频率。刷新频率越高，画面闪烁越小。在设置显示器刷新频率时，不要超过显示器允许的最高频率，否则有可能烧坏显示器。一般为75Hz。

显卡：主要由显示芯片、显示内存、RAMDAC芯片、显卡BIOS和连接主板总线的接口组成，是实现显示器与主机的连接和通信的设备。

② 打印机

打印机是常用的输出设备之一，是通过电缆线连接在主机箱上的并行接口上，实现与主机之间的通信。它分为针式打印机、喷墨打印机和激光打印机3类，如图1-16所示，每类又有单色（黑色）和彩色两种。针式打印机以机械撞击方式输出，打印效果较差，尤其是在输出图形图像方面，且打印速度慢，噪音大，其优点是耗材便宜（包括打印色带和打印纸）。喷墨打印机是将墨水通过精细的喷头喷到纸上，从而完成打印。与针式打印机相比，它具有分辨率高、噪音小、打印质量高等优点，但由于使用一次性喷头，因而成本较高，耗材较贵。激光打印机是20世纪60年代末发明的，采用的是激光扫描和电子照相（Electro-photography）技术，即利用激光束扫描光鼓，通过控制激光束的开与关使传感光鼓吸与不吸墨粉，然后光鼓再把吸附的墨粉转印到纸上，完成打印，目前它是各种打印机中打印效果最好的，具有打印速度快、质量好、噪音低、分辨率高等优点，缺点是价格较高、耗材贵。打印机的性能指标有打印分辨率和打印速度，打印分辨率以每英寸多少点来衡量，它决定了打印的质量。打印速度常用每分钟输出纸张数来衡量，它决定了打印的效率。

激光打印机

针式打印机

喷墨打印机

图1-16　几种常用打印机

③ 绘图仪

绘图仪是一种图形输出设备。要想精确地绘图，就不能用打印机，只能用绘图仪。它是计算机辅助设计与制造中必不可少的设备。按原理可分为笔式、喷墨式、热敏式、静电式等。按走纸方式可分为平台式和滚筒式。滚筒式绘图仪可绘出较长的图样。按颜色可分为单色和彩色两种。

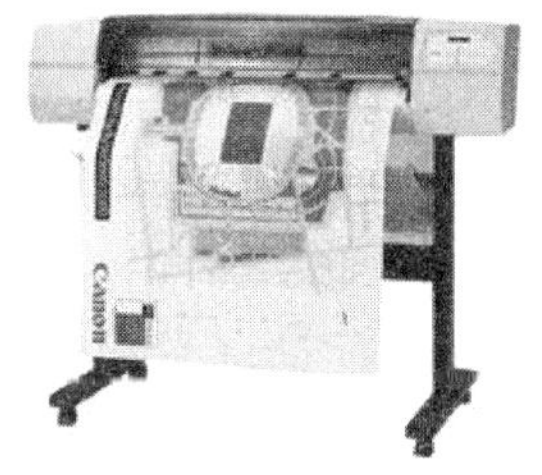

图1-17　滚筒式绘图仪（左）、平台式绘图仪（右）

1.4.3　计算机软件系统

所谓的软件系统是指计算机正常运行时所必须的各种程序和数据，是为了运行、维护、管理、应用计算机所编制的“看不见”、“摸不着”的程序集合。软件发展的目的是为了扩展计算机的功能，为用户编制解决各种问题的源程序提供更加简单、方便、可靠的手段。软件是建立在硬件基础上的，没有硬件的物质支持，软件就无法生根，所谓的软件功能也就更加谈不上。没有装软件的机器称为“裸机”，而“裸机”是无法工作的，因此只有将硬件系统和软件系统有机地组合在一起，形成一个完整的计算机系统，才能使计算机正常运转，发挥出其特点。

软件系统一般分为系统软件和应用软件两类。

1. 系统软件

系统软件是指控制和协调计算机及其外部设备工作、支持应用软件的开发和运行的软件。其作用是对计算机系统进行调度、管理、监控和服务，扩展计算机的功能，提高使用效率，给使用计算机的用户提供方便。系统软件一般包括操作系统、语言处理程序和服务性软件等。

（1）操作系统（Operation System）

操作系统是计算机软件系统中的最重要、最基本系统软件。它负责管理计算机系统的所有软件资源和硬件资源，合理地组织计算机各部分协调工作，提高计算机的效率，为用户提供操作和编程界面。现在任何一台计算机必须配备操作系统以后才能正常工作，才能发挥计算机的功效。正是由于操作系统的飞速发展，才使计算机的使用变得简单而普及。

操作系统的主要任务，一是控制和管理计算机的所有资源，合理地组织计算机的工作流程，使用户充分、有效地利用计算机的资源。二是要方便用户使用计算机，为用户提供一个清晰、简便、易于使用的友好界面。

操作系统的主要功能有：作业管理、存储管理、进程管理、设备管理、文件管理和用户接口等几个部分。

操作系统的种类很多，根据操作系统的功能和使用环境，可分为以下几类：

● 单用户操作系统是整个计算机资源只为一个用户提供服务的操作系统。它有单任务和多任务之分。例如DOS（Disk Operating System）操作系统属于单用户单任务操作系统，曾广泛用于早期的个人计算机，由于其字符界面不友好，现已基本淘汰，被Windows操作系统所取代。Windows操作系统属于单用户多任务操作系统。

● 批处理操作系统是以作业为处理对象，连续处理在计算机系统中运行的作业流。这类操作系统的特点是：作业的运行完全由系统自动控制，系统吞吐量大，资源的利用率高，但用户失去了对自己作业的交互能力。

● 分时操作系统使多个用户同时在各自的终端上联机使用同一台计算机，CPU按某种策略分配各个终端的时间片，轮流为各个终端服务，对每个用户而言，有“独占”这台计算机的感觉。分时操作系统侧重于即时性和交互性，使用户的请求尽量在较短的时间内得到响应。UNIX、VMS等属于分时操作系统。

● 实时操作系统是对随机发生的外部事件，在限定的时间范围内作出响应并对其处理的系统。外部事件一般指来自与计算机系统相联系的设备的服务请求或数据采集。实时操作系统广泛用于工业生产控制过程和事务数据处理中。如：生产流水线的控制系统、导弹飞行的控制系统、飞机的定票系统等。

● 网络操作系统。为计算机网络配置的操作系统称为网络操作系统，它负责网络管理、网络通信、资源共享和系统安全等工作。常用的网络操作系统有：Novell公司的Netware；

Microsoft公司的Windows NT、Windows 2000 Server；自由软件Linux等。

● 分布式操作系统是用于分布式计算机系统的操作系统。分布式计算机系统是由多个并行工作的处理器组成的系统，提供高度的并行性、有效同步算法和通信机制，自动实行全系统范围的任务分配并自动调节各处理器的工作负载。如：MDS和CDCS等。

（2）语言处理程序

由于计算机采用二进制的方法来表示信息，程序和数据都是用“0”、“1”代码表示，因此用户既不方便阅读这些代码，也不方便编写这些代码。为此计算机专家们根据不同的用途，发明了很多“计算机语言”——即计算机能够“理解”、人们“容易懂”的语言，也称为计算机语言。

计算机语言的发展经历了三代：

●第一代：机器语言（Machine Language）。是由“0”、“1”代码组成的计算机能够直接识别和执行的语言。这种语言编写的程序的优点是能够直接被计算机所执行，因此节省内存且运行速度快。缺点是指令难读、难记、难编程、难修改，由于机器语言与具体机型密切相关，因此编写的程序通用性差，难以推广。

●第二代：汇编语言（Assemble Language）。又称符号语言，是用约定的英语符号（助记符）来表示机器语言中的指令和操作数。使用汇编语言时，不需要直接用“0”、“1”来编写程序，但它仍要一条指令一条指令地编程。用汇编语言编写的程序称为“汇编语言源程序”，由于该源程序不是用“0”、“1”代码编写的，因此计算机不能够直接识别，必须用相应的语言处理程序将它翻译成机器语言，这样计算机才能接受并执行。这种语言处理程序称为“汇编程序”，翻译成的机器语言程序称为“目标程序”，整个翻译过程称为“汇编”。

●第三代：高级语言（High Level Programming Language）。是一种与人的自然语言和数学语言相接近的，且易学、易懂、易书写的语言。用高级语言编写的程序称为“源程序”，这个“源程序”必须通过“翻译”——语言处理程序，变成机器语言后，才能被计算机识别、执行，我们把“翻译”后形成的机器语言程序称为“目标代码”。翻译程序有两种类型：编译和解释。

所谓的编译方式就是把源程序用相应的编译程序翻译成相应的机器语言的目标代码，然后通过连接装配程序链接成可执行程序，再运行可执行程序，得到结果。下次再运行该程序时，只需直接运行可执行程序，不必重新编译、连接，因此执行速度快，但由于需要保存目标代码，因此程序占用内存较多。高级语言中如C语言、pascal语言、fortran语言等翻译时都是采用编译方式。

所谓的解释方式就是将源程序输入计算机后，翻译程序翻译一条语句，计算机就执行一条语句，执行完就得出结果，而不保留解释所得的机器代码，下次再运行该程序时还要重新再翻译、执行，因此执行的速度较慢，同样，由于不需要保存翻译的机器代码，因此程序占用内存较少。高级语言中basic语言翻译时采用解释方式。

常用的高级语言有以下几种系列：Basic（Basica、True Basic、Quick Basic、Visual Basic）、Fortran、Cobol、Pascal、C、C++、Visual C++、Lisp等。

随着计算机网络技术和多媒体技术的发展及应用，出现了被称为是第四代的程序设计语言，如Java语言，它是一个集网络程序设计和多媒体程序设计为一体的程序设计语言。

（3）数据库管理系统

数据库管理系统 DBMS（Database Management System）是一种通用的数据库管理软件，它是对数据库的数据进行存储、检索、分类、统计、共享等处理的有效工具，根据它所基于的数据模型（数据库中数据的组织模式）可分为三种模型：层次型、关系型、网络型。当今关系型数据库管理系统最为流行。如：Foxbase、Visual FoxPro、Access、Oracle、Sybase、SQL Server等。其中Oracle是目前世界上最为流行的一种数据库管理系统，其特点是可移植性好，使用范围广，可在大、中、小计算机的各种操作系统环境下使用。

数据库管理系统主要用于档案管理、财务管理、图书资料管理、仓库管理、人事管理等信息管理领域。

（4）服务性软件

服务性软件主要是面向计算机维护的，是为计算机软、硬件服务的一种工具性软件，这类软件品种繁多，主要包括硬件维护软件、病毒检测与清除软件、系统性能测试软件等。

2. 应用软件

用户利用计算机及其所提供的各种系统软件编制的、用于解决具体问题的软件。例如用C语言编写一个求定积分运算的程序就是一个应用软件；又如编写一个查询学生档案的程序也是一个应用软件。因此应用软件品种繁多，举不胜举。常用的应用软件有以下几种：

（1）编辑软件

编辑软件是在计算机上对各类文件、表格进行编辑、排版、存储、传送、打印等所必须的工具。现在的编辑软件大都能够实现图文混排，并且可以含有复杂的数学公式。

专门用于字处理的应用软件主要有Word、WPS等，这些软件除了具有字处理功能外，还有一定的表格处理能力。

专门用于表格处理的应用软件主要有Excel、Lotus 1-2-3等，这些软件除了具有制表功能外，还具有数据分析、数据统计、制图等能力。

（2）统计分析软件

将常用的统计分析方法编制成程序，组装成一个软件包。当用户需要用某种统计方法去分析数据时，可调用软件包中对应的程序，计算机执行该程序后，对所给的数据进行统计、分析，最后输出数据、图形或报表。

（3）计算机辅助设计软件

计算机辅助设计软件目前研究的比较多，应用也比较广泛，涉及工业、制造业和教育界等，主要的一些软件包括各种CAD、CAT、CAM、CAI等。

此外，还有图形图像处理软件、保护计算机安全的软件、实时处理软件等。

总之，随着计算机技术的发展和应用的普及，计算机应用的范围越来越广，所涉及的领域越来越多，因而面向不同对象、具有不同功能的应用软件也越来越多，上面仅仅列举了几个方面。

计算机软件系统直接影响和制约着计算机的发展与应用。一台计算机只有配备了一定功能且使用方便的软件，才能扩展它的使用范围，扩大它的应用领域。因此对计算机软件的研制和开发，是计算机工业的重要组成部分，它将促进计算机的发展，推动计算机的进一步普及。

习　　题

一、单项选择题

1. 计算机的主机主要由（　　）组成。

A.控制器、运算器、驱动器　　B.CPU、内存储器、驱动器

C.控制器、运算器、内存储器　　D.驱动器、内存储器、显示器

2. 通常家庭使用的个人计算机属于（　　）。

A.巨型机　　B.大型机　　C.小型机　　D.微型机

3.ROM表示（　　）。

A.随机存储器　　B.只读存储器　　C.外存储器　　D.读写存储器

4.在计算机中数据的存储和运算是采用（　　）。

A.八进制　　B.十进制　　C.十六进制　　D.二进制

5.计算机系统包括（　　）。

A.硬件和软件　　B.硬件和程序　　C.软件和主机　　D.软件和CPU

6.汇编语言属于（　　）。

A.高级语言　　B.低级语言　　C.机器语言　　D.人类某种自然语言

7.键盘上功能键的功能是由（　　）定义的。

A.生产厂家　　B.运行的软件　　C.操作系统　　D.硬件系统

8.ASCII码用（　　）表示。

A.1个bit　　B.1个字节　　C.2个字节　　D.4个字节

9.鼠标是一种（　　）。

A.输出设备　　B.输入设备　　C.运算设备　　D.选择设备

10.CPU每执行一个（　　），就完成一次基本运算或判断。

A.软件　　B.指令　　C.语句　　D.程序

11.速度快、分辨率高的打印机是（　　）打印机。

A.非击打式　　B.激光　　C.击打式　　D.针式

12.（　　）的主要功能是管理计算机系统的硬件和软件资源。

A.应用软件　　B.编辑软件　　C.操作系统　　D.程序设计语言

13.下列描述CPU性能的指标中最重要的是（　　）。

A.主频　　B.Cache容量　　C.指令系统　　D.逻辑结构

14.计算机的软件系统包括（　　）。

A.程序与数据　　B.操作系统与语言处理程序

C.程序、数据与文档　　D.系统软件与应用软件

15.（　　）是指计算机具有模拟人的感觉和思维过程的能力。

A.巨型化　　B.微型化　　C.智能化　　D.网络化

16.下列（　　）参数不是显示器的主要性能指标。

A.分辨率　　B.耗电量　　C.点距　　D.刷新率

二、简答题

1.计算机的发展经历了哪几代？每一代的主要特征是什么？

2.计算机与传统计算工具比较有哪些特点？

3.计算机有哪些应用领域？举例说明。

4.计算机硬件系统包括哪些内容？

5.计算机软件系统包括哪些内容？

6.ASCII码由几位二进制数组成？它能表示什么信息？

7.汉字信息如何在计算机内表示？

8.简述计算机的基本工作原理。

9.什么是只读存储器（ROM）、随机存储器（RAM）？各有什么特点？

10.何为Cache？它有何作用？

11.计算机中对信息的存储单位主要有哪几个？它们之间的关系是什么？

12.计算机为什么要安装操作系统？操作系统的功能有哪些？

第2章　操作系统

学习目标

1. 掌握Windows 7的启动、退出，“开始”菜单的使用、任务栏设置、桌面个性化设置等基本操作。

2. 掌握文件和文件夹的基本操作，掌握“资源管理器”的操作使用。

3. 熟悉磁盘属性的查看、磁盘的格式化、磁盘碎片整理。

4. 掌握控制面板中常用功能的设置，了解其他功能的设置。

5. 了解Windows 7的操作中心，掌握防火墙的设置。

6. 了解其他操作系统。

重点和难点

1. 文件和文件夹的基本操作，“资源管理器”的操作使用。

2. 控制面板中常用功能的设置。

3. Windows 7防火墙的设置。

操作系统是最重要的计算机系统软件，是代替人管理机器的指挥中枢，就像人类大脑的“神经中枢”一样。操作系统是整个计算机系统的管理与指挥机构，是计算机所有资源的管理者。无论是硬件或软件，都是由操作系统来指挥和调度。操作系统的性能在很大程度上直接决定了整个计算机系统的性能。

2.1　Windows 7基本操作

2009年10月22日，微软公司在美国正式发布Windows 7，该系统可供家庭及商业工作环境的笔记本电脑、平板电脑、多媒体中心等使用，它是个人计算机目前最主流的操作系统。

2.1.1　Windows 7的启动和退出

1. 系统启动

打开主机电源开关，Windows 7开始启动，整个过程是由四个方向升起光点，并旋转变换，伴随着光影效果，最后组合成Windows 7旗帜，这时系统启动成功。如果系统有多个账户，系统启动后，首先出现的是用户登录界面，单击希望登录的用户名图标，输入密码，再按回车键即可登录。如果系统只有Administrator账户（即系统管理员账户），则系统启动后直接出现Windows 7桌面。

2. 系统退出

用户操作完毕Windows 7系统后，可以单击桌面左下角的“开始”按钮，在弹出的菜单中单击“关机”按钮，即可退出Windows 7系统。

3. 切换用户、注销、锁定、重新启动、睡眠

如果要切换到其它用户、注销当前用户、锁定计算机、重新启动、使计算机处于睡眠状态，可选择“开始”，单击“关机”右边的三角按钮，选择相应的选项，如图2-1所示。

图2-1　Windows 7切换用户等操作

2.1.2　Windows 7桌面

Windows 7的桌面是用户和计算机进行交流的窗口。Windows 7的桌面非常友善，新的方式排列和使用窗口，增强的任务栏、开始菜单和资源管理器，一切都旨在以直观和熟悉的方式帮助用户通过少量的鼠标操作来完成更多的任务。Windows 7桌面由“背景”、“图标”和“任务栏”组成。

1. 桌面图标

Windows 7的桌面上的图标包括系统图标和应用程序图标，应用程序图标是用户根据需要添加到桌面的快捷图标，桌面上系统图标常见的有以下几种：

“计算机”图标：代表当前计算机系统资源的图标。

“网络”图标：用来定位计算机连接到的整个网络上的共享资源。

“回收站”图标：是硬盘上的一块区域，用于暂时存放被用户删除的文件或文件夹。直到被清空为止，还可以利用“回收站”还原被用户误删除的文件或文件夹。

“Internet Explorer”图标：简称IE，用于浏览互联网上的信息，通过双击该图标可以访问网络资源。

图2-2　Windows 7桌面

2. 开始菜单

单击“开始”按钮弹出下列窗口。开始菜单集中了用户可能的各种操作。单击“所有程序”命令可展开所有程序列表，用户可从列表中选择需启动的程序。“开始”菜单的左侧是近期启动的程序，右侧是Windows 7的常用功能。

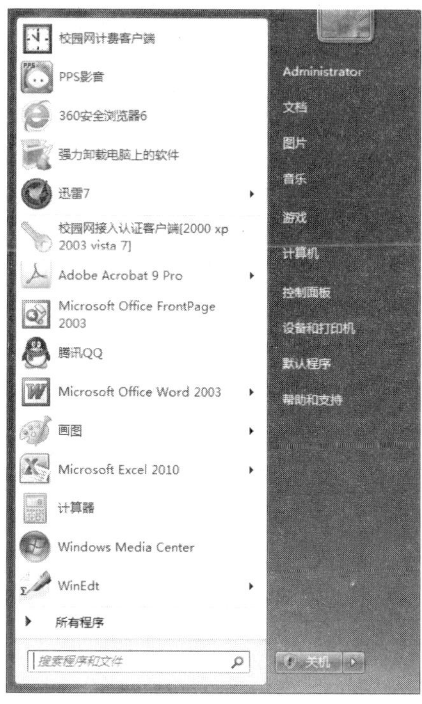

图2-3　开始菜单

● 开始菜单属性设置：右击“开始”按钮，选择“属性”，在弹出的对话框中单击“自定义”按钮，可在对话框中按用户的要求进行设置，设置好后按“确定”按钮，如2–4所示。

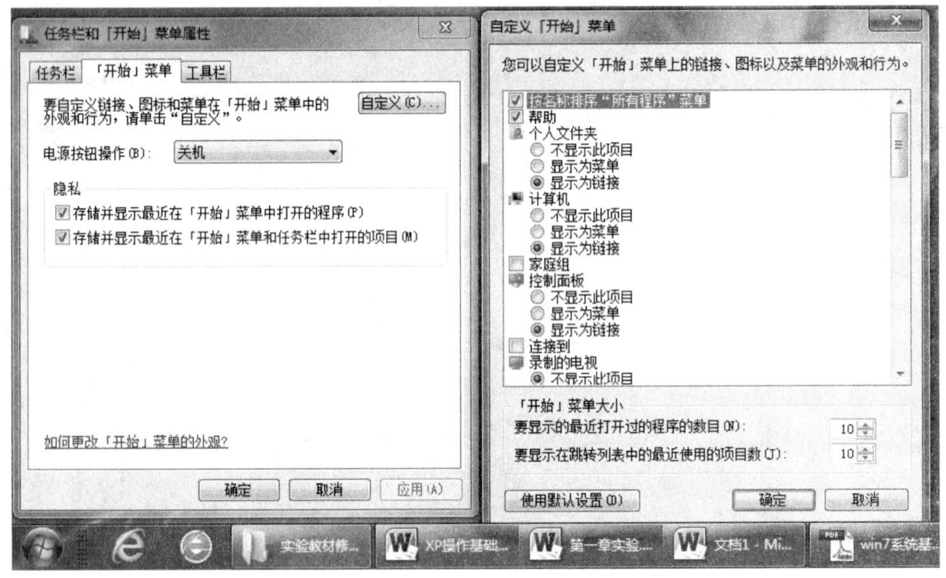

图2–4 开始菜单属性对话框

● 利用开始菜单打开应用程序：以打开Word 2010为例。单击“开始”→“所有程序”→“Microsoft Office”→“Microsoft Word 2010”。

3. 任务栏

任务栏通常位于桌面底部，其位置、大小可改变，通过任务栏可以轻松、便捷地管理、切换和执行各类应用程序。如图2–5所示。

图2–5 任务栏

● 任务栏的主要组成及其作用：

“开始”菜单按钮：单击此按钮，可以打开“开始”菜单，在用户操作过程中，用它打开大多数的应用程序。

快速启动工具栏：它由一些小型的按钮组成，单击可以快速启动程序。

应用程序栏：当用户启动某个应用程序而打开一个窗口后，在任务栏上会出现相应的有立体感的按钮。如果打开了多个应用程序，则可通过单击任务栏上各个按钮，实现各应用程序窗口的切换。

语言栏：提供了各种输入方法。语言栏可以最小化以按钮的形式在任务栏显示，单击右上角的还原小按钮，它也可以独立于任务栏之外。

通知区栏：用于提示当前的系统的工作状态，包括音量、日期时间按钮，也显示一些正在运行的程序，如杀毒软件等。

“显示桌面”按钮：在任务栏的最右端，当光标移至其上时显示桌面，单击它时切换至桌面。

● 任务栏设置：

右击任务栏空白处，选择“属性”，在弹出的对话框中单击“任务栏”选项卡，再单击该选项卡中的“自定义”按钮，可在对话框中进行设置，设置好后按“确定”按钮，如2-6所示。

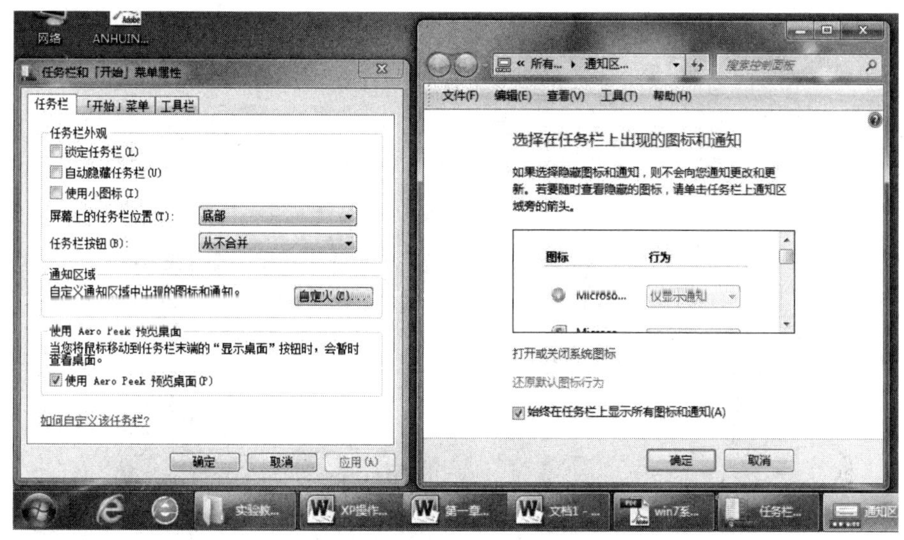

图2-6　任务栏属性对话框

4. 桌面的基本操作

右击桌面空白处，在弹出的如图2-7快捷菜单中可选择对桌面的基本操作选项。

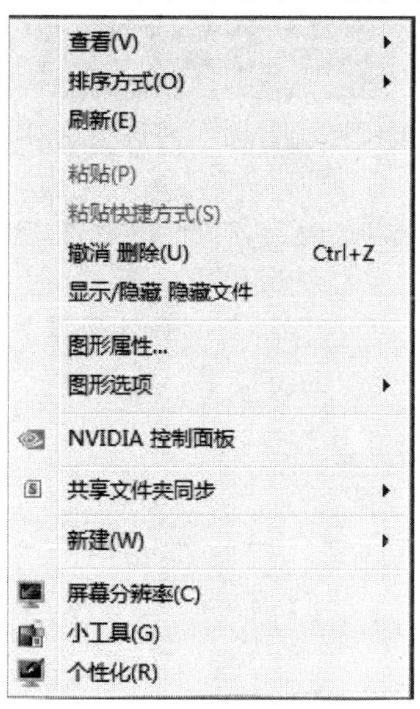

图2-7　桌面快捷菜单

桌面常用的基本操作有以下几项：

查看：可设置桌面是按超大、大、中或小图标等方式显示。

排序方式：设置桌面图标的排序方式，有：名称、大小、项目类型、修改日期几种排序方式。

新建：可新建一个文件或文件夹。

屏幕分辨率：设置屏幕显示分辨率、刷新频率等。

小工具：可将Windows 7提供的一些小工具，如：日历、时钟等显示于桌面。单击图2-7中的“小工具”打开窗口如图2-8。

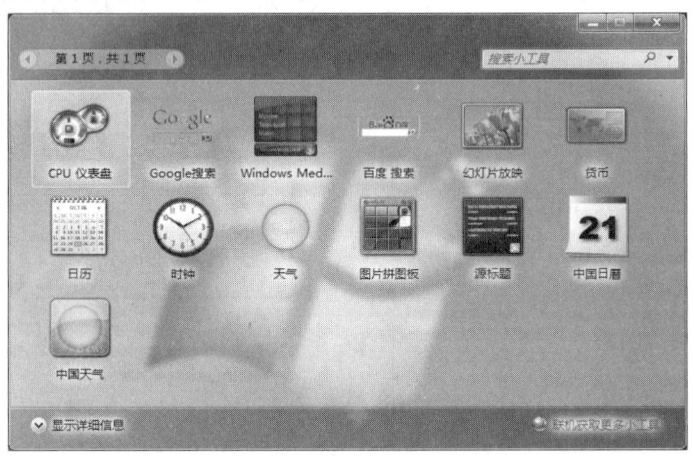

图2-8　小工具窗口

双击“日历”、“时钟”图标或将其拖至桌面，桌面就会显示这两个小工具。

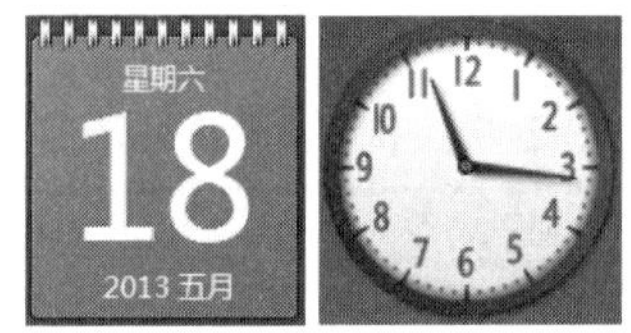

图2-9　日历、时钟小工具

5. 桌面个性化设置

Windows 7在安装时以默认的方式设置了桌面的属性，如果用户要对桌面进行个性化设置，可单右击桌面空白处，在弹出的快捷菜单中选择“个性化”命令打开图2-10窗口，按自己的喜好设置桌面的背景、主题、屏幕保护程序和外观等选项。如要改变桌面背景，单击图2-10中的“桌面背景”图标，在弹出的窗口中，选择自己喜欢的背景图案，单击“确定”即可。

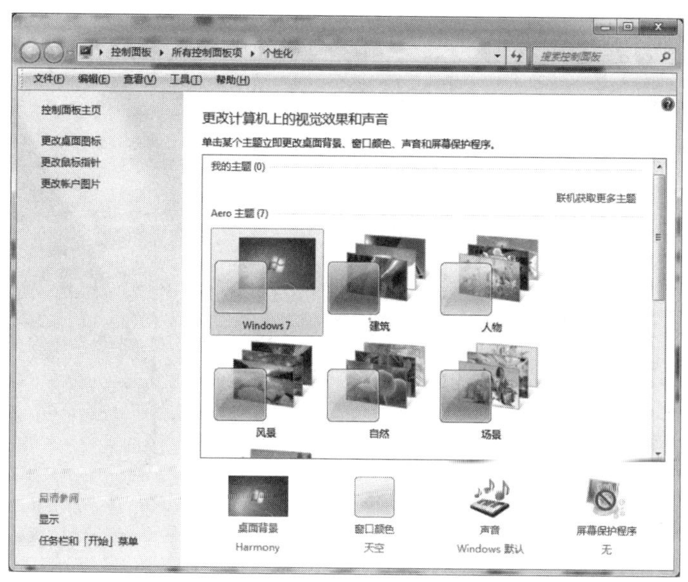

图2–10 桌面个性化设置窗口

2.1.3 Windows 7窗口及菜单

1. Windows 7窗口的基本操作

● 显示窗口：单击任务栏应用程序图标可将该应用程序窗口显示于桌面。

● 移动窗口：用户只需要在标题栏上按下鼠标左键拖动或者在标题栏上右击，在打开的快捷菜单中选择“移动”命令，即可移动窗口。窗口已最大化时不可移动。

● 缩放窗口：通常采用把鼠标移到窗口的边框上进行拖动来改变窗口的大小。当移到窗口的边框上变成双向箭头时，按下鼠标左键并拖动，可以改变窗口的宽度或高度。当把鼠标移到边框的任意角上变成双向箭头时，按下鼠标左键并拖动，可以对窗口进行缩放。

● 最大化、最小化窗口：它们位于窗口的右上角。单击最小化按钮，窗口将以按钮形式缩小到任务栏；单击最大化按钮或将窗口拖至桌面顶端，可使窗口最大化，此时不能再移动或者是缩放窗口，同时最大化按钮变成还原按钮。

● 还原窗口：单击还原按钮或将窗口拖离桌面顶端，可把窗口恢复到最大化前的状态，同时还原按钮变成最大化按钮。

● 关闭窗口：单击关闭按钮关闭当前窗口。

● 切换窗口：在各个窗口之间进行切换有多种切换方式，常用方法有：在任务栏上单击要操作窗口的图标或用Alt+Tab组合键来完成切换。

2. Windows 7菜单操作

菜单是对象操作命令的集合，菜单打开的常用方法：单击菜单栏上的菜单项；单击菜单项后的字母；右击某对象打开快捷菜单，选择要打开的菜单项。

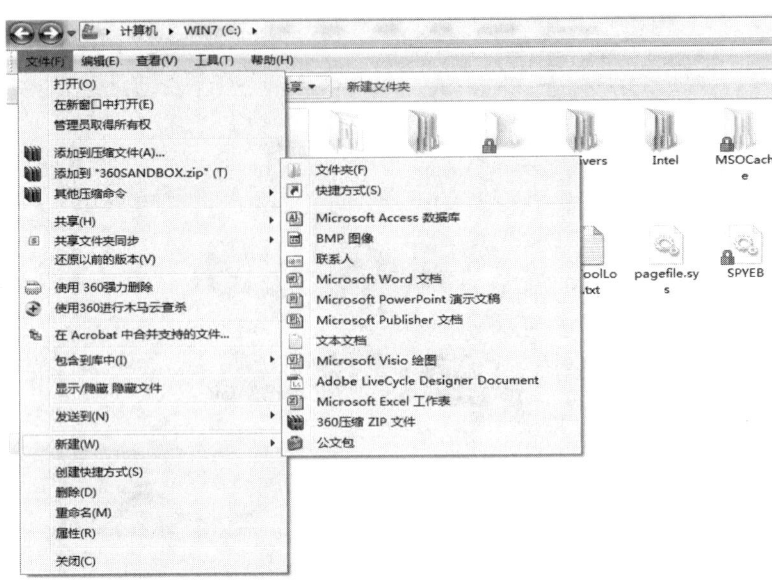

图2-11　Windows 7的下拉菜单

3. Windows 7的对话框

对话框是用户与计算机系统之间进行信息交流的窗口。对话框与窗口不同，其大小一般不可改变。不同的对话框其组成也不同，一般包含：选项卡、下拉列表框、数值框、文本框、单选按钮、复选框、命令按钮和活动式按钮等。

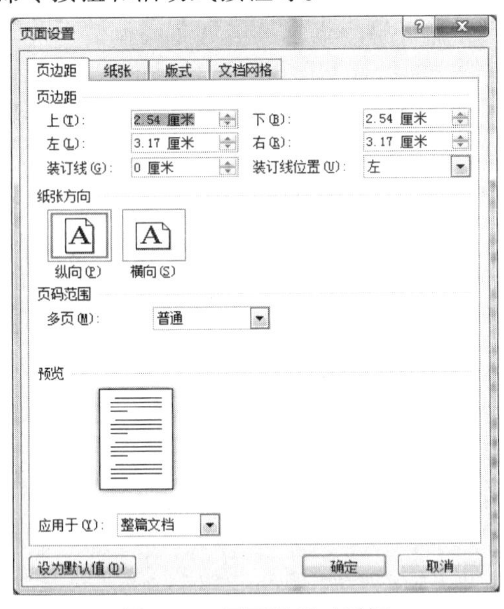

图2-12　页面设置对话框

对话框的基本操作：对话框的移动和关闭、选择不同的选项卡、按要求设置对话框中各项的值。

2.2　Windows 7资源管理器

计算机的资源包括存储器、打印机、多媒体等硬件资源和以文件和文件夹的形式存储在外存储器以及网络上的软件资源。Windows 7通过“计算机”、“网络”和“Windows资源管理器”工具对这些资源进行有效管理，这三个工具只是打开时的界面有点差异，且互相可转换。以下主要以“Windows资源管理器”工具进行介绍。

2.2.1　文件管理基础

1. 文件和文件夹的概念

● 文件：这里指磁盘文件，是存储在计算机存储器（主要是磁盘）上的一组有名字的相关信息的集合。可以是数据文件或文档，也可以是程序文件。

● 文件夹：指可以包含其它文件或文件夹的一个文件管理结构，其下的文件夹称为其子文件夹，而它则称为父文件夹。文件夹是Windows 7管理文件的组织形式和实体，其组织结构为树型结构。用户一般将文件分类存放在不同的文件夹中便于管理、查找。

● 盘符：计算机对外存储器的一种编号，用一个英文字母加一个冒号表示，如：“C:”。A和B用于软盘编号，硬盘的每个分区对应一个编号，从C开始，光盘的编号紧随最后一个硬盘分区编号之后，最后是U盘等其它存储器的编号。

2. 文件、文件夹的命名规则

可以用英文字母、数字、汉字和其它字符作为文件和文件名的命名字符，第一个字符不能是空格，最长可达255个字符。以下字符不可作为命名字符：?、/、\、*、"、<、>、|、:。文件名可以带扩展名，格式为：[主文件名].[扩展名]，扩展名代表文件的类型，不同类型的文件必须由相对应的软件才能创建或打开，因此文件的扩展名不能随意更改。在搜索文件时可以使用通配符，通配符有两个“*”和“?”，“*”代表任意一串字符，“?”代表任意一个字符。

3. 文件、文件夹属性

属性是文件系统用以识别文件的某种性质的记号。Windows 7系统中，文件、文件夹有存档、只读、隐藏、压缩、加密属性。

4. 路径

路径是指文件和文件夹在计算机系统中的具体存放位置。路径格式：<盘符：>\<文件夹1>\<文件夹2>\<……>\<文件名>。

2.2.2　启动资源管理器

1. 用“计算机”、“网络”和“Windows资源管理器”实现资源管理

打开“计算机”、“网络”和“Windows资源管理器”窗口：

● “计算机”的打开：双击桌面“计算机”图标。

● “网络”的打开：双击桌面“网络”图标。

● “Windows资源管理器”的打开：方法一：右击“开始”→“打开Windows资源管理

器”；方法二：右击任务栏上某打开的文件夹→“Windows资源管理器”。

说明：这三个资源管理工具类似，在“Windows资源管理器”的窗口中，单击窗口左边的“计算机”或“网络”就切换到“计算机”或“网络”的窗口；同样在“计算机”的窗口中，单击窗口左边某个盘符或“网络”也可切换到“Windows资源管理器”或“网络”的窗口。以下以“Windows资源管理器”窗口为例介绍。

2. “Windows资源管理器”窗口

“Windows资源管理器”打开后出现图2-13的窗口。

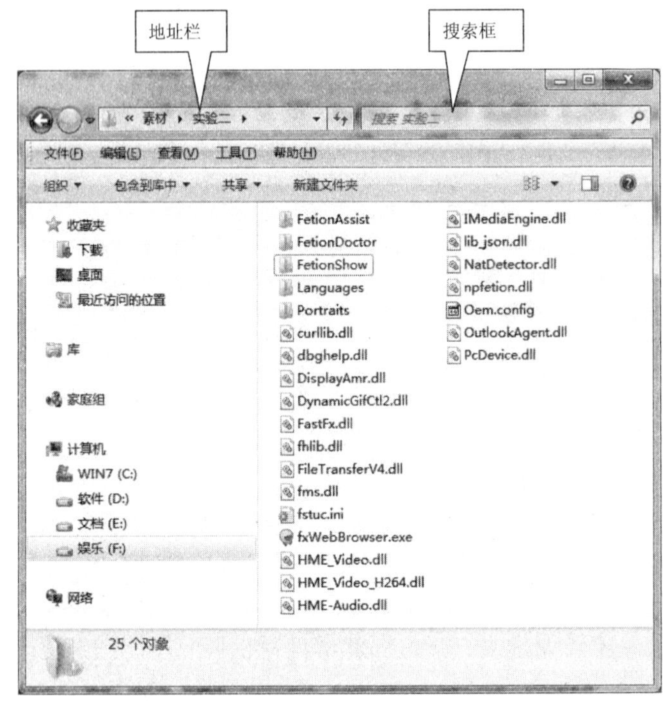

图2-13　“Windows资源管理器”的窗口

资源管理器的工作窗口可分为左、右两个窗格，左窗格显示树型文件夹结构，单击某文件夹前的小三角形，可打开、折叠其下的子文件夹。右窗格用来显示当前文件夹下的文件或文件夹。

地址栏：用于显示当前打开文件夹的位置和名称，在地址栏中直接输入路径或网络地址可以直接打开相应内容。

搜索框：如果用户不知道文件的准确位置，便可利用搜索框进行搜索。当输入关键字的一部分时，搜索就已经开始了，随着输入关键字的增多，搜索的结果会被反复筛选，直到搜索出所需的文件。

2.2.3　文件和文件夹的基本操作

1. 创建文件、文件夹

为了便于分门别类地保存文件，可以在磁盘的某个位置创建文件夹。创建文件一般是通过应用软件实现的，这里阐述的是在Windows7 系统中直接创建。首先在“Windows 资源管理器”中打开“计算机”，选择要创建文件或文件夹的盘符及子文件夹。

创建文件夹：单击“文件”→“新建”→“文件夹”命令；或右击空白处，打开快捷菜单，选择“新建”→“文件夹”命令。

创建文件：单击“文件”→“新建”命令，选择某类型的文件；或右击空白处，打开快捷菜单，选择“新建”命令选择某类型的文件。

2. 选择文件或文件夹

在对文件或文件夹进行复制、移动或删除等操作前要先选定它，然后做相应操作。文件或文件夹的选择有以下几种情况：

- 选定单个文件或文件夹：单击所要选定的文件或文件夹即可。

图2-14　选定单个对象

- 选定多个连续的文件或文件夹：单击所要选定的第一个文件或文件夹，然后按住Shift键不放，单击最后一个文件或文件夹。

图2-15　选定连续多个对象

- 选定多个不连续的文件或文件夹：按住Ctrl键不放，单击想要选择的每一个文件或文件夹。

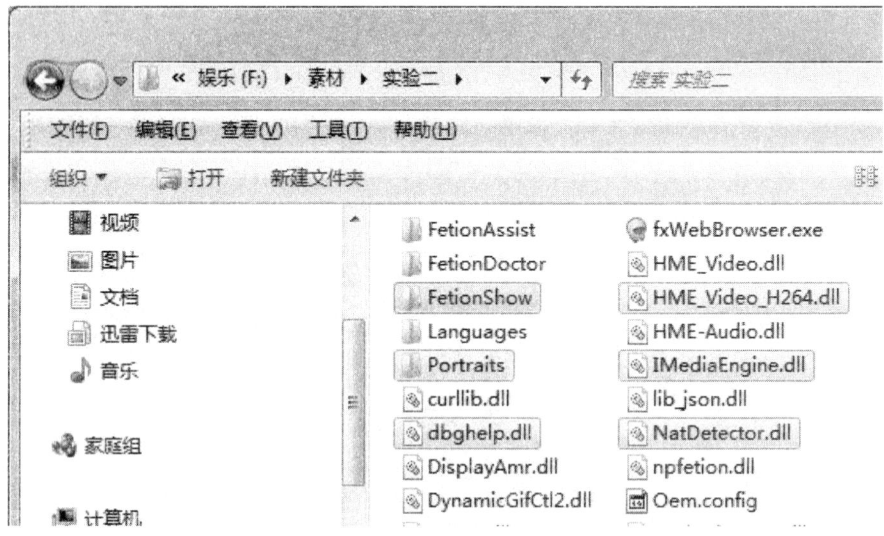

图2–16 选定多个不连续对象

● 选中所有对象：单击“组织”→“全选”命令，或者按下Ctrl+A组合键。

图2–17 选定全部对象

● 撤销选定：在空白处单击即可撤销选定。

3. 文件或文件夹的重命名

● 方法一：先选定需重命名的文件或文件夹，然后单击“文件”（或“组织”）→“重命名”命令。

● 方法二：通过鼠标右击文件或文件夹，在快捷菜单中单击“重命名”命令更改文件或文件夹的名称。

● 方法三：两次单击要重命名的文件或文件夹，输入新的名字。

4. 设置文件或文件夹属性

先选定设置属性的文件或文件夹，然后单击“文件”（或“组织”）→“属性”命令；或右击文件或文件夹，在快捷菜单中单击“属性”命令，打开对话框，根据要求单击“只读”、“隐藏”复选框，若要设置“压缩”、“加密”等属性，单击“高级”按钮，打开高级对话框。

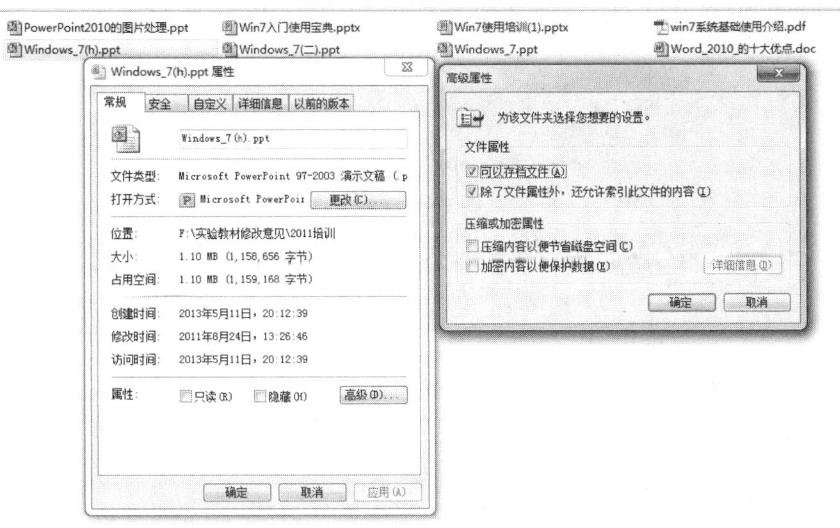

图2-18　文件或文件夹属性对话框

5. 文件或文件夹的复制与移动

● 鼠标拖放法：选中需要复制的文件或文件夹，按下鼠标左键不放拖动对象到目标位置放开鼠标即可。默认情况下，在同一个磁盘中拖动是移动操作，不同磁盘之间拖动是复制操作。按下Shift键再拖动时，都是移动操作；按下Ctrl键再拖动时，都是复制操作。

● 粘贴法：选中要复制的对象，单击“文件”（或“组织”）菜单（也可单击右键，弹出快捷菜单），执行“复制”命令，然后在复制的目标位置选择“文件”（或“组织”）菜单（或单击右键，弹出快捷菜单），执行“粘贴”命令就可以实现文件或文件夹的复制。也可用快捷键Ctrl+C、Ctrl+X和Ctrl+V来实现复制与移动。

● 发送法：右击要复制的文件或文件夹，在弹出的快捷菜单中选择“发送到”命令，在出现的子菜单中单击要发送的目标位置。这种情况下一般是发送到U盘中。

6. 删除文件或文件夹

计算机中不需要的文件或文件夹要将其删除，以节省存储空间。

● 文件或文件夹的删除：选定想要删除的文件或文件夹，单击“文件”（或“组织”）→“删除”命令，或直接按Delete键，也可右击要删除的文件或文件夹，在快捷菜单中选择“删除”。默认是逻辑删除，即将删除的对象放入“回收站”中，“回收站”是磁盘上的一个特殊文件夹，用于存放用户逻辑删除的文件或文件夹。如果想彻底删除，可用Shift+Delete键直接删除。

● 恢复被删除的文件或文件夹：双击桌面“回收站”图标，在打开的窗口中，选择要恢复的对象，单击“文件”→“还原”，或右击恢复对象，在快捷菜单中选择“还原”命令，就可将删除的对象还原到被删除前的位置。

图2-19 还原“回收站”中被删除的文件

● 永久删除文件或文件夹：在“回收站”窗口中选择对象删除将被永久删除。

● 清空“回收站”：如果要永久删除“回收站”中所有对象，可用清空“回收站”实现。方法一：在“回收站”窗口中单击“清空回收站”，或单击“文件”→“清空回收站”。方法二：右击桌面“回收站”图标，选择“清空回收站”命令。

7. 排列图标

单击“Windows资源管理器”窗口中的“查看”菜单，可选择以不同方式（超大图标、大图标、中等图标、小图标、列表、详细信息）显示资源管理器窗口中的对象，也可按名称、修改日期、类型、大小等排序对象。

8. 搜索文件或文件夹

搜索文件或文件夹是经常使用的操作，当用户忘记了文件或文件夹的名字或位置时，可借助系统提供的搜索功能找到。

方法一：单击“开始”，在“搜索”窗口中输入搜索的内容，窗口中立即显示搜索结果。

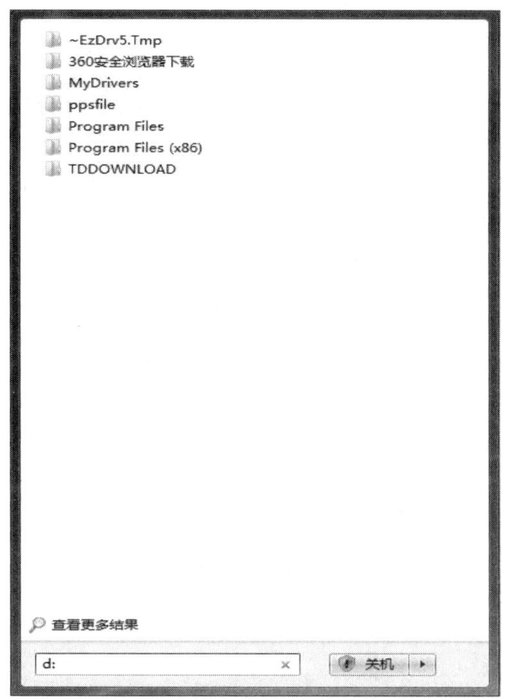

图2–20　“开始”菜单的搜索窗口

方法二：打开“Windows资源管理器”窗口，在窗口右上端的搜索区中输入搜索内容，窗口的工作区中立即显示搜索结果，如图2–21所示。

图2–21　在“Windows资源管理器”中进行搜索

2.2.4 磁盘管理

磁盘在使用前必须进行磁盘分区和格式化，磁盘使用一段时间后，要对其进行扫描检查磁盘中的错误，还要进行磁盘碎片整理以提高磁盘读写速度，这些都是磁盘管理。

● 查看磁盘属性：在资源管理器窗口中，选择要查看属性的磁盘，单击“属性”菜单，或右击磁盘，选择快捷菜单中的“属性”命令，打开属性对话框。“常规”选项卡中列出了磁盘的有关信息。

图2-22　磁盘属性对话框

● 磁盘格式化：新磁盘在使用前要进行格式化（除非出厂时已格式化）操作，否则不能使用。已使用的磁盘也可格式化，在做磁盘格式化时要特别慎重！因为格式化将破坏磁盘上原有的所有信息，且不能恢复，尤其是对C盘格式化，因为C盘是系统启动盘，被格式化后系统无法启动。右击磁盘驱动器，在快捷菜单中选择“格式化”命令，打开格式化对话框，设置参数，单击“开始”按钮就进行格式化操作。

图2-23　格式化对话框

● 磁盘扫描：在图2-22中单击“工具”选项卡→“开始检查”按钮，打开磁盘扫描对话框单击“开始”，此程序可检查磁盘中的错误，并自动修复。

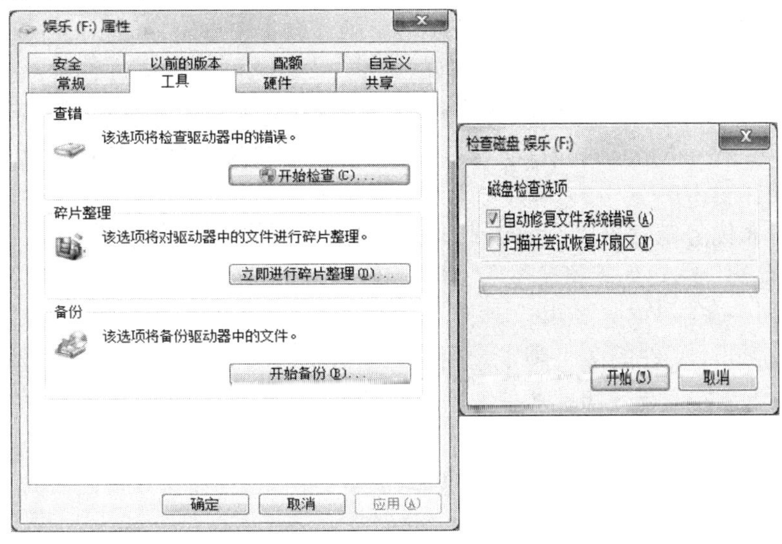

图2-24　磁盘扫描对话框

● 磁盘碎片整理：磁盘在使用一段时间后，会产生一些不连续的空闲磁盘块，当创建文件时，文件的内容就会存放在一些不连续的磁盘块（即磁盘碎片）中，降低了文件的读写速度。磁盘碎片整理就是把文件占用的磁盘块连成连续的一片，把空闲的磁盘块也归并在一起。在图2-24中单击“立即进行碎片整理”按钮，打开碎片整理窗口，选择磁盘，先单击“分析磁盘”按钮，再单击“磁盘碎片整理”按钮开始整理。

图2-25　磁盘碎片整理窗口

2.2.5 “库”的相关操作

如果在不同硬盘分区、不同文件夹或多台电脑或设备中分别存储了一些文件，寻找文件及有效地管理这些文件将是一件非常困难的事情。“库”可以解决这一难题。在Windows 7中，“库”是浏览、组织、管理和搜索具备共同特性的文件的一种方式——即使这些文件存储在不同的地方。Windows 7能够自动地为文档、音乐、图片以及视频等项目创建库。用户也可以轻松地创建自己的库。

“库”的一大优势是它可以有效地组织、管理位于不同文件夹中的文件，而不受文件实际存储位置所影响。用户无须将分散于不同位置、不同分区、甚至是家庭网络的不同电脑中的文件拷贝到同一文件夹中。查找文件因为“库”的管理而变得更简单，因此“库”可以帮助用户避免保存同一文件的多个副本。用户只需要右键单击某个文件夹，选择“包含到库中”，就可以为该文件夹选择加入到某个已有的“库”中或为其创建一个新的“库”。

1. 新建库

Windows系统在安装时，已建立了一些库，单击资源管理器窗口左窗格的“库”，在右窗格中显示已建立的库，如图2-26所示。

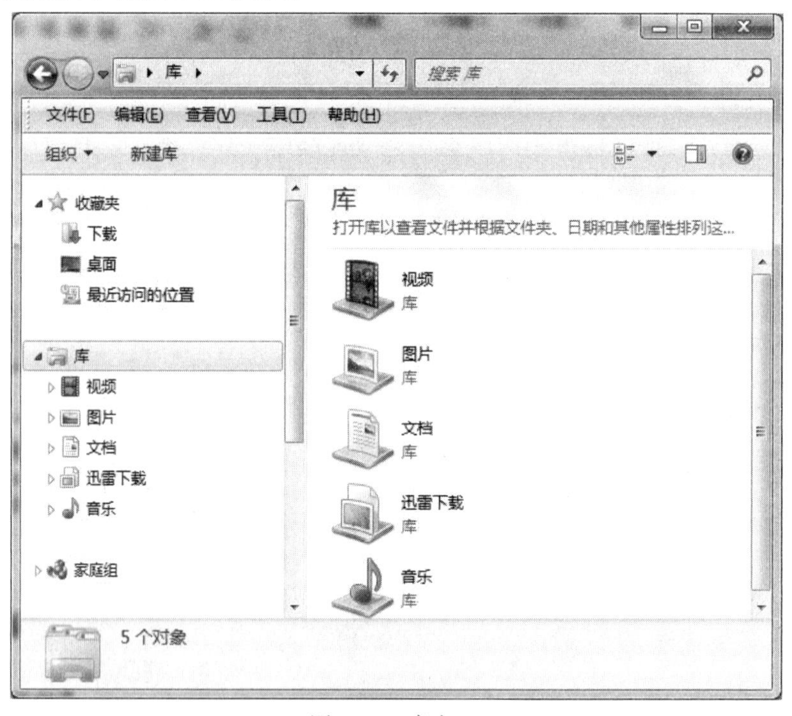

图2-26 库窗口

如果要新建一个库，可单击图2-26中的“新建库”，输入库的名称即可。

2. 包含到库中

若要将某个文件夹包含到库中，方法一：选中文件夹，单击“包含到库中”按钮，在打开的下拉列表中选择要包含的库名即可；方法二：可右击该文件夹，在打开的快捷菜单中选择“包含到库中”，选择要包含的库名即可。

图2–27　包含到库操作窗口

库中对象的其它操作类似文件、文件夹的操作，不再赘述。

2.3　Windows 7控制面板

控制面板是Windows 7提供的一个用来调整系统设置的重要工具包，用户利用它可以很直观、方便地调整各种软硬件及其它的系统环境和设置。

2.3.1　打开控制面板

方法一：单击“开始”按钮，选择“控制面板”命令，打开控制面板窗口。

方法二：双击桌面“计算机”图标，在打开的窗口中选择“打开控制面板”菜单，打开控制面板。

图2-28　控制面板窗口

2.3.2　设置日期时间、鼠标、键盘和显示属性

1. 设置日期和时间

打开“控制面板”，单击“日期和时间”图标，或单击任务栏上的日期时间，在打开的对话框中单击“更改日期和时间设置”按钮，打开“日期和时间”对话框，可单击“更改日期和时间”按钮进行设置，“更改时区”按钮用于修改时区。

图2-29　日期和时间设置对话框

2. 设置鼠标

鼠标是一个常用的设备，可通过鼠标属性对鼠标双击速度、指针形状等进行设置。在控

制面板中单击“鼠标”图标打开属性对话框，选择相应的选项卡设置参数。

图2-30　鼠标属性对话框

3. 设置键盘

通过键盘属性可对键盘速度进行设置。在控制面板中单击“键盘”图标打开属性对话框，对键盘速度进行调整。

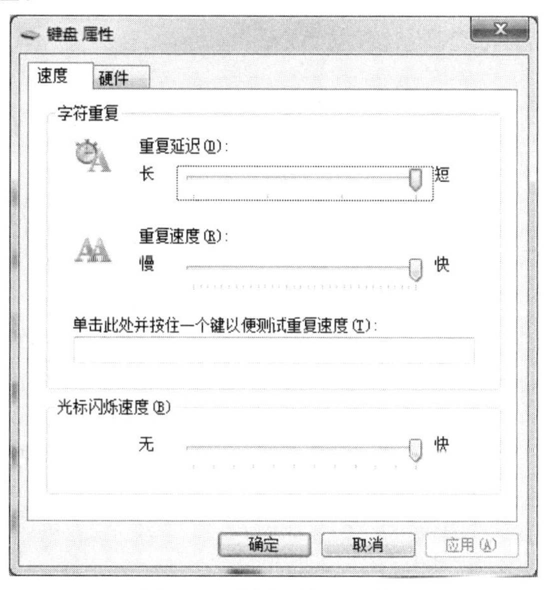

图2-31　键盘属性对话框

4. 设置显示属性

用户可通过显示属性窗口设置桌面的背景、主题、屏幕保护程序、外观和分辨率等。

● 设置显示分辨率：在控制面板窗口中单击“显示”图标，打开显示属性窗口，选择

“调整分辨率”，打开对应窗口，调整合适的显示分辨率。

图2-32　显示属性窗口

● 设置桌面的背景、主题、屏幕保护程序、外观：在图2-32中单击“个性化”按钮进入个性化设置窗口。

2.3.3　卸载或更新程序、打开或关闭Windows功能

要删除一个已安装的应用程序，如果应用程序不自带卸载程序，则必须通过Windows 7提供的卸载程序来完成。Windows 7的功能很多，用户可以根据自己的需要来打开或关闭一些功能，这样既可满足需要又可提高系统运行效率。

1. 卸载或更新程序

单击控制面板窗口中的“程序和功能”图标打开窗口，窗口中列出了已安装的所有应用程序，选择要卸载的应用程序，单击“卸载/更改”按钮即可卸载、更改或修复。

图2-33　卸载或更改程序窗口

2. 打开或关闭Windows功能

单击图2-33窗口左边的"打开或关闭Windows功能"按钮，打开的对话框中显示了Windows的所有功能，若要打开功能就在相应的功能前打上"√"；若要关闭一些功能就将其前的"√"去掉，然后单击"确定"按钮。

图2-34 打开或关闭Windows功能

2.3.4 添加设备和安装打印机

Windows 7的即插即用功能非常强大，对即插即用设备，在连接到计算机或重启时，计算机会自动发现这些设备，并安装相应的驱动程序。对非即插即用设备，则需要通过添加设备来安装驱动程序。打印机的安装也是如此。

1. 添加设备

单击控制面板窗口中的"查看设备和打印机"按钮，打开图2-35窗口，选择"添加设备"，在弹出的对话框中列出系统检测出的未安装驱动程序（或驱动程序不对）的设备，选择某个设备，单击"下一步"，按照提示要求逐步完成安装。

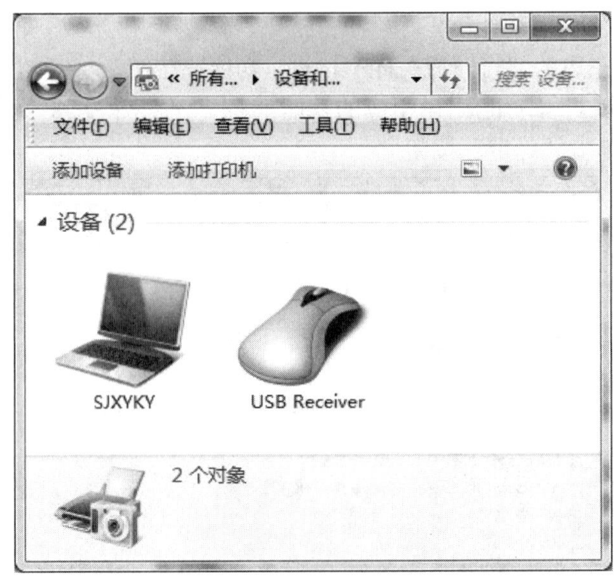

图2-35　设备和打印机窗口

2. 安装打印机

大多数打印机是即插即用的，连接到计算机后，系统会自动检测安装。用户也可以在没有打印机连接的情况下为系统添加打印机，这时需要通过添加打印机来实现。单击图2-35中的“添加打印机”，弹出图2-36对话框。

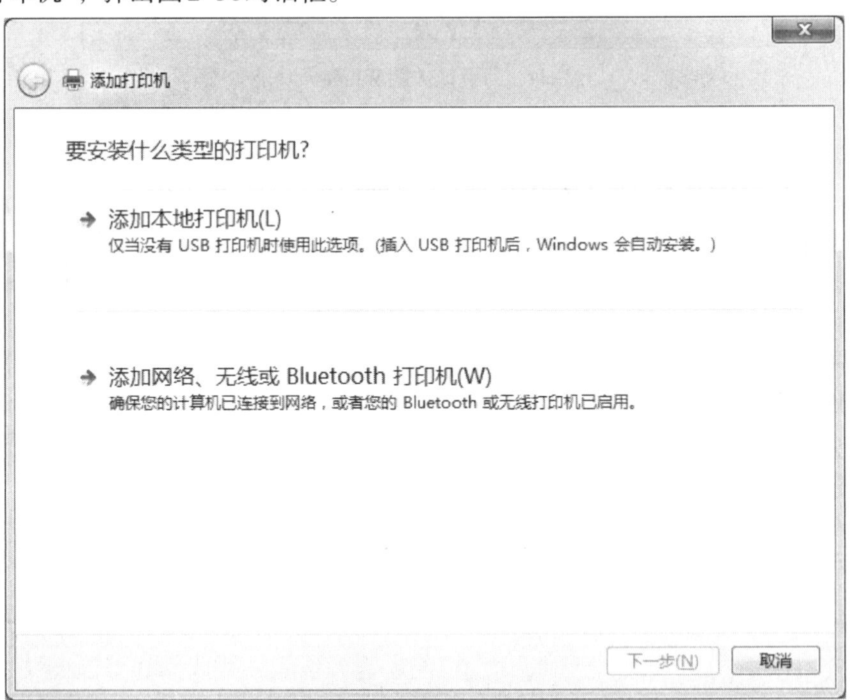

图2-36　添加打印机对话框

选择要安装打印机的类型，比如是“添加本地打印机”，又弹出2-37对话框。

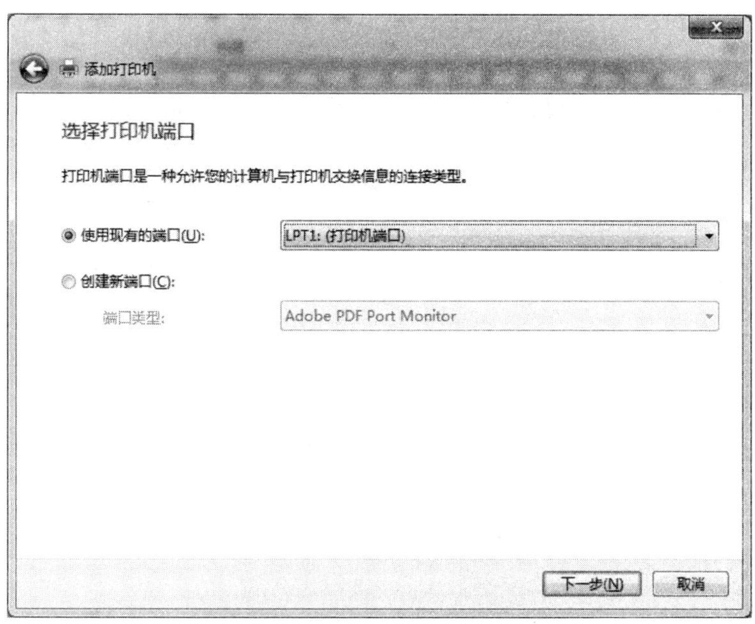

图2-37　选择打印机端口对话框

选择好打印机使用的端口后单击“下一步”，出现选择打印机厂商和型号的对话框。

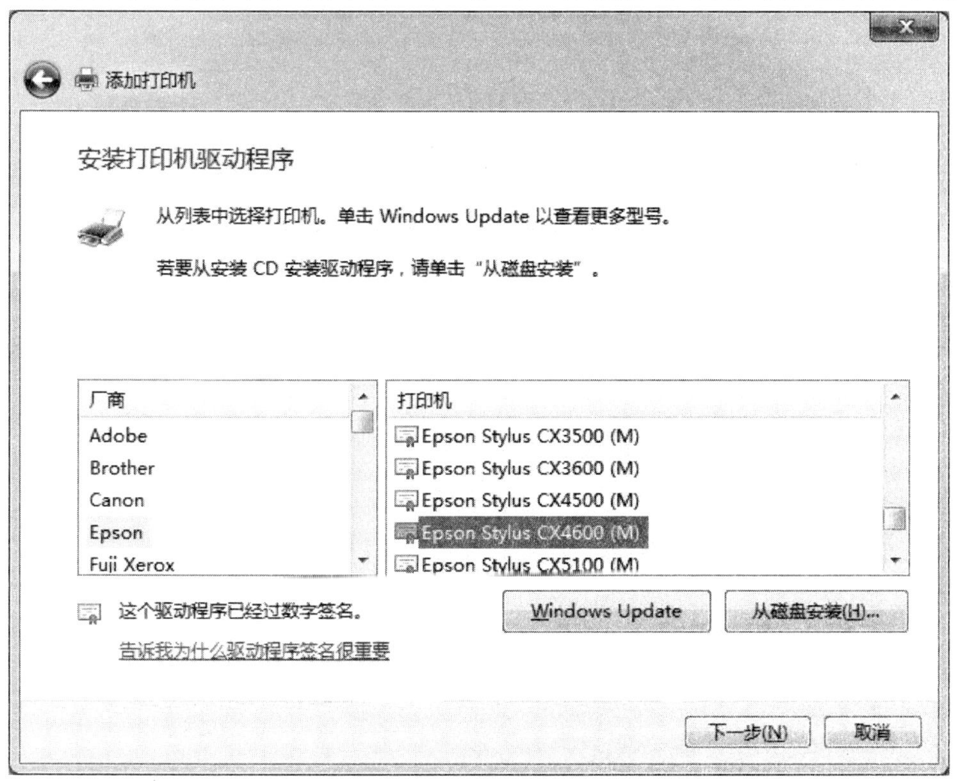

图2-38　选择打印机厂商和型号

设置好厂商和打印机型号，选择“Windows Update”安装还是“从磁盘安装”，前者是

Windows系统自带的安装程序，后者可以从打印机厂商提供的驱动光盘上安装。比如选择“Windows Update”，单击“下一步”，出现图2-39对话框。

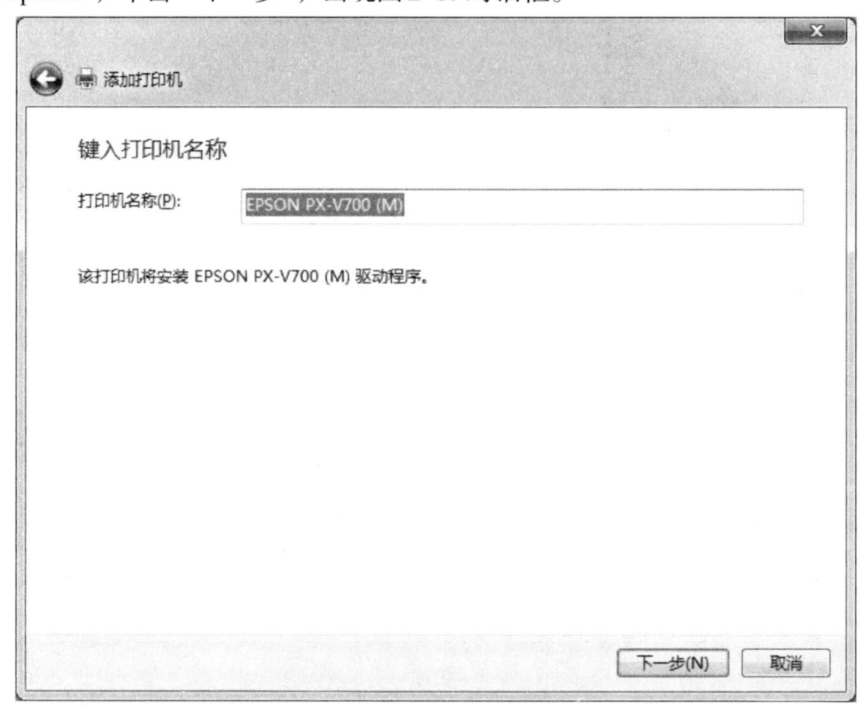

图2-39　输入安装打印机的名称

输入打印机的名称，默认名称是打印机的厂商和型号，单击“下一步”，开始安装打印驱动程序，单击“完成”，则打印机安装成功了，此时图2-35的窗口中会出现一个打印机图标。

2.3.5　用户账户[①]管理

Windows 7是多用户系统，当多个用户使用一台计算机时，可创建多个账户及相应密码，不同的用户通过不同的账户登录系统，配置个性工作环境，设置能够独立访问的文件夹等，其他账户无权进行操作，可以增加操作系统的安全性。Windows 7将用户分为管理员账户（Administrator）和受限账户两种。只有以管理员账户登录，才能创建、删除、更改其它账户。

1. 创建账户

以管理员账户登录，在控制面板窗口中单击“用户账户”图标，打开用户账户窗口，如图2-40所示。

① Windows7系统中，“账户”一词均使用“帐户”，为尊重原系统，图片中“帐户”不做修改，文中使用“账户”一词。

图2-40　用户账户窗口

单击“管理其他账户”，弹出图2-41窗口。

图2-41　管理账户窗口

单击“创建一个新账户”，在弹出图2-42窗口。

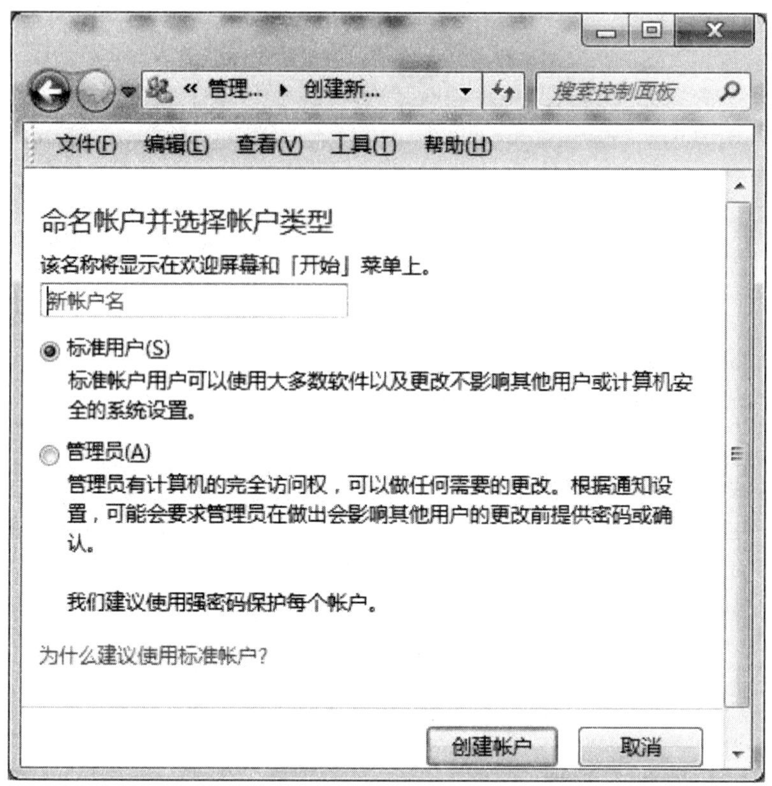

图2-42　创建账户

输入账户名称，单击“创建账户”按钮就完成了账户的创建，此时图2-14中会出现刚创建的新账户。

2. 删除、更改账户

以管理员账户登录后，在图2-40中选择相应选项，按照提示逐步操作即可完成，这里不再赘述。

2.4　Windows 7安全管理

Windows 7包含有许多改进后的安全特性，如操作中心、恶意软件监视以及防火墙和更新等。

2.4.1　Windows 7操作中心

“操作中心”是Windows 7操作系统独有的，它不但包括所有与系统安全相关的信息，而且还有系统维护、计算机问题诊断等实用功能。

在“控制面板”中打开“系统和安全”窗口，单击“操作中心”图标，如图2-43所示。

图2-43　操作中心

1. Windows Defender

Windows Defender的主要功能是抵御间谍软件和其它有害软件，避免系统出现频繁弹出垃圾窗口的现象，防止系统性能降低和受到安全威胁。

Windows Defender默认启用实时监护功能，一旦检测到对系统有危害的动作，就会立即弹出警告信息框，在"操作"下拉菜单中，选择"删除"项即可清除该恶意软件。

在系统运行过程中，如果感觉可能有间谍软件存在，或是Windows Defender多次出现安全提醒，则应启动此程序进行系统安全扫描。在Windows Defender窗口的"扫描选项"下选择扫描方式，如图2-44所示，单击"立即扫描"进行扫描。注意，此扫描功能并不能实现对扫描结果的杀毒处理。

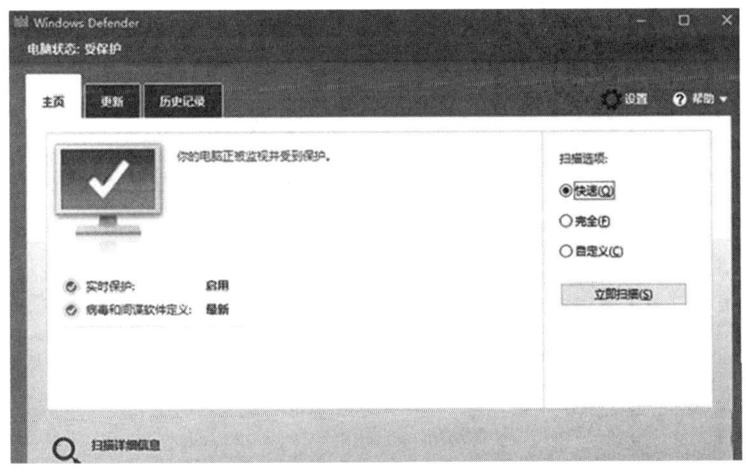

图2-44　Windows Defender扫描

2.4.2 Windows 防火墙

防火墙有助于提高计算机的安全性，Windows防火墙将限制外部与用户计算机之间的通信，防御那些未经允许而尝试连接到计算机的用户或程序，它可以根据设置，拒绝或允许数据到达计算机。除了Windows防火墙外，用户可以安装任何第三方防火墙。

1. 启动/关闭Windows 防火墙

默认情况下，Windows 7的防火墙是处于开启状态的，可以根据实际需要关闭防火墙。在控制面板中单击“系统和安全”→“Windows防火墙”，打开如图2-45所示的窗口。显示Windows防火墙正在帮助保护计算机，此处可以浏览到当前防火墙的配置信息。

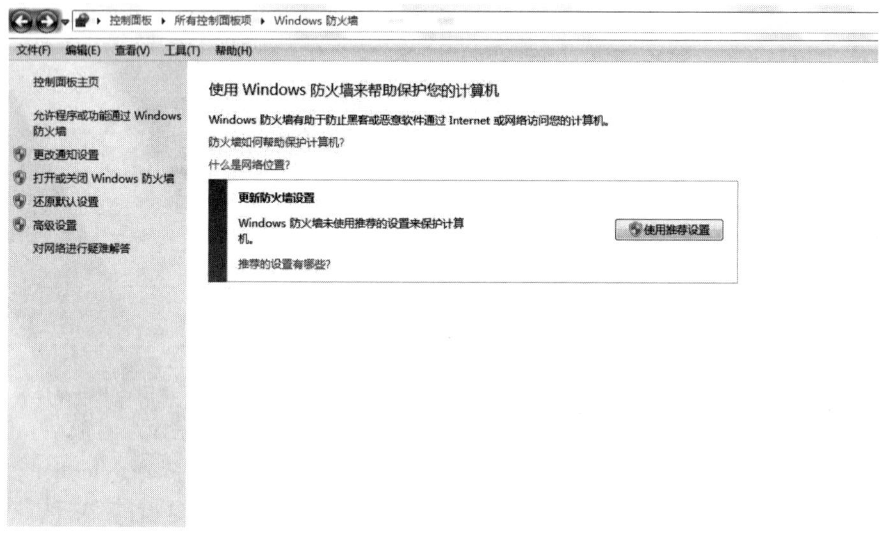

图2-45　防火墙配置信息

单击上图中左侧的“更改通知设置”按钮，进入具体的配置窗口，弹出“自定义设置”对话框，选中“关闭Windows防火墙（不推荐）”选项，单击“确定”即可关闭Windows防火墙，如图2-46所示。

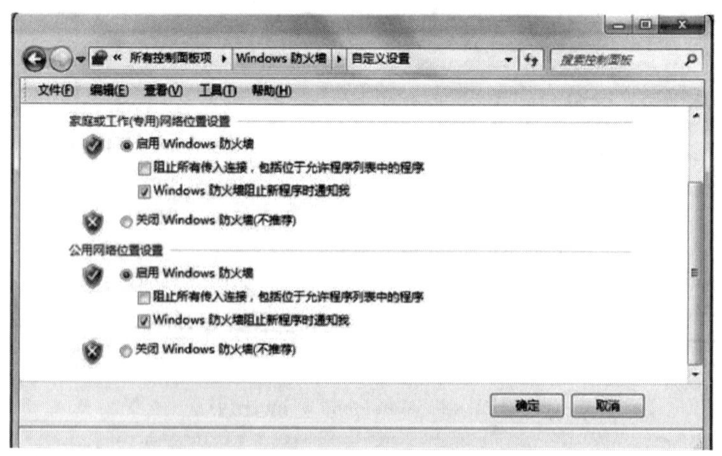

图2-46　Windows防火墙自定义设置

2. 允许程序通过Windows 防火墙

用户信任的程序可以添加到“允许的程序”列表，也可以将不安全的程序从“允许的程序”列表中取消，让防火墙重新阻止。在图2–45中，单击“允许程序或功能通过Windows防火墙”按钮，进入“允许的程序”窗口，选中允许通过防火墙的程序，如果不允许某个程序通过防火墙，可以取消程序左侧的复选框，再单击“确定”按钮保存设置。如图2–47所示。

图2–47　允许的程序窗口

2.5　常用操作系统

随着计算机、通信、移动数字设备等技术的发展，与之相配套的操作系统种类也很多，版本也在不断升级，下面介绍几种目前常用的操作系统。

2.5.1　Windows 系列操作系统

Windows操作系统是由微软公司开发，大多数用于我们平时的台式电脑和笔记本电脑。Windows操作系统有着良好的用户界面和简单的操作。我们最熟悉的莫过于Windows XP，遗憾的是微软公司于2014年4月8日停止了对它的维护。目前，安装在个人计算机中最主流的操作系统是Windows 7，相较以前的版本，Windows 7运行速度更快、效率更高、系统更安全，还增加了特效和个性化设置小工具等。2012年10月25日微软在美国纽约正式发布了其全新的操作系统Windows 8。它极大改变了Windows操作系统以往的操作逻辑，提供屏幕触控支持，新系统画面与操作方式变化很大，采用全新的Mrtro（新Windows UI）风格用户界面，各种应用程序、快捷方式等能以动态方块的样式呈现在屏幕上，用户可自行将常用的浏览器、社交网络、游戏、操作界面融入。Windows 8启动后的开始界面如下图：

图2-48 Windows 8启动的开始界面

微软还开发了适合服务器的操作系统，像Windows server 2000、Windows server 2003。一般的台式机不会去装此类的操作系统，因为最初的设计是为服务器安装的，对硬件的要求也不一样的。

2.5.2 UNIX和Linux操作系统

UNIX是1969年由美国电话电报公司（AT&T）的贝尔实验室推出的一种多用户多任务的操作系统，由于它功能强大、性能优良、安全可靠，被广泛安装在PC工作站和服务器上，随着时间的推移UNIX发展成一个庞大的家族，具有众多的版本。UNIX的出现改变了操作系统发展的道路，目前流行的操作系统几乎都借鉴了UNIX的思想和方法。

UNIX采用模块化的思想，利用小巧精干的内核和包裹在外面的庞大的软件系统组成。所有应用软件和用户程序都是通过对内核的调用来操作计算机系统来完成任务，这样可以降低程序员工作的难度，同时精简了系统本身，提高了计算机资源的利用率。

Linux操作系统是一个年轻的操作系统，1991年诞生于芬兰赫尔辛基大学，一个名叫Linus Torvalds的芬兰学生是Linux的缔造者。它是一种源代码公开、使用免费的自由软件，它功能类似于UNIX。在全球众多热心读者和程序高手的帮助下，Linux操作系统得到迅速扩充发展，成为一个稳定可靠、功能强大的操作系统，并很快赢得了众多公司的支持，包括提供技术支持，为其开发应用软件，将Linux的应用推向各个领域。目前，在服务器领域Linux是主流操作系统之一，Linux操作系统也可以安装在PC机上。

2.5.3 智能手机操作系统

随着移动通信技术的发展，智能手机、平板电脑等移动数字设备已经十分普及，这些设备上安装最多的操作系统有：Android、iOS、Symbian、Windows Phone和BlackBerry OS。

1. Android操作系统

Android（中文名称“安卓”）是一种以Linux为基础的开放源代码操作系统，主要使用于移动数字设备，如智能手机、平板电脑等。Android操作系统最初由Andy Rubin开发，最初主要支持手机。2005年由Google收购注资，并组建开放手机联盟开发改良，逐渐扩展到平板电脑及其他领域上，如电视、数码相机、游戏机等。

Android操作系统的主要特点：

①开放性。Android系统允许任何移动终端厂商加入到Android联盟中来，开放性可以使其拥有更多的开发者。

②丰富的硬件选择。由于Android的开放性，众多的厂商会推出种类各异、功能独特的多种手机产品。

③开源免费。用户可以免费获得Android源代码。

④无缝结合的Google应用。Android平台手机将无缝融合Google各种服务，如：地图、搜索、邮件等。

目前最新版本是Android 4.4，其典型界面如图2–49所示。

图2–49　Android 4.4界面

Android 4.4的新增主要功能：

①优化过的Google Now语音搜索，支持某些设备的全程语音唤醒。

②重新设计的音乐和视频播放器，锁屏界面可以显示专辑封面和播放控制键。

③全新的“Immerse”全屏模式，阅读电子书或者看视频时会自动隐藏系统的界面元素，只剩下内容，从屏幕的边缘滑动可以带回状态栏和屏幕虚拟按键。

④更快的应用切换，Android 4.4优化了内存控制和触屏操控反应时间，使得应用切换更快。

⑤全新设计的电话应用，联系人会自动按照联系频率的高低排序，同时也可以在电话应用里面直接搜索附近的商铺。

⑥更聪明的来电显示（Caller ID），如果来电号码不在联系人列表内，那么会自动跟Google Maps的数据匹配，显示可能的商铺或者公司名称。

⑦Google Cloud Print，对网络打印机有更好的支持。

⑧所有的 WebView 都使用 Chromium 解析。

⑨Screen recording utility 的加入支持屏幕录影。

⑩半透明风格的系统控件（Translucent system UI styling），现在，状态栏和导航栏都是半透明的。

2. iOS操作系统

iOS是由苹果公司开发的的智能手持设备的操作系统，主要运行于iPhone、iPod Touch、iPod nano、iPad、Apple TV等设备上。苹果公司2007年1月9日在Macworld大会上发布这个系统，原名为iPhone OS，2010年6月7日在WWDC大会上宣布改名为iOS，iOS由两部分组成：操作系统和能在iPhone和iPod touch设备上运行原生程序的技术。iOS自带的应用程序包括：SMS（简讯）、日历、照片、相机、YouTube、股市、地图（AGPS辅助的Google地图）、天气、时间、计算机、备忘录、系统设定、iTunes（将会被链接到iTunesMusicStore和iTunes广播目录）、AppStore以及联络资讯。还有四个位于最下方的常用应用程序：电话、Mail、Safari和iPod。目前最新版本为iOS 7.1。图2-50为iOS 7.1的界面。

图2-50　iOS 7.1的界面

iOS 7.1 新增主要功能：

①增加了车载系统CarPlay功能。

②重新设计电话、FaceTime和信息应用图标，改良拨号键和关机屏幕等界面。

③进一步优化了Siri。

④新增了“按键形状”选项，为可点选的区域增加深色背景。

⑤Touch ID指纹识别能力。

⑥修复了较为频繁的白屏死机现象。

⑦封堵了7.1之前所有的完美越狱漏洞。

3. Windows Phone 操作系统

Windows Phone是微软发布的一款手机操作系统，它将微软旗下的Xbox Live游戏、Zune音乐与独特的视频体验整合至手机中。2010年10月11日微软公司正式发布了智能手机操作系统Windows Phone。2011年2月，诺基亚与微软达成全球战略同盟并深度合作共同研发。Windows Phone具有桌面定制、图标拖拽、滑动控制等一系列前卫的操作体验。其主屏幕通过提供类似仪表盘的体验来显示新的电子邮件、短信、未接来电、日历约会等，并对重要信息保持时刻更新。它还包括一个增强的触摸屏界面，更方便手指操作；以及一个最新版本的IE Mobile浏览器。目前最新版本是Windows Phone 8.1。图2-51为Windows Phone 8.1界面。

图2-51 Windows Phone 8.1界面

Windows Phone 8 新增主要功能：

①和Windows 8共享核心。Windows 8、Windows RT和Windows Phone将会采用相同的核心。

②更加多样化的硬件支持。Windows Phone 8大幅度调整了硬件规格限制，多核处理器开始亮相，LTE网络也得到普及，同时还加入了1280×768和720p两种屏幕分辨率解决方案，并且支持microSD卡存储拓展。

③重构开始屏幕。Windows Phone 8中，用户可以自定义动态磁贴的尺寸，目前可供用户选择的尺寸包括大中小三种。

④人脉优化。人脉中加入了群组聊天室功能，群组功能则支持利用NFC快速添加和分享联系人信息。

⑤图片中心和相机性能优化。相机功能更新之后加入了查看器、镜头设置以及编辑工具等功能，同时存储、同步和分享功能也得到了优化。

⑥音乐和视频中心优化。 Windows Phone 8中Xbox Music对存储卡进行了全面的支持。

⑦游戏中心优化。游戏中心加入了全新的通知面板，支持应用内付费，并且获得了Xbox SmartGlass的支持。

⑧Windows Phone 商店。原有市场将正式更名为商店，并且提供全新的应用检索和排列方式。支持更多的支付选项，提供云备份和重装应用。

⑨钱包。全新的钱包应用允许用户将手机作为随身携带的电子钱包使用，可以用来查询借记账单、信用卡、会员卡等信息，支持NFC支付功能（需要硬件支持）。

⑩Office 中心和 OneNote笔记移动版。Office Hub中优化了文件检索机制，用户可以更加快速地找到相关Office文档，而OneNote笔记也从Office Hub中分离出来，作为单独的应用程序。支持通过OneNote分享图片、语音笔记以及笔记搜索等功能。

⑪ 邮件和短信功能优化：Windows Phone 8中支持黑白两种颜色的收件箱模式，用户可以通过语音指令来回复邮件。短信息支持更多的附件类型。

⑫ Internet Explorer 10。IE 10移动版作为Windows Phone 8的一项核心功能，和Windows RT设备同样具备智能地址栏模式，并针对触控屏进行优化。

⑬ 搜索。Bing本地搜索加入了左右滑动切换信息的手势，支持本地事件、购物和电影、头条等信息的显示，并加入了全新的搜索目录。

⑭ 地图。基于微软和诺基亚的战略合作伙伴关系，诺基亚地图被顺利内置在Windows Phone 8操作平台之上，供所有的厂商和用户免费使用。

⑮ 云计算和OTA支持。新平台下，用户可以在云端备份存储手机上的数据，用户可以利用OTA推送机制来安装更新。

⑯ Skype深度整合。Skype顺利被内置到Windows Phone 8平台。用户可以在操作系统中快速地使用Skype收发信息，同时Skype联系人也将会被整合至人脉当中。

4. 其它智能手机操作系统

除了上述三种市场占比较大的智能手机操作系统外，还有其它的智能手机操作系统。

①BlackBerry（黑莓）于1998年由RIM公司推出，BlackBerry主要用户在美国，我国已经在广州开始与RIM进行合作。RIM公司于2013年1月正式发布了黑莓10移动操作系统。

②Symbian（塞班）系统是塞班公司为手机而设计的操作系统，2008年12月2日塞班公司被诺基亚收购。由于对新兴技术支持欠佳，Symbian占智能手机的市场份额日益萎缩，2011年初，诺基亚宣布将与微软成立战略联盟，推出基于Windows Phone的智能手机。事实上放弃了经营多年的Symbian。

③Bada是韩国三星电子自行开发的智能手机平台，底层为Linux核心，于2009年11月10日发布。Bada的设计目标是开创人人能用的智能手机的时代。它的特点是配置灵活、用户交互性佳、面向服务优。非常重视SNS整合和基于位置服务的应用。2012年5月17日，三星表示为了把移动业务进一步向安卓系统发展，决定自2013年起终止对Bada系统的开发，意味着所有运行Bada的设备将会全面停产和淡出市场的局面。

5. 我国智能手机操作系统

由中国科学院研究所与上海联彤网络通讯科技有限公司联合研发的COS（China Operating System）操作系统于2014年1月15号发布了！COS是一款具有自主知识产权的不开源的操作系统。COS操作系统可应用于个人电脑、智能掌上终端、机顶盒、智能家电等领域，另外，COS操作系统拥有原生应用以及HTML5应用，并能加载虚拟机运行Java应用。目前，COS操作系统可运行的应用程序已经超过10万个，其外观类似安卓。这标志着中国的广大智能手机用户将可以使用国产的操作系统，这对保护我国的信息安全有着重大的意义。

习　　题

一、单项选择题

1.在Windows 7操作系统中，将打开窗口拖动到屏幕顶端，窗口会（　　）。

A.关闭　B.消失　C.最大化　D.最小化

2.在桌面上通过鼠标的（　　）操作可以启动某个应用程序或打开某个窗口。

A.单击　B.双击　C.拖曳　D.移动

3.文件的类型可以根据（　　）来识别。

A.文件的扩展名　B.文件的用途　C.文件的大小　D.文件的存放位置

4.Windows 7提供的用户界面是（　　）。

A.交互式的图形界面　B.交互式的问答界面

C.交互式的字符界面　D.显示器界面

5.计算机中数据和程序是以（　　）形式存储在磁盘上的。

A.集合　B.文件　C.目录　D.记录

6.卸载软件时，应该（　　）。

A.直接删除　B.使用“添加或删除程序”

C.将软件放入回收站　D.以上说法都不正确

7.回收站用于临时存放（　　）。

A.从软盘上删除的对象　B.从硬盘上删除的对象

C.从网络上删除的对象　D.从U盘上删除的对象

8.存放在Windows 7系统剪贴板中的对象（　　）。

A.可以是两个不同的对象　B.关机后不会消失

C.是“复制”或“剪切”的结果，也可能是其他操作的结果

D.只能“粘贴”一次

9.在Windows 7中，要实现文件或文件夹的快速移动与复制，可通过（　　）鼠标来完成。

A.单击　B.双击　C.拖放　D.移动

10.直接删除硬盘上的文件，不进入回收站的正确操作是（　　）。

A.“编辑”菜单中的“剪切”命令　B.“文件”菜单中的“删除”命令

C.按DELETE键　D.按SHIFT+DELETE键

11.下列关于任务栏作用的说法中错误的是（　　）。

A.显示当前活动窗口名　B.显示正在后台工作的窗口名

C.实现窗口之间的切换　D.显示系统所有功能

12.在Windows 7中，（　　）不是可选的图标排列方式。

A.按类型　　B.按名称　　C.按属性　　D.按大小

13.Windows7环境下，“磁盘碎片整理程序”的主要作用是（　　）。

A.提高文件访问速度　　B.修复损坏的磁盘

C.缩小磁盘空间　　D.扩大磁盘空间

14.在Windows 7环境下，文件名最多可以包含（　　）个字符。

A.8　　B.16　　C.255　　D.355

15.在对话框中，复选框是指在列出的多个选项中（　　）。

A.可以选一项或多项　　B.必须选多项　C.仅选一项　　D.全选

16.Windows 7中改变日期时间的操作能（　　）。

A.在系统设置中设置　　B.只能在“控制面板”中双击“日期/时间”

C.只能双击“任务栏”右侧的数字时钟　　D.不止一种方法可改变它

二、填空题

1.选定连续的多个文件或文件夹，先选定第一个文件或文件夹，再按住键盘上的______键，然后再用鼠标，单击其他要选择的文件或文件夹图标。先按住______键，再逐个单击想要选择的文件或文件夹图标，可以选定多个不连续的文件或文件夹。

2.搜索（查找）文件时可以在文件名中出现通配符号，如______、______。

3.在Windows 7的“资源管理器”窗口中，文件夹图标前的________符号，表示该文件夹包含有下一级文件夹，尚未展开。文件夹图标前的________符号，表示该文件夹包含有下一级文件夹，已经展开。

4. 文件或文件夹的移动、复制、删除过程中的误操作可以用________命令来恢复。

5.Windows 7有四个默认库，分别是视频、图片、________和音乐。

6.在Windows 7中，实现窗口移动的操作是将鼠标指针指向窗口的________，然后拖动鼠标。

7.在Windows7操作系统中，浏览计算机中的资源是通过“Windows资源管理器”或________进行的。

8.要设置和修改文件夹或文档的属性，可用鼠标右键单击该文件夹或文档的图标，再选择________命令。

9.Windows 7是多用户操作系统，要想为本机增添新用户，在控制面板中选择________命令。

10.在Windows7中，回收站是________中一块区域。

11.在Windows7中，当桌面上已经打开多个窗口时，有________个活动窗口。

12.在Windows 7中，鼠标的单击、双击均是用鼠标________键进行操作。

13.要安装或删除一个应用程序，可以打开“控制面板”窗口，执行其中的________命令。

14.可以通过键盘上的Windows键+________快速打开Windows 7的资源管理器

15.用户可以根据自己的喜好，对桌面进行设置，包括______、________、_________、________等。

三、简答题

1.简述Windows 7 桌面背景设置过程。

2.简述Windows 7中添加一个新用户的操作过程。

3.在Windows 7中如何通过“控制面板”删除一个应用程序？

4.简述Windows 7中添加一个打印机的步骤。

5.简述设置Windows 7防火墙的步骤。

6.简述智能手机操作系统主要有哪几种？分别适用于哪些品牌的手机？

第3章 Office 2010基础知识

Microsoft Office 2010是微软公司开发的办公自动化软件，是当前使用最广泛的办公自动化套装软件之一。主要包括：字处理软件Word、电子表格Excel、文稿演示软件PowerPoint等组件。这些组件都有一些共用的操作，比如它们的启动和退出、对文本的剪切和复制等。这些操作有的完全相同，有的基本相同或相通，使用户在学习了它的一个组件后，能够迅速掌握其它组件的基本使用方法。

学习目标

要求学生会熟练地使用Microsoft Word 2010、Excel 2010、PowerPoint 2010等办公软件，并运用于各自的专业中，更好地服务自身的学习与工作。

重点和难点

学会Microsoft Word 2010、Excel 2010、PowerPoint 2010的高级应用，比如制作个人简历、简报、书籍排版、人事档案表格管理、成绩分析表、电子相册、工程进度表、项目汇报文档及演示文稿等。

3.1 Office 2010的入门操作

3.1.1 Office 2010的启动

启动Microsoft Office Word 2010（或Excel 2010、PowerPoint 2010）的方法有多种：

●在Windows 7中单击“开始”按钮→“所有程序”→“Microsoft Office”→“Microsoft Word 2010”（或“Microsoft Excel 2010”、“Microsoft PowerPoint 2010”）。

●在Windows资源管理器中双击Word 2010（或Excel 2010、PowerPoint 2010）可执行文件WORD.EXE（或EXCEL.EXE、POWERPOINT.EXE）。

●双击Windows桌面上Word 2010（或Excel 2010、PowerPoint 2010）可执行程序的快捷方式。

●双击某个Word 2010（或Excel 2010、PowerPoint 2010）文档文件。

3.1.2 Office 2010的工作界面

下面分别介绍Word（Excel、PowerPoint）2010的工作界面，注意，由于各自的设置不同，用户在实际使用中所看见的界面可能与下图所示不尽相同。

1. Word 2010的工作界面

启动Word 2010之后，显示如图3-1所示的窗口。

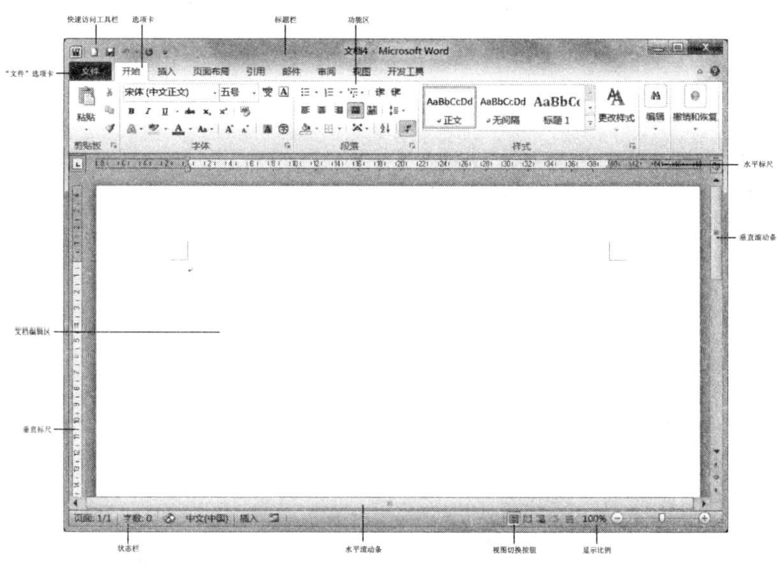

图3-1 Word 2010的工作界面

Word 2010的工作界面主要由包含窗口控制图标、文档名称、窗口控制按钮的标题栏、快速访问工具栏、“文件”及“开始”等选项卡、功能区、文档编辑区、视图切换按钮、标尺、滚动条和状态栏等部分组成。

其中，快速访问工具栏和功能区都可以自定义。例如，单击快速访问工具栏右侧下三角按钮▾，在下拉菜单中可以选择需要在工具栏上显示的按钮。

2. Excel 2010的工作界面

启动Excel 2010之后，显示如图3-2所示的窗口。

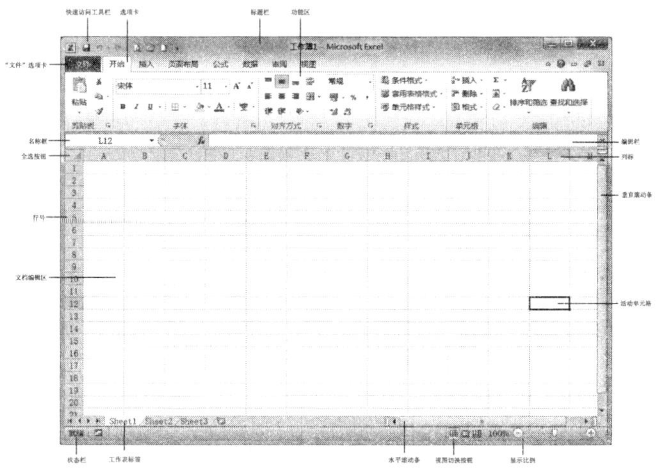

图3-2 Excel 2010的工作界面

Excel 2010的工作界面由包含窗口控制图标、表格名称、窗口控制按钮的标题栏、快速访问工具栏、“文件”及“开始”等选项卡、功能区、名称框、编辑栏、行标、列标、全选按钮、文档编辑区、工作表标签、视图切换按钮、滚动条和状态栏等部分组成。

3. PowerPoint 2010的工作界面

启动PowerPoint 2010之后，显示如图3-3所示的窗口。

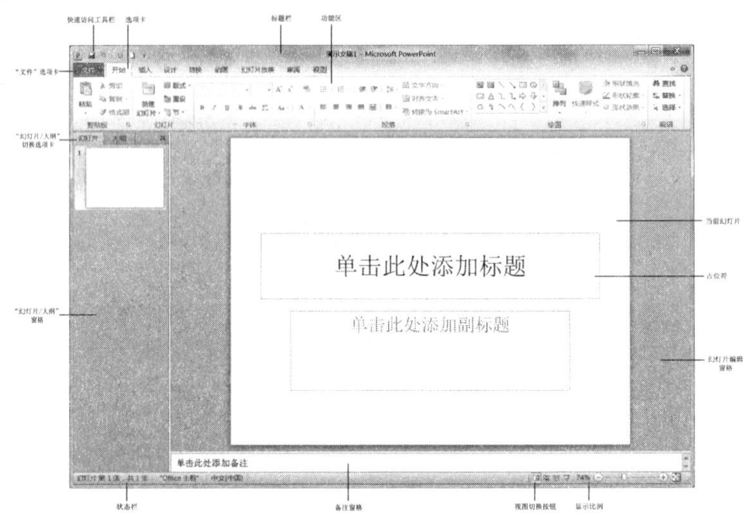

图3-3　PowerPoint 2010的工作界面

PowerPoint 2010的工作界面由包含窗口控制图标、演示文稿名称、窗口控制按钮的标题栏、快速访问工具栏、“文件”及“开始”等选项卡、功能区、“幻灯片/大纲”窗格、幻灯片编辑窗格、备注窗格、视图切换按钮、滚动条和状态栏等部分组成。

3.1.3　Office 2010的退出

在文档（或表格、演示文稿）编辑工作完成之后可退出Word 2010（或Excel 2010、PowerPoint 2010）应用程序，方法主要有以下几种。

- 在Word 2010（或Excel 2010、PowerPoint 2010）中单击“文件”选项卡→“退出”命令。
- 单击Word 2010（或Excel 2010、PowerPoint 2010）工作界面中标题栏右侧的“关闭”按钮 X 。
- 单击窗口控制图标或者右键单击标题栏，在弹出的“窗口控制”菜单中单击“关闭”按钮。
- 使用快捷键“Alt+F4”。
- 双击Word 2010（或Excel 2010、PowerPoint 2010）工作界面左上角的窗口控制图标。

3.1.4　Office 2010的基本操作

使用Office 2010应用程序的第一步是学会新建、保存、关闭、打开文档等基本技巧。下面主要以Word 2010为例介绍各种基本操作的方法，其他如Excel 2010和PowerPoint 2010的操作方法与Word类似，不再赘述。

1. 新建文档

Word（或Excel、PowerPoint）2010在启动时会自动新建一个空白文档（或空白工作簿、空白演示文稿）。其中，Word为其暂命名为“文档1.docx”；Excel为其暂时命名为“工作簿1.xlsx”；PowerPoint为其暂时命名为“演示文稿1.pptx”。用户也可以新建其他文档（或工作簿、演示文稿），一种方法是：单击“文件”选项卡→“新建”命令→“空白文档”（Excel中是“空白工作簿”、PowerPoint中是“空白演示文稿”）→“创建”按钮。

2. 保存文档

文档编辑完成后必须存放在磁盘上才能长期保存。

保存文件的方法为：单击“文件”选项卡→“保存”命令或者单击快速访问工具栏上的按钮，第一次存盘将打开如图3-4所示的“另存为”对话框，在该对话框中，选择存放位置和类型、设置文件名后单击“保存”按钮即可。

文件也可以另存为其他名称或存放在其他位置，选择“文件”选项卡→“另存为”命令，也出现如图3-4所示的对话框，操作与首次文档存盘类似。

在Word 2010中，保存的文件类型可以为Word文档、Word 97-2003文档、PDF、XPS、RTF、网页、纯文本等格式，默认为Word文档，文件扩展名为.DOCX。在Excel 2010中，保存的文件类型可以为Excel工作簿、Excel 97-2003工作簿、XML数据、网页等格式，默认为Excel工作簿，文件扩展名为.XLSX。在PowerPoint 2010中，保存的文件类型可以为PowerPoint演示文稿、PowerPoint 97-2003演示文稿、PDF、XPS等格式，默认为PowerPoint演示文稿，文件扩展名为.PPTX。

图3-4　“另存为“对话框

3. 关闭文档

关闭当前正在编辑的文档，可单击“文件”选项卡→“关闭”命令。执行“关闭”后，如果编辑窗口中的文档没有存盘，屏幕显示如图3-5所示的对话框。若要存盘则单击“保存”；不存盘单击“不保存”；若不关闭文档，仍继续编辑，单击“取消”。

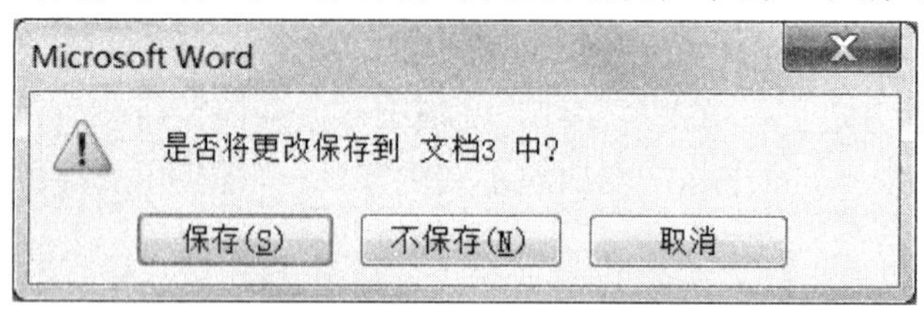

图3-5　提示保存的对话框

“文件”选项卡中的“关闭”和“退出”命令是不同的。“关闭”是关闭当前正在编辑的文档，而“退出”则是结束Word 2010的程序（即关闭所有打开的Word文档并退出Word程序）。

4. 打开已有文档

保存的文档如果需要重新进行编辑，首先必须先打开并显示在Word窗口中。打开文档常用以下几种方法。

- 单击Word快速访问工具栏上的“打开”按钮。
- 单击“文件”选项卡→“打开”命令。
- 直接按Ctrl+O快捷键，即打开“打开”对话框，如图3-6所示。

图3-6　“打开”对话框

在对话框中选择文档所在的驱动器和文件夹，选中文件，单击“打开”按钮，或双击要打开的文档名，则该文档装入编辑窗口。如果需要选择文件不同的打开方式，可以在选定要打开的文档后，单击“打开”按钮右边的“▼”按钮来选择。

3.2　文字处理软件Word 2010

3.2.1　文档的编辑

1. 文档输入与修改

（1）输入普通字符

用户可在空文档中输入文本内容，输入英文时，直接用键盘键入英文字符；输入汉字时，可以打开Windows提供的中文输入法或选择熟悉的汉字输入法。输入过程中，当文字到达右页边距时，插入点会自动折回到下一行行首。一个自然段输入完成后按一次回车键，即一个段落结束。输入文本时，可以暂时不考虑字符、段落和版面的格式，文本输入结束后再另外设置。

（2）插入符号和特殊字符

单击文档中要插入符号的位置（设置插入点）；单击“插入”选项卡→“符号”组→“符号”按钮→“其他符号”命令，打开“符号”对话框，如图3–7所示，在“符号”选项卡或“特殊符号”选项卡中双击要插入的符号或字符，或者单击要插入的符号后再单击“插入”按钮。如果要插入多个符号或字符，可多次双击要插入的符号或字符。最后单击“关闭”按钮。

图3–7　“符号”对话框

（3）修改文档

文档输入后如果需要修改，可移动光标到指定位置处加以修改，光标移动的方式见表3–1，也可以用鼠标点击确定光标位置。

表3–1　Word光标移动的方式

按键	功能	按键	功能
Backspace	删除光标前边的内容	PageUp	上移一屏(滚动)
Delete	删除光标后边的内容	PageDown	下移一屏(滚动)
↑↓←→	使光标上下左右移动	Ctrl+PageUp	移至上页顶端
Home	光标移动到行首	Ctrl+PageDown	移至下页顶端

续表：

按键	功能	按键	功能
End	光标移动到行尾	Ctrl+←或→	左或右移一个单词
Ctrl+Home	光标移动到文件开始处	Ctrl+↑或↓	上或下移一段
Ctrl+End	光标移动到文件结尾处	Shift+F5	移至前一处修订

2. 文本的选定

操作之前一定要先选定文本，根据所需，对不同部分文本的选取方法有：

①如果要任意选取某一部分，首先将光标移到选取文本内容的起始处，然后按住鼠标左键进行拖动，直到选取文本内容的结束处弹开鼠标，此时被选取文本内容以蓝背景显示。

②如果要选取某一句话，可将鼠标定位在该句话的任何位置，按住“Ctrl”键后单击鼠标左键。

③如果要选取某一行字符，可将鼠标移到该行前面的选择区，鼠标形状变成↗，然后单击鼠标左键，则该行被选取。

④如果要选取某一段落，可将鼠标移到该段落前面的选择区，鼠标形状变成↗，然后双击鼠标左键，则该段落被选取。

⑤如果要选取全文，单击“开始”选项卡→“编辑”组→“查找”按钮→“全选”命令或直接按组合键Ctrl+A，则全文被选取。

⑥如果要取消选取文本操作，只要在任意位置上单击鼠标左键即可。

⑦如果要垂直方向选取，可以按住“Alt”键后用鼠标拖动选取。

3. 文本的复制、移动与删除

常用的复制方法有：

①选取要复制的文本内容，单击“开始”选项卡→“剪贴板”组→“复制”按钮或按Ctrl+C组合键，然后将光标移动到复制处，再单击“开始”选项卡→“剪贴板”组→“粘贴”按钮或按Ctrl+V组合键即可。

②选取要复制的文本内容，同时按住Ctrl键和鼠标左键，将选定内容拖拽到复制处即可。

常用的移动方法有：

①文本移动的距离较远，选取要移动的文本内容，单击“开始”选项卡→“剪贴板”组→“剪切”按钮或按Ctrl+X组合键，然后将光标移到文本移动的新位置，单击“开始”选项卡→“剪贴板”组→“粘贴”按钮或按Ctrl+V组合键，则选取的文本内容就移动到新位置上。

②文本移动的距离较近，选取要移动的文本内容，按住鼠标左键，将选定的文本内容拖拽到新位置上。

常用的文本删除方法有：

选取要删除的文本内容，单击Delete键或Backspace键。

4. 撤消与恢复

在编辑文档时，经常要撤消对文档内容的修改，把改变后的文本恢复为原来的形式。操作方法是：在快速访问工具栏上单击“撤消”按钮，可取消对文档的最后一次操作；多次单击“撤消”按钮，依次从后向前取消多次操作。单击“撤消”按钮右边的下拉箭头，打开可撤消操作的列表，可选定其中某次操作，一次性撤消此操作后的所有操作。

在撤消某操作后，如果认为不该撤消，又想恢复被撤消的操作，可单击快速访问工具栏上的“恢复”按钮。单击“恢复”右边的下拉箭头，也可一次性恢复最后被取消的多次操作。

5. 查找和替换

如果文本内容很长，人工查找或替换其中的某个和某些相同字句是非常麻烦的，而且容易遗漏。Word同其他文字处理软件一样，提供了非常方便的查找和替换功能。

在Word中可以查找和替换文本、指定格式和诸如段落标记、域或图形之类的特定项，也可查找和替换单词的各种形式。

（1）查找文本

单击“开始”选项卡→“编辑”组→“查找”按钮，则在Word窗口左侧弹出“导航”窗格。单击“搜索文档”文本框，输入需要查找的文本之后，下方列表中会显示查找的结果，并在文档中高亮显示，如图3-8所示。通过单击列表中的查找结果，可以快速定位到文档中指定位置进行查看。

在查找过程中，可按下Esc键或单击“导航”窗格的关闭按钮取消正在进行的搜索。

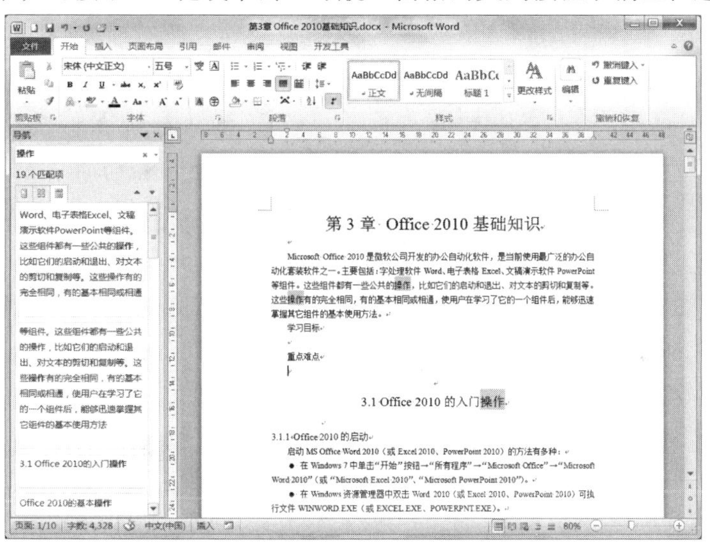

图3-8 “导航”窗格及“查找”演示

（2）替换文本

单击“开始”选项卡→“编辑”组→“替换”按钮，则打开“查找和替换”对话框，默认为“替换”选项卡；在“查找内容”框内输入待查找的文本，在“替换为”框内输入替换文本，单击“替换”或者“全部替换”按钮，如图3-9所示。

如果单击“查找”选项卡，是进行文本查找的另一种操作方法。

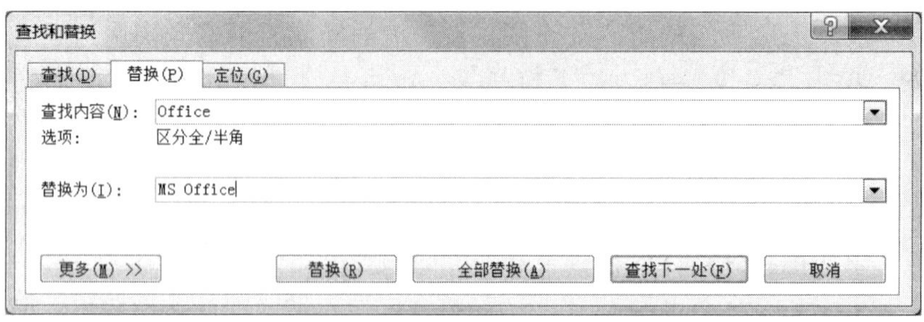

图3-9 “查找和替换”对话框

3.2.2 文档的排版

1. 字符格式设置

字符格式的设置有两种常用方法：

①选定需设置格式的文本，单击“开始”选项卡→“字体”组→右下角“字体”按钮（如图3-10所示），打开“字体”对话框，如图3-11所示，可以进行如字体、字形、字号、字体颜色、下划线、着重号、字体效果等相应设置。

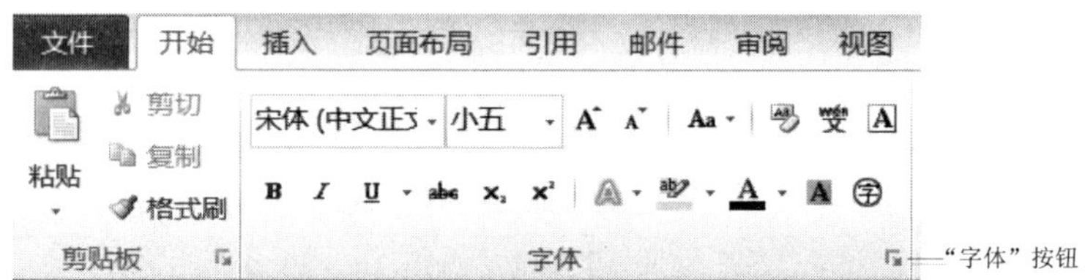

图3-10 右下角“字体”按钮

图3-11 “字体”对话框

②选定需设置格式的文本，利用“开始”选项卡→“字体”组的功能区上不同按钮和下拉菜单对字符格式进行设置。

2. 段落格式设置

段落格式的设置有三种常用方法：

①选定需设置格式的段落，单击“开始”选项卡→“段落”组→右下角“段落”按钮，打开“段落”对话框，如图3-12所示，可以进行如对齐方式、左/右缩进、首行缩进/悬挂缩进、段前/段后间距、行间距等相应设置。

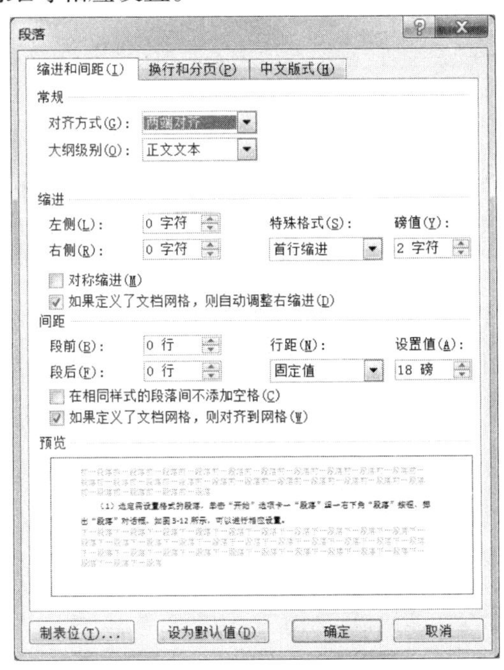

图3-12　“段落”对话框

②选定需设置格式的段落，利用“开始”选项卡→“段落”组的功能区上不同按钮和下拉菜单对段落格式进行设置。

③选定需设置格式的段落，利用水平标尺进行段落缩进的设置，如图3-13所示。将水平标尺上的“首行缩进”滑块拖动到希望文本开始的位置；将“悬挂缩进”滑块拖动至所需的缩进起始位置；拖动“左缩进”滑块可改变选定的一个或多个段落中所有文本的左缩进；拖动“右缩进”滑块可改变选定的一个或多个段落中所有文本的右缩进情况。

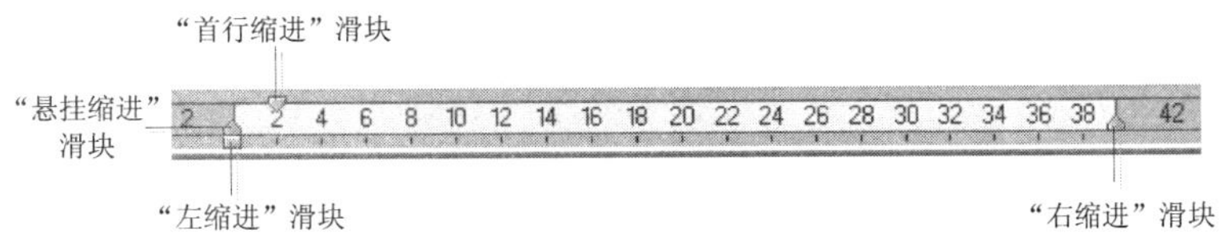

图3-13　水平标尺

3. 边框和底纹

可以通过添加边框来将某些段落或选定文字与文档中的其他部分区分开来，也可以使用底纹来突出显示文字。操作方法主要有两种：

① 选定需添加边框或底纹的文本块，单击“开始”选项卡→“段落”组→“框线”（此按钮外观随设置的框线不同而变化）右侧“▼”按钮→“边框和底纹”命令，打开“边框和底纹”对话框，单击“边框”和“底纹”标签进行设置，如图3–14所示。注意，若对文字进行设置可单击“应用于”框中右侧“▼”按钮，在下拉列表框中选择“文字”；若对段落进行设置，则应选择“段落”，设置完成后在对话框中单击“确定”按钮。

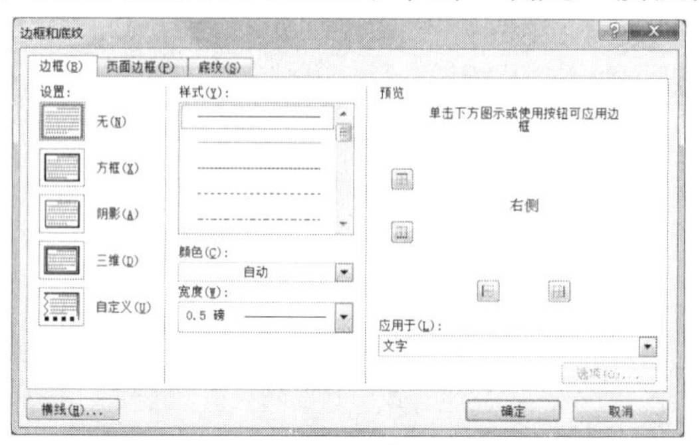

图3–14 “边框和底纹”对话框

② 选定需添加边框或底纹的文本块，利用“开始”选项卡→“段落”组的功能区上“底纹”按钮、“框线”按钮及下拉菜单中的命令快速进行设置，如图3–15所示。

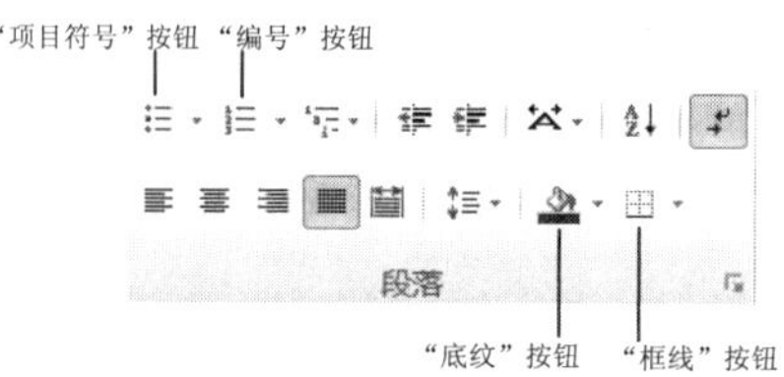

图3–15 “底纹”、“框线”、“项目符号”、“编号”按钮

4. 首字下沉

在报刊文章中，经常看到文章的第一个段落的第一个字都使用“首字下沉”的方式来表现，以引起读者的注意。

可以将段落中的第一个字设置为首字下沉的效果，具体操作如下：

将光标停在指定的段落中，单击“插入”选项卡→“文本”组→“首字下沉”按钮→“首字下沉选项...”命令，打开“首字下沉”对话框，选择下沉或悬挂，设置字体、下沉行数、与正文的距离，单击“确定”按钮。如图3–16所示。

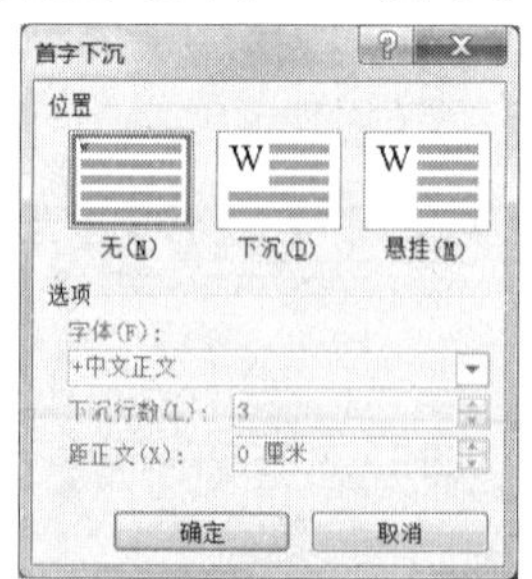

图3–16 “首字下沉”对话框

5. 分栏

排版中的分栏设置，可以使阅读更加方便。具体操作如下：

选择要进行分栏的文字，单击“页面布局”选项卡→“页面设置”组→“分栏”按钮→“更多分栏”命令，打开“分栏”对话框，如图3–17所示。在对话框的“预设”区中选取栏数，在“宽度和间距”区中设置栏宽及间距，单击“应用于”框右侧“▼”按钮，在下拉列表中选取“所选文字”，选择是否勾选“分隔线”复选框，设置完成后单击“确定”按钮。如图3–17所示。

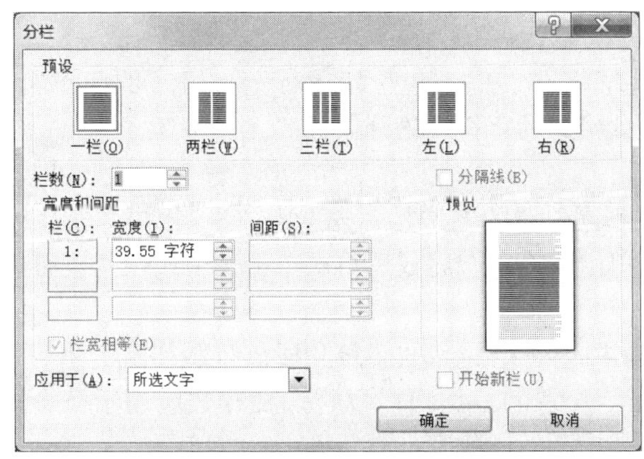

图3–17 “分栏”对话框

6. 项目符号和编号

为了便于阅读，可以添加项目符号和编号来增加阅读性和展示文章的层次。为选中的段落设置项目符号，操作如下：任意选取若干个段落的文本内容，单击“开始”选项卡→“段落”组→“项目符号”或“编号”右侧“▼”按钮（如上文图3–15所示），在下拉菜单中选择所需符号或编号，也可以通过“定义新项目符号”或“定义新编号格式”命令打开相应对话框进行自定义设置，如图3–18所示。

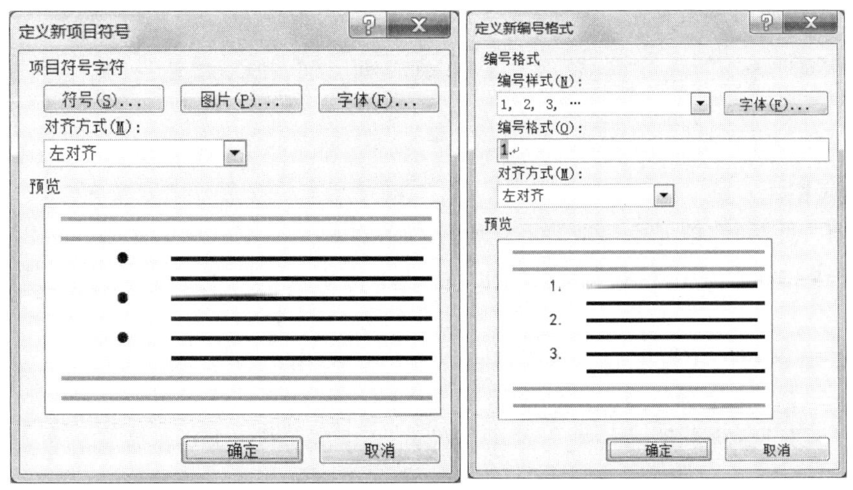

图3–18 “定义新项目符号”和“定义新编号样式”对话框

7. 格式刷的使用

使用格式刷复制字符和段落格式非常简便。可将一个文本的格式复制到另一文本上，格式越复杂，效率越高。具体操作如下：

（1）复制段落格式

单击希望复制格式的段落，使光标定位在该段落内。单击“开始”选项卡→“剪贴板”组→“格式刷”按钮，此时鼠标指针变为刷子形状。把“刷子”移到希望应用此格式的段落，单击段内任意位置。

（2）复制字符格式

选取希望复制格式的字符，但不包括段尾标记（段末的回车符），单击“格式刷”按钮；拖动选取希望应用此格式的字符，松开鼠标。

（3）多次复制格式

将选定格式复制到不同位置的方法是：先选中被复制的文本或段落，双击“格式刷”按钮，在需要复制格式处单击或拖动，完成后再次单击“格式刷”按钮予以取消。

8. 样式

样式是Word 2010文档中一组命名的字符和段落排版格式的组合。相同样式的文本，其字体、段落格式等是完全一致的。用户可以将一种样式应用于某个段落，或者选定的字符上，迅速改变文档外观，提高工作效率。

样式的操作主要有：

（1）应用样式

选定需应用样式的文本或段落，单击“开始”选项卡→“样式”组，在“样式”列表中选择所需样式即可。

（2）更改样式

单击“开始”选项卡→“样式”组→“更改样式”按钮，在下拉菜单中选择需要更改的样式信息。

（3）清除样式

单击“开始”选项卡→“样式”组→“样式”列表框右侧按钮→“清除样式”命令。

3.2.3 表格的制作

1. 创建表格

表格由不同行列的单元格组成，在单元格中可以填写文字和插入图片。可以用表格按列对齐数字，然后对数字进行排序和计算，帮助用户更简明、更直观地表达其所要表达的意思。

选定要创建表格的位置之后，可以通过以下几种常用的方法创建表格：

①单击“插入”选项卡→“表格”组→“表格”按钮→“插入表格”命令，在下拉菜单的单元格区域移动鼠标到所需位置后单击鼠标，即可创建指定大小的表格，如图3–19所示，通过移动鼠标创建了一个5行4列表格，所选区域高亮显示。

图3-19　用鼠标移动的方式创建一个“5×4表格

②单击“插入”选项卡→“表格”组→“表格”按钮→“插入表格”命令，打开“插入表格”对话框，在对话框中输入列数及行数，单击“确定”按钮，如图3-20所示，此时会在插入点插入一个空白表格。

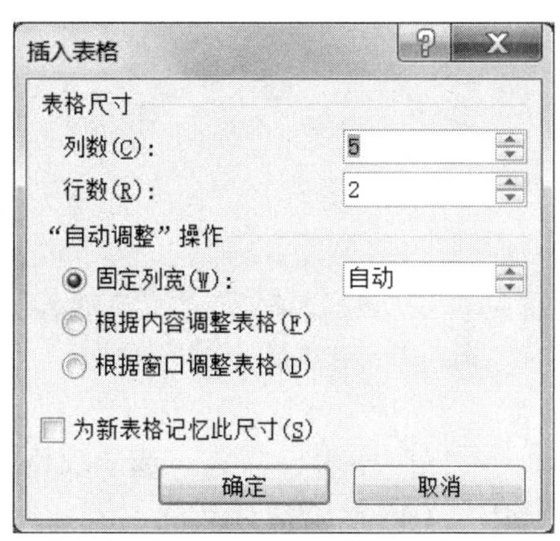

图3-20　“插入表格”对话框

③单击“插入”选项卡→“表格”组→“表格”按钮→“快速表格”，在列表中选择需要的表格模板。

④单击“插入”选项卡→“表格”组→“表格”按钮→“绘制表格”命令，可以自由绘制复杂表格，此时鼠标的指针变成笔的形状，按住左键不放拖动鼠标到所需位置后摊开鼠标即可完成表格外边框的绘制，接下来按需要绘制内框线即可。在功能区会增加“（表格工具）设计”和“（表格工具）布局”选项卡的功能按钮，可进行如笔颜色、线条粗细等相应设置。

创建表格后如需在表格内输入内容，可以将光标移到第1行第1列的单元格，输入相应内容，按光标右移键，光标会向右移动一个单元格或按光标下移键，光标会向下移动一个单元格，输入相应内容……直到输入完为止。

2. 表格大小的设置

创建表格后，经常要根据表格的内容调整表格的行高和列宽。可以使用以下两种方式：

①将光标移至行或列的分隔线处，光标变为÷或+|+形状，单击鼠标，在分割线上出现一条长虚线，按住鼠标向上、下或向左、右移动鼠标就可拖动行或列的分隔线调整表格的行高和列宽。

②鼠标停留在表格上，表格左上角会出现⊞形状，单击“⊞”选中表格，单击“（表格工具）布局”选项卡→“表”组→“属性”按钮，打开“表格属性”对话框，在“表格属性”对话框中选择“表格”、“行”或“列”选项卡，在“指定高度”文本框中选择表格、行或列的尺寸，单击“确定”按钮，如图3-21所示。

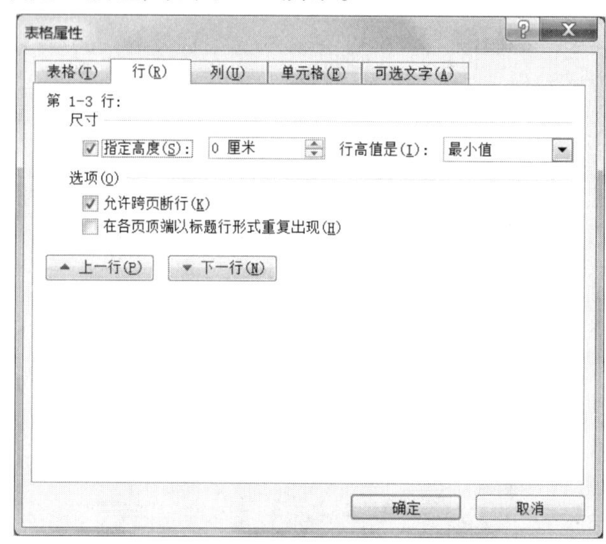

图3-21　“表格属性”对话框

3. 表格的样式选择

如需快速设置表格的外观，可以应用表格样式。选中表格，单击“（表格工具）设计”选项卡，在“表格样式”组中有一个内置表格样式的列表，用户可以单击选择所需表格样式，还可以通过▾按钮展开全部表格样式的列表。

如需清除表格样式，方法是：选中表格，单击“（表格工具）设计”选项卡→“表格样式”组→表格样式列表右侧▾按钮→“清除”命令。

4. 为表格添加边框和底纹

为了美化表格或突出表格的某一部分，可以为表格添加边框和底纹。具体操作如下：

选中表格，单击“（表格工具）设计”选项卡→“表格样式”组→“边框”右侧下三角按钮→“边框和底纹”命令，打开“边框和底纹”对话框，单击“边框”选项卡，可以选择合适的边框类型、线型和线宽；单击“底纹”选项卡，可以选择底纹的颜色和底纹的样式，如图3-22所示，在右侧“预览”区域能看到设置的效果，设置完成单击“确定”按钮。

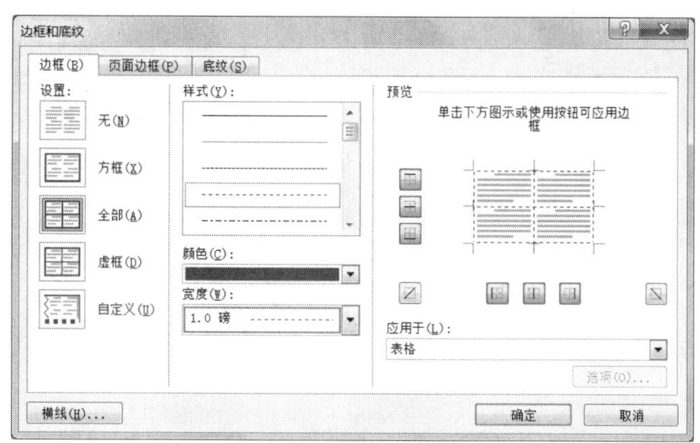

图3-22 “边框和底纹”对话框

5. 在表格中插入或删除行、列以及单元格

（1）插入行

将光标移到相应位置，单击“（表格工具）布局”选项卡→“行和列”组→“在上方插入”（或“在下方插入”）按钮。注意，需要一次插入n行，可以先选n行。

（2）插入列

将光标移到相应位置，单击“（表格工具）布局”选项卡→“行和列”组→“在左侧插入”（或“在右侧插入”）按钮。注意，需要一次插入n列，可以先选n列。

（3）插入单元格

将光标移到相应位置，单击“（表格工具）布局”选项卡→“行和列”组→右下角按钮，打开“插入单元格”对话框，如图3-23所示，选择“活动单元格右移”或其他单选项，单击“确定”按钮。

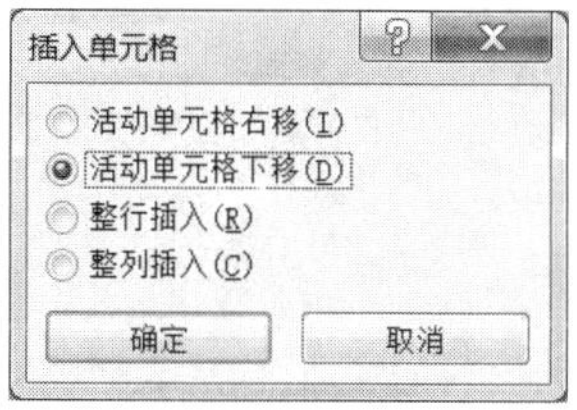

图3-23 “插入单元格”对话框

（4）删除行、列以及单元格

将光标置于需要删除的行、列或者单元格内，单击“（表格工具）布局”选项卡→“行和列”组→“删除”按钮，在下拉菜单中选择“删除单元格”或其他命令，即可完成删除单元格、行、列、表格的操作。

6. 单元格的合并与拆分

通过使用“合并单元格”或“拆分单元格”功能可以将两个或两个以上的单元格合并成一个单元格，或者将一个单元格拆分成两个或多个单元格，从而制作出多种形式、多种功能的Word表格。

（1）合并单元格

选定需要合并的两个或者多个单元格，单击“布局（表格工具）”选项卡→“合并”组

→“合并单元格”按钮，即可完成选定单元格的合并。

（2）拆分单元格

选定一个需要拆分的单元格，单击“布局（表格工具）”选项卡→“合并”组→“拆分单元格”按钮，打开“拆分单元格”对话框，设置列数和行数，单击“确定”按钮，如图3-24所示。

图3-24　“拆分单元格”对话框

7. 文本与表格的相互转换

（1）文本转换成表格

用户可以将文本转换为表格，操作方法为：选中需要转换为表格的文本内容，单击“插入”选项卡→“表格”组→“表格”按钮→“文本转换成表格”命令，打开“将文字转换成表格”对话框，对“文字分隔位置”等项进行设置，单击“确定”按钮，如图3-25所示。

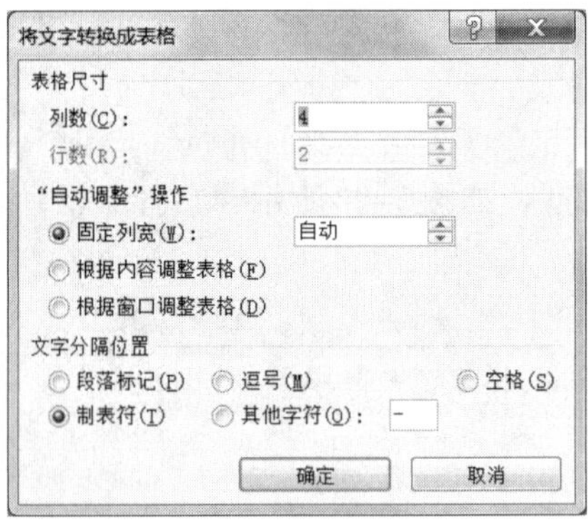

图3-25　“将文字转换成表格”对话框

（2）表格转换文本

将Word表格中指定单元格或整张表格的内容转换为文本，操作方法为：选中需要转换为文本的表格，单击“布局（表格工具）”选项卡→“数据”组→“转换为文本”按钮，打开“表格转化成文本”对话框，选择相应的“文字分隔符”，单击“确定”按钮，如图3-26所示。

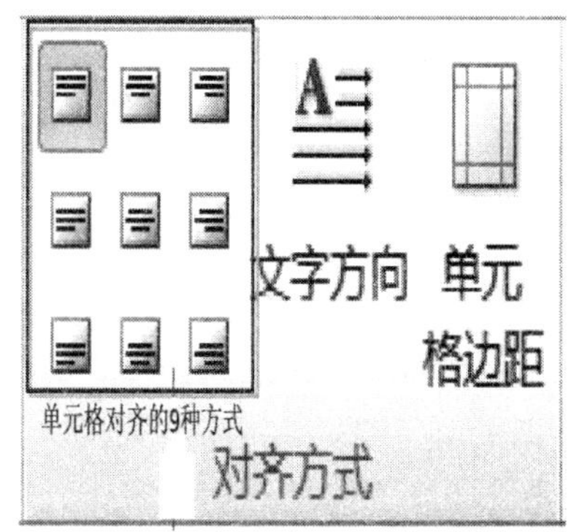

图3-26 “表格转换成文本”对话框

8. 表格的对齐方式设置

（1）整张表格的对齐方式

将整张表格置于文档居中、靠左、靠右位置的做法与将普通文本或段落设置对齐方式类似。例如，如需将整张表格置于文档居中位置，先单击“⊞”选中表格，然后单击“开始”选项卡→“段落”组→“居中”按钮，即可完成整张表格的居中对齐设置。

（2）表格中文字的对齐方式

按上述方法操作后，将表格居中对齐了，但是表格中的文字依旧保持默认的对齐方式，如需设置文字在单元格中的对齐方式（9种方式），操作方法如下：先选中相应单元格区域，单击“（表格工具）布局”选项卡→“对齐方式”组，如图3-27所示，选择“水平居中”按钮或其他相应对齐方式的按钮即可。

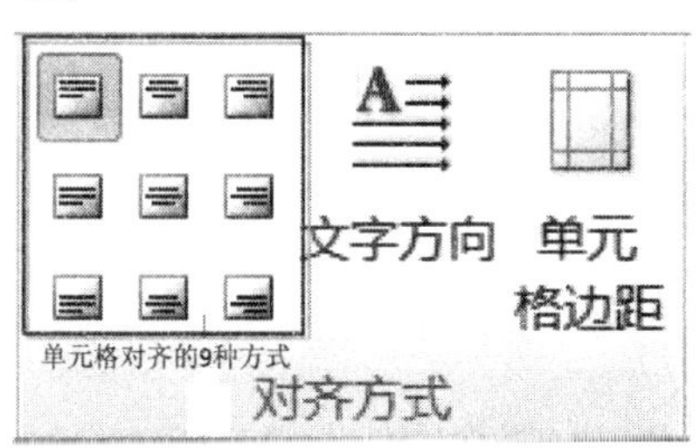

图3-27 “对齐方式”组

9. 表格中公式的使用

可以对表格中的数据使用公式进行自动计算。方法是：将插入点放在求结果的单元格中，单击“（表格工具）布局”选项卡→“数据”组→“公式”按钮，打开“公式”对话框，如图3-28所示，在该对话框中通过“粘贴函数”下拉列表选择或直接在“公式”框中手动输入相应公式，单击“确定”按钮。

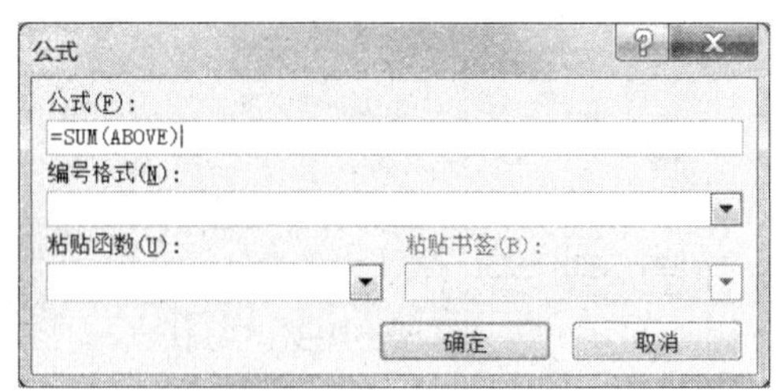

图3-28　“公式”对话框

10. 表格排序

可以对表格中的数据进行快速排序。方法是：选中表格，单击“（表格工具）布局”选项卡→“数据”组→“排序”按钮，打开“排序”对话框，如图3-29所示，在该对话框中一般先选择“有标题行”，然后从下拉列表中选择“主要关键字”、“次要关键字”等，再分别设置排序类型和排序方式，单击“确定”按钮。

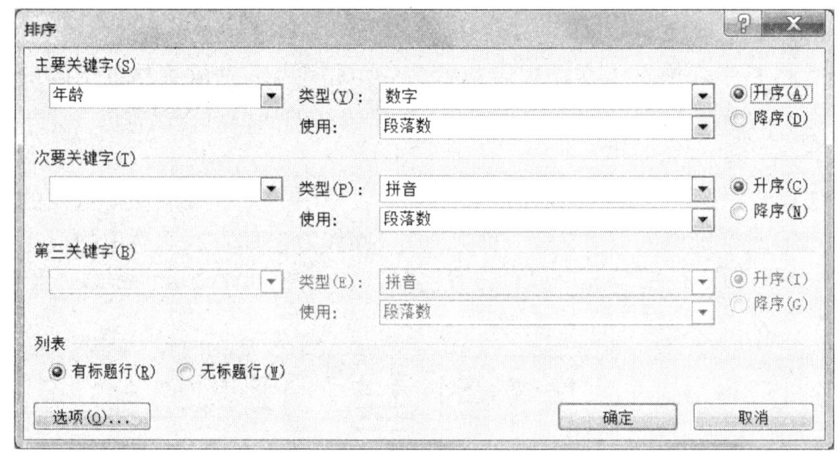

图3-29　“排序”对话框

3.2.4　插入文本框、图片、形状、艺术字和公式

1. 插入文本框

Word 2010的文本框按文字方向主要包括横排和竖排两种，文本框可以作为一个整体在文档中移动，相当于文档中的文档，可以加边框、设置阴影和三维效果等。

（1）插入文本框

单击“插入”选项卡→“文本”组→“文本框”按钮→“绘制文本框”命令（或者“绘制竖排文本框”命令），在文档中指定位置单击鼠标左键，插入“横排”或“竖排”文本框。

（2）选定文本框

在页面视图中，移动鼠标，使其位于文本框边框之上，然后单击鼠标，查看该文本框的尺寸控点是否出现。如果尺寸控点没有出现，说明文本框还没有被选中，再单击文本框边框，直到出现尺寸控制点为止。拖动文本框尺寸控点可以调整文本框至所需尺寸。

（3）调整文本框格式

选定文本框后，单击“（绘图工具）格式”选项卡，可以选择相应的功能区按钮对其样式、位置等格式进行设置。

2. 插入图片和剪贴画

（1）插入和编辑图片

先定位，单击“插入”选项卡→“插图”组→“图片”按钮，打开“插入图片”对话框，选择图片位置，再双击所需图片即可，如图3-30所示。

图3-30　“插入图片”对话框

对于插入到Word文档中的图片，可以直接编辑。单击图片，这时该图片边框会出现八个控点，拖动控制点可以缩放图片。选定图片后，单击“（图片工具）格式”选项卡，可以选择相应的功能区按钮对其样式、位置等格式进行设置。例如，选定图片，单击“（图片工具）格式”选项卡→“排列”组→“位置”按钮→“其他布局选项”命令，打开“布局”对话框，单击“文字环绕”选项卡，可以对图片的环绕方式进行设置，如图3-31所示。

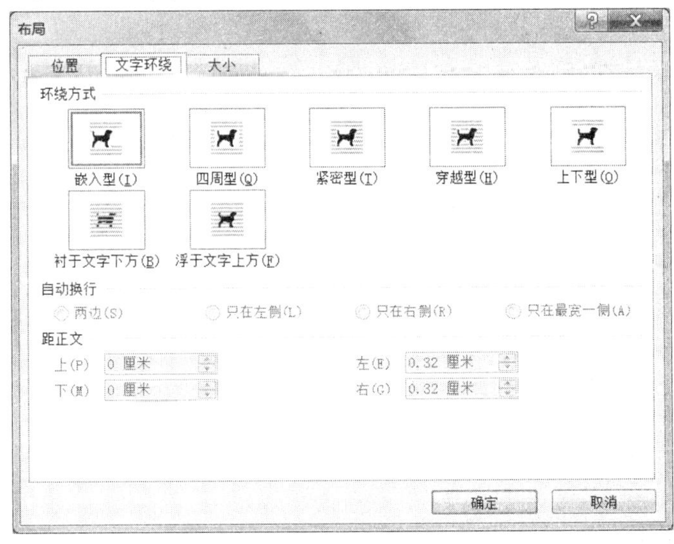

图3-31　“布局”对话框

（2）插入和编辑剪贴画

先定位，单击“插入”选项卡→“插图”组→“剪贴画”按钮，文档窗口右侧弹出“剪贴画”任务窗格，在“搜索文字”文本框中输入剪贴画名称，单击“搜索”按钮，下方列表中会出现指定剪贴画，单击列表中的剪贴画即可完成插入，如图3–32所示。

图3–32 “剪贴画”任务窗格

对于插入到Word文档中的剪贴画，也可以像对图片一样进行编辑。另外，剪贴画是组合图形而导入的图片，所以可以对剪贴画“取消组合”得到分离的图形，操作方法是：选定剪贴画，单击“（图片工具）格式”选项卡→“排列”组→“组合”按钮→“取消组合”命令，在提示对话框中单击“是”按钮即可。

3. 插入形状

（1）绘制形状

单击“插入”选项卡→“插图”组→“形状”按钮，在弹出的形状列表中选定形状后在文档中指定位置单击鼠标左键即可。单击文档中插入的形状，拖动控制点可以对形状的大小进行调整。

（2）改变形状格式

选定形状，单击“（绘图工具）格式”选项卡，可以选择相应的功能区按钮对其样式、位置等格式进行设置。还可以同其他图形组合为更复杂的图形，操作方法是：选定多个形状，单击“（绘图工具）格式”选项卡→“排列”组→“组合”按钮→“组合”命令。

（3）向自选图形中添加文字

右键单击该形状，在快捷菜单中单击“添加文字”命令，然后键入要添加的文字。所添加的文字就成为该图形的一部分。如果移动该图形，文字也跟着一起移动。

4. 插入艺术字

(1) 插入艺术字

选定位置，单击“插入”选项卡→“文本”组→“艺术字”按钮，在下拉列表中单击指定样式的艺术字，如图3–33所示，即可在文档中插入艺术字。

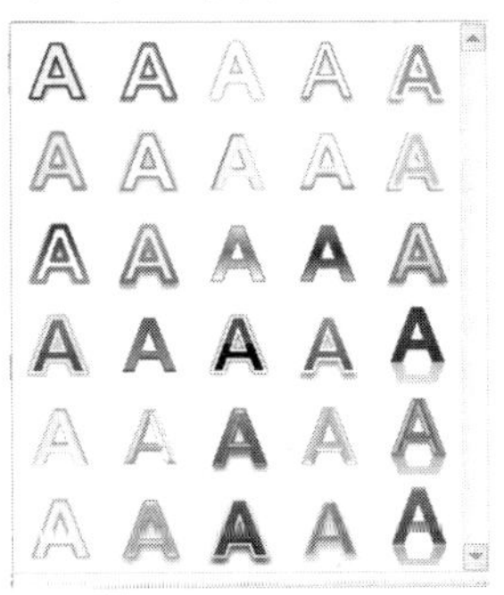

图3–33　“艺术字”样式列表

(2) 改变艺术字格式

选中要更改格式的艺术字，单击“（绘图工具）格式”选项卡，可以选择相应的功能区按钮对其样式、位置等格式进行设置。在Word 2010中，可以选中艺术字里面的文字，进行文本字体、字号等格式设置。

5. 插入公式

选定位置，单击“插入”选项卡→“符号”组→“π”按钮，出现“（公式工具）设计”选项卡，在功能区上选择相应的按钮插入指定的公式。

3.2.5　特色功能

1. 个性书法字帖的制作

(1) 书法字帖的创建

单击“文件”选项卡→“新建”命令，在“可用模板”区域中选择“书法字帖”，单击右侧“创建”按钮，打开“增减字符”对话框，如图3–34所示，选择相应的“系统字体”后，单击“可用字符”列表中的文字（也可以拖动鼠标选中多个连续字符或按住“Ctrl”键的同时单击鼠标左键选中多个不连续字符）后，单击“添加”按钮将选中的汉字添加到“已用字符”区域，并单击“关闭”按钮。新建的书法字帖文档如图3–35所示。

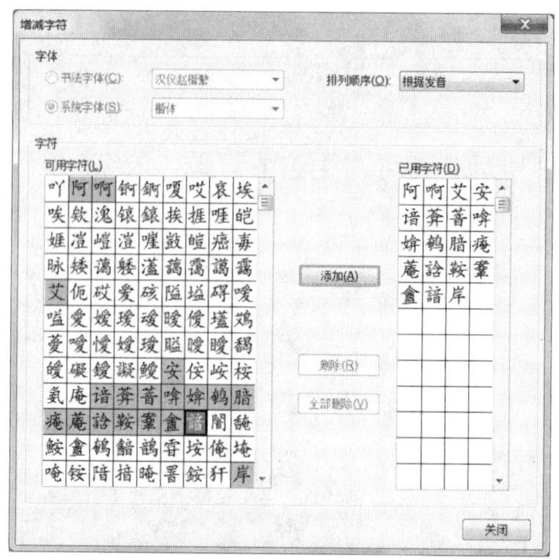

图3-34 “增减字符”对话框

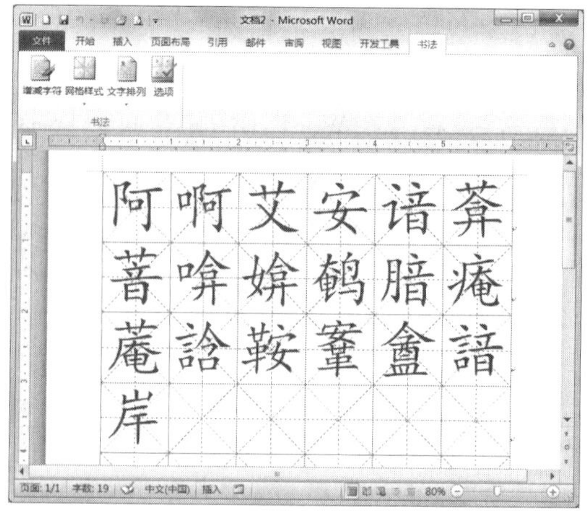

图3-35 新建的书法字帖文档实例

（2）书法字帖的设置

将字符添加至字帖后可以进行相应的设置，具体操作如下：

单击“书法”选项卡→“书法”组→“网格样式”按钮，可以更改字帖的网格样式，如图3-36所示。

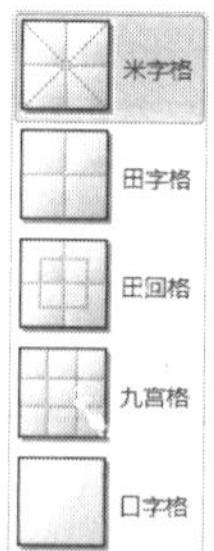

图3-36 “网格样式”列表

单击“书法”选项卡→“书法”组→“文字排列”按钮，可以更改字帖文字排列的方式，如图3-37所示。

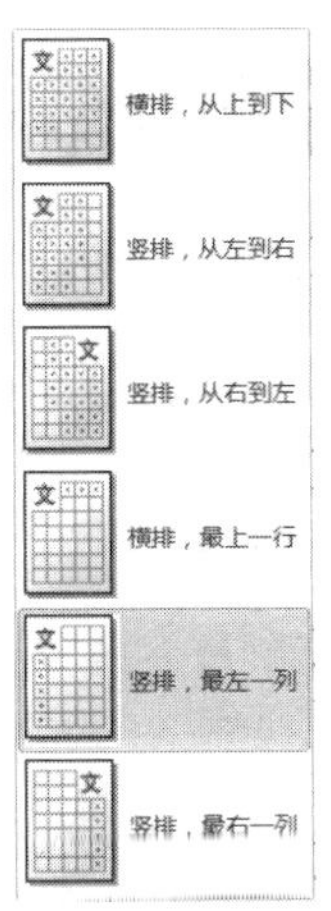

图3-37 “文字排列”列表

单击“书法”选项卡→“书法”组→“选项”按钮，打开“选项”对话框，如图3-38所示，可以通过“字体”、“网格”、“常规”选项卡进行字体颜色与效果、网格框线颜色与线型、纸张方向等相关设置，设置完成后单击“确定”按钮。

图3-38　“选项”对话框

2. Word 2010宏的使用

宏是一组计算机指令，可以将它们录制下来，并将它们与快捷键组合或宏名称关联起来。然后，在按下快捷键组合或单击宏名称时，计算机程序就会执行宏的指令。这种方法将常用的、有时较长的一系列操作替换为一个很短的操作，从而可以节省时间。例如，在Word文档中您需要单击若干个按钮才能完成的操作要求，如果已将这些步骤录制在一个宏中，则只需单击宏即可一步完成相应工作。

（1）录制宏

选中需要设置格式的文本，单击“视图”选项卡→“宏”组→“宏”按钮→“录制宏”命令，打开“录制宏”对话框，如图3-39所示，设置“宏名”为“宏1”，将宏指定到“按钮”或“键盘”，例如，单击“键盘”按钮，打开如图3-40所示的“自定义键盘”对话框，单击“请按新快捷键”下方的文本框，在键盘上按下快捷键“Ctrl+Alt+v”，单击“指定”按钮，快捷键将添加至“当前快捷键”列表中，单击“关闭”按钮开始录制宏，把需要设置的操作都做一遍，让宏记录下来，完成后单击“视图”选项卡→“宏”组→“宏”按钮→“停止录制”命令。

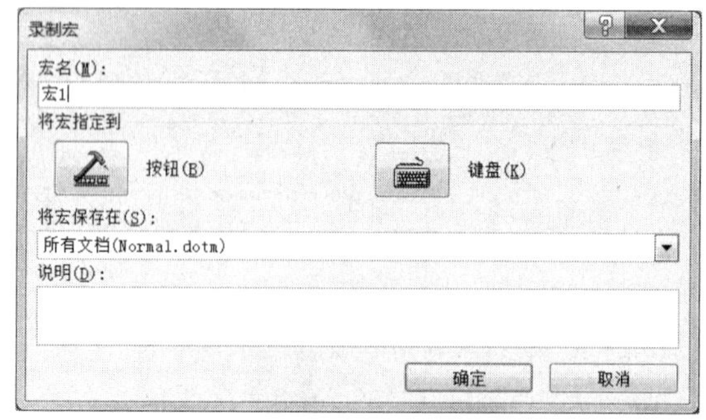

图3-39　“录制宏”对话框

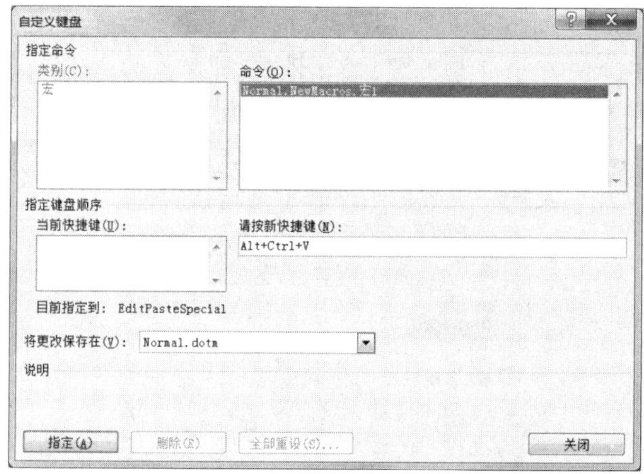

图3-40“自定义键盘”对话框

（2）使用宏

回到需编辑的文档中，选中需要与“宏1”进行相同设置的文本后，按下快捷键“Ctrl+Alt+v”，或者单击“视图”选项卡→“宏”组→“宏”按钮→“查看宏”命令，在打开的如图3-41所示的“宏”对话框中，选中“宏1”，单击“运行”按钮即可快速完成工作。

图3-41　“宏”对话框

3.2.6　页面的设置与打印

1. 设置页眉和页脚

页眉和页脚是指每页顶端或底部的特定内容，如文档标题、日期、作者名以及页码等。单击“插入”选项卡→“页眉和页脚”组→“页眉”按钮→“编辑页眉”命令，在文档上方的页眉处输入相应页眉；单击“插入”选项卡→“页眉和页脚”组→“页眉”按钮→“编辑页脚”命令，在文档下方的页脚处插入相应页脚。插入页眉和页脚之后在文档其他位置双击鼠标左键可以关闭页眉和页脚。

双击页眉或页脚，出现“（页眉和页脚工具）设计”选项卡，在该选项卡的功能区中，可以在页眉页脚处插入页码、日期和时间，设计页眉和页脚的样式等。单击“（页眉和页脚）设计”选项卡→“关闭”组→“关闭页眉和页脚”按钮，可以完成页眉和页脚的设置。

2. 设置页边距

页边距是指文本区到页边界的距离。设置页边距的具体操作如下：打开“页面设置”对话框，可以设置页边距、纸张方向等，如图3-42所示。

图3-42　“页面设置”对话框

3. 设置页面背景

（1）页面颜色

单击“页面布局”选项卡→“页面背景”组→“页面颜色”按钮→“其他颜色”（或“填充效果”）命令，可以设置文档的页面颜色、填充效果等。

（2）页面边框

单击“页面布局”选项卡→“页面背景”组→“页面边框”按钮，打开“边框和底纹”对话框，在“页面边框”选项卡进行相应设置后单击“确定”按钮，如图3-43所示。

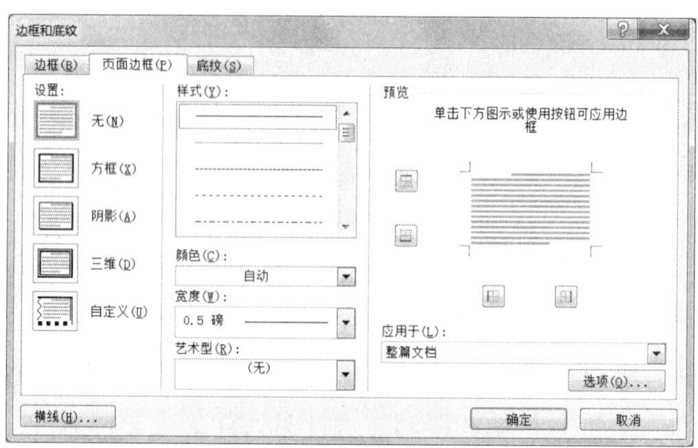

图3-43　“边框和底纹”对话框

（3）水印

单击“页面布局”选项卡→“页面背景”组→“水印”按钮→“自定义水印”命令，打开“水印”对话框，在该对话框中可以设置图片或文字水印，设置后单击“确定”按钮，如图3-44所示。

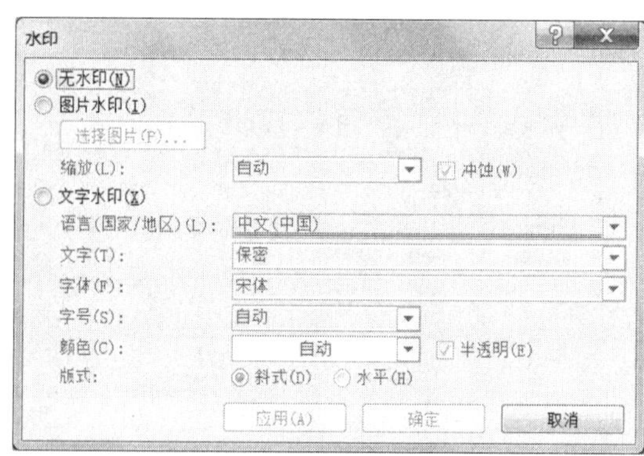

图3-44　“水印”对话框

4. 打印预览

打印预览是在打印之前先看一下实际的打印效果，如果发现有不妥之处，可以及时调整，这样可以节约纸张。具体操作：单击“文件”选项卡→“打印”命令，在右侧有预览窗格，中间区域有打印的设置，可以选择打印机、打印的页码、纸张选择、打印模式等。

另外，单击快速访问工具栏右侧下拉按钮，在下拉菜单中勾选“打印预览和打印”，在快速访问工具栏上可以显示该按钮，文档保存后可以通过单击该按钮，快速进入预览打印界面。

3.3　电子表格处理软件Excel 2010

Excel 2010是办公软件Office 2010最常用的组件之一，其主要功能就是对表格数据进行输入、格式化和数据管理分析。Excel 2010中内置许多数据处理函数，能够对数据表中的数据排序、筛选、分类汇总，能有效进行数据管理和分析，同时还具有很强的图形、图表处理功能。

3.3.1　工作区介绍

在Excel中，用户输入的数字、文本和符号等数据是以文件方式存放在磁盘上的，这个文件称为工作簿文件，简称为工作簿。一个工作簿可以由一张或多张工作表组成。工作簿文件的缺省扩展名为.xlsx。

编辑栏和名称框的下方是工作区，由工作表区、滚动区和工作表标签组成。工作表是一个庞大的表格，有1048576行16384列，即工作表是由1048576×16384个单元格构成。单元格是Excel工作簿的最小处理单位。行号在工作表区的左端，从上到下顺序为1、2、3、…、1048576等，列号在工作表区的顶端，从左到右的顺序用A、B、C、…、Z、AA、AB、AC、…、XFD表示。单元格地址用其所在的列号和行号描述，如单元格C7表示位于第C列第7行的单元格。

默认情况下，一个工作簿中有3张工作表。每张工作表有一个名字，称为工作表标签，其工作表标签分别为Sheet1、Sheet2、Sheet3。

在工作区的右端和底端各有一个滚动条，分别称为垂直滚动条和水平滚动条。滚动条上的矩形称为滚动块，垂直滚动条的两端有微动按钮“▲”和“▼”，水平滚动条的两端有微动按钮“◀”和“▶”。通过拖拽滚动块或单击微动按钮可以使工作表窗口水平或垂直滚动，以便查看整个工作表内容。

水平滚动条的左侧是工作表标签“Sheet1 Sheet2 Sheet3”和工作表滚动按钮“◀◀ ◀ ▶ ▶▶”。在某一时刻，工作区只显示一张工作表，则该工作表称为当前工作表，并且当前工作表标签以高亮度进行显示。单击工作表标签Sheet3，则将工作表Sheet3选择为当前工作表。若当前工作簿中有工作表的标签没有显示出来，可通过标签滚动按钮使标签出现，再选择为当前工作表。

在垂直滚动条的微动按钮“▲”上方有一个水平窗口分割线“▭”，拖动此分割线可以将工作表窗口分割为上下两个窗口，效果如图3-45（a）所示，在两个窗口里可以分别显示同一工作表中的不同区域。在水平滚动条的微动按钮“▶”右侧有一个垂直窗口分割线“▯”，拖动此分割线可以将窗口分割为左右两个窗口，效果如图3-45（b）所示。

(a) 水平分割窗口

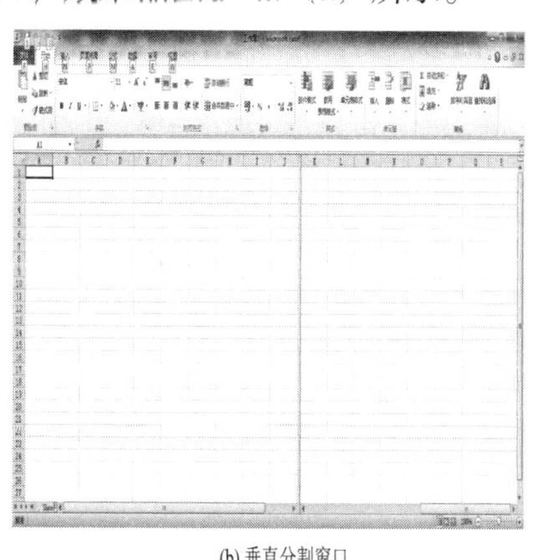

(b) 垂直分割窗口

图3-45　水平分割和垂直分割窗口

3.3.2 工作簿和工作表

1. 编辑工作表

（1）标记单元格

在Excel中如果要输入数据，应首先标记或者说选择单元格。当前选中的且正在编辑的单元格称为活动单元格，其特征是单元格四周为黑色方框。在编辑栏左侧的“名称框”中显示的是单元格地址，编辑栏中显示的是该单元格的数据或公式。

●选定一个单元格。用鼠标左键单击某单元格即完成选定操作，或者在名称框内输入单元格地址。例如，用鼠标单击C1单元格，出现图3–46的结果；或者直接在名称框内输入C1，也出现图3–46的结果。请仔细观察C1单元格与其他单元格的外观。

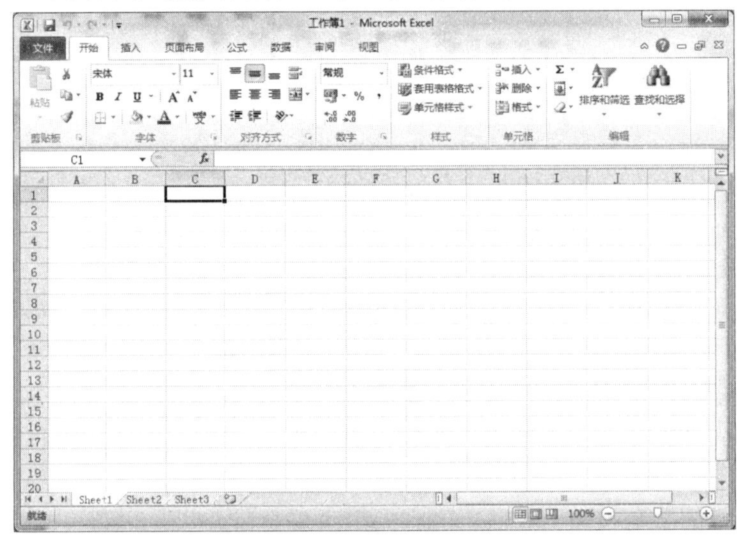

图3–46 选定C1单元格

●选定连续区域。连续区域是指由工作表中若干个相邻单元格构成的矩形块，可以用“矩形块的左上角单元格地址:矩形块的右下角单元格地址”来标识区域的范围。例如，“C2:G5”表示以“C2”、“G5”为对角线两端的矩形区域。

方法一：先选定待选区域的左上角单元格，再按住鼠标左键不放，拖拽鼠标至待选区域的右下角单元格，再松开鼠标左键。例如，要选定区域“C2:G5”，先选定单元格C2，然后按住鼠标左键不放，按住鼠标左键不放拖拽鼠标至单元格G5，再松开鼠标左键。选定后结果见图3–47。

方法二：在名称框内输入待选区域的地址。例如，要选定区域“C2:G5”，直接在名称框内输入C2:G5。选定后结果见图3–47。

方法三：首先选定待选区域的左上角单元格，接着按下Shift键同时选定待选区域的右下角单元格。该方法适用于选定较大的连续区域。

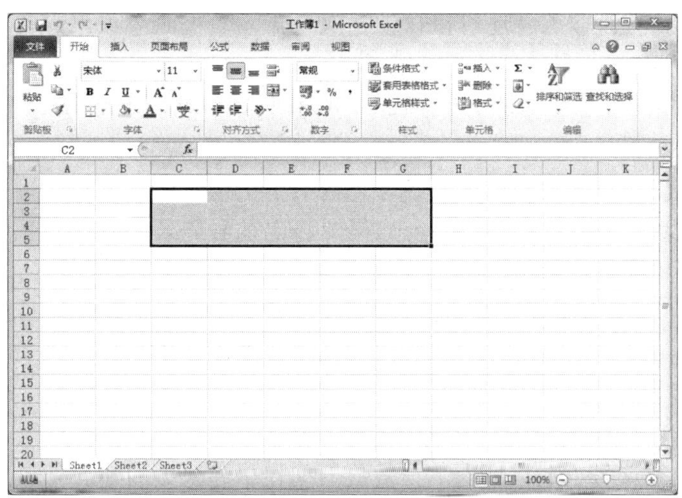

图3–47　选定区域“C2:G5”

●选定行。若选定一行，则单击一行的首部即行号（数字），就会选定该行的所有单元格。在相邻多行的首部拖拽鼠标左键，则选定这些行的所有单元格。

●选定列。单击一列的首部即列标（字母），则选定该列的所有单元格。在相邻多列的首部拖拽鼠标左键，则选定这些列的所有单元格。

●选定整个工作表。左键单击工作表的左上角即行号1上方的矩形按钮，则选定工作表中的所有单元格。

●选定不邻接区域。首先选定第一个区域，然后按下Ctrl键的同时再选定其他区域。例如，同时选定“B4:D9”和“F6:H13”两个不相邻区域，选定结果见图3–48。

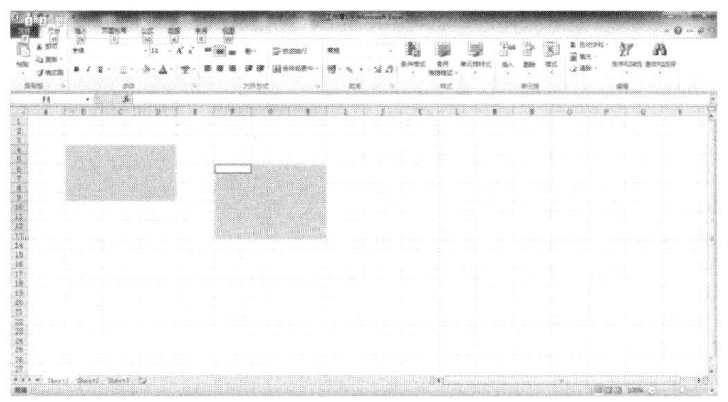

图3–48　选定“B4:D9”和“F6:H13”两个不相邻区域

（2）输入数据

输入数据时首先要选定单元格，使其成为活动单元格，然后再从键盘输入数据，数据输入结束后按键盘上的Enter键。在输入数据时会发现编辑栏内同时显示输入结果，这就意味着选定单元格后，可以在编辑栏内先单击鼠标左键，再从键盘输入数据，输入结束时可以按键盘上的Enter键，也可以单击编辑栏中的“✔”按钮；若要取消输入，则按键盘Esc键或单击编辑栏中的“✖”按钮，便可取消本次输入。

数据不仅可以从键盘输入，还可以自动输入；输入数据时还可以设置有效性检验，以保证数据输入时的正确性。

Excel对输入的数据会自动区分类型，一般采取默认格式，以下介绍几种常用数据的输入。

●文本输入。文本包括汉字、英文字母、数字、空格及所有键盘能输入的符号；文本输入后在单元格中默认对齐方式为左对齐。如果要将电话号码、邮政编码、学号等数字作为文本处理，即该数字串不代表数值大小，在输入时可以在数字串前加上一个单引号“'”，注意此单引号必须是标点符号为英文输入状态下输入的。当文本内容过长即超出单元格的宽度时，若其右侧单元格是空的则将扩展到右列，若右侧单元格有内容，则该单元格内容将被截断显示。

●数值输入。数值型数据包括0~9中的数字以及含有正“+”、负号“–”、货币符号如“$”、百分号“%”等符号。默认情况下，数值数据在单元格内右对齐。

输入负数：把数值放在小括号里或直接输入负号，例如，输入“（5）”或者“–5”，按Enter后都可以在单元格中输入负数“–5”。

输入分数：先输入整数部分和一个空格，再输入分数。注意：小于1的分数认为其整数为0。例如，在单元格A2中输入分数“$5\frac{1}{3}$”，则先选定单元格A2，再由键盘输入“5 1/3”，按Enter键，A2单元格中就会出现分数“5 1/3”，而再次选定单元格A2，在编辑栏中出现小数“5.33333333333333”，即编辑栏中出现该分数对应的小数值。又例如，要在单元格C3中输入分数“$\frac{3}{4}$”，可先选定单元格C3，再由键盘输入“0 3/4”，按Enter键；如果直接输入“3/4”，则会在此单元格中显示“3月4日”。

●日期/时间的输入。输入日期的格式为：“yyyy/mm/dd”或“yyyy–mm–dd”。输入时间格式为：12小时制的上午时间“hh:mm am”或者下午时间“hh:mm pm”；24小时制“hh:mm”。注意输入am或pm时应和前面的时间之间有一空格。日期和时间数据在默认情况下右对齐。

●自动输入：

①等差序列、等比序列、日期序列的填充。

在进行数据处理时，如果需要输入大量有规律的数据，如等差序列、等比序列、日期序列等，首先选定某单元格输入第一个数据后，再用鼠标右键拖拽填充柄，再在出现的快捷菜单中选择“序列...”，在“序列”对话框中完成设置即可。其中，填充柄是选定单元格右下方的方形点。具体例见图3–49。

(a) 填充柄

(b) 右键拖拽填充柄至目标单元格

(c) “序列”对话框

(d) 按(c)设置所得的等差序列

图3-49　等差序列填充

②序列填充。

若要使用Excel中预设的自动序列进行填充，如“星期一，星期二，星期三，星期四，星期五，星期六，星期日”等，只要在活动单元格中输入序列中的任何一项，再选定该单元格，鼠标指向填充柄，按住鼠标左键拖动填充柄到结束单元格，松开左键，即可完成自动序列填充。具体例见图3-50。

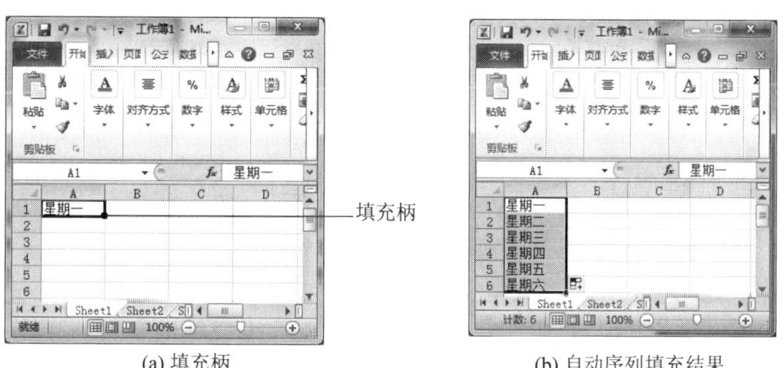

(a) 填充柄

(b) 自动序列填充结果

图3-50　自动填充序列

③自定义序列。

在Excel中，用户可以根据需要自定义序列，自定义序列成功后就可以使用自定义的序列进行自动序列填充。用户自定义序列的具体步骤为：单击“文件”选项卡→“选项”命令，在弹出的“Excel选项”对话框中，单击左侧的“高级”按钮，出现图3-51的对话框。

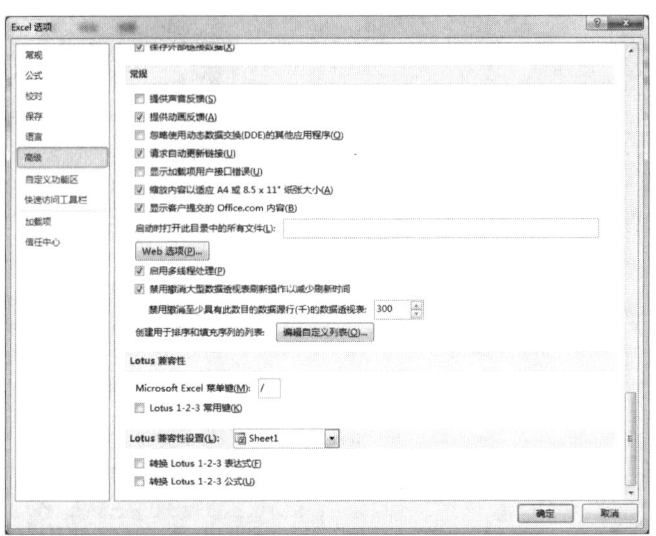

图3–51　“Excel选项”对话框

在对话框的右侧列表框中向下拖动滚动条，单击“常规”选项下方的“编辑自定义列表（O）...”按钮，在弹出的“自定义序列”对话框如图3–52所示中，单击左侧“自定义序列（L）:”列表框中的“新序列”后，在右侧“输入序列（E）:”文本框中输入自定义的序列，例如，输入“职工号，姓名，性别，出生年月，政治面貌”，注意此处的分隔符逗号为英文标点符号“,”，单击“添加”按钮，再单击“确定”按钮即可。

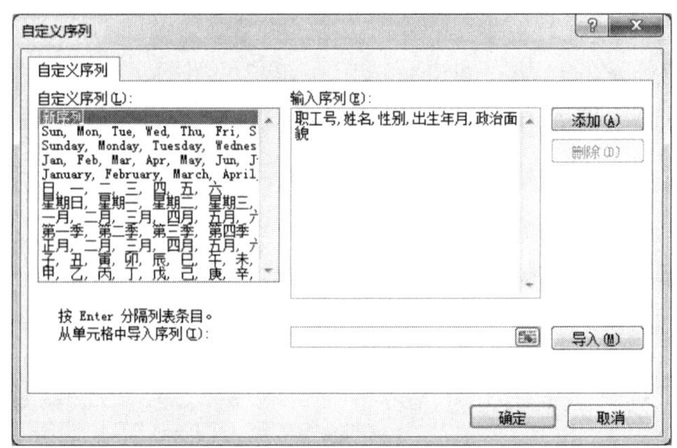

图3–52　“自定义序列”对话框

●有效性输入。为了保证输入数据的正确性，在输入时为了防止一些不合逻辑的数据进入，Excel提供了有效性输入的功能。例如：在处理学生成绩时，输入的分数值应大于等于0并且小于等于100。有效性输入设置如下：

第1步，选定输入的区域，例如，选择区域C2:D12，如图3–53所示；

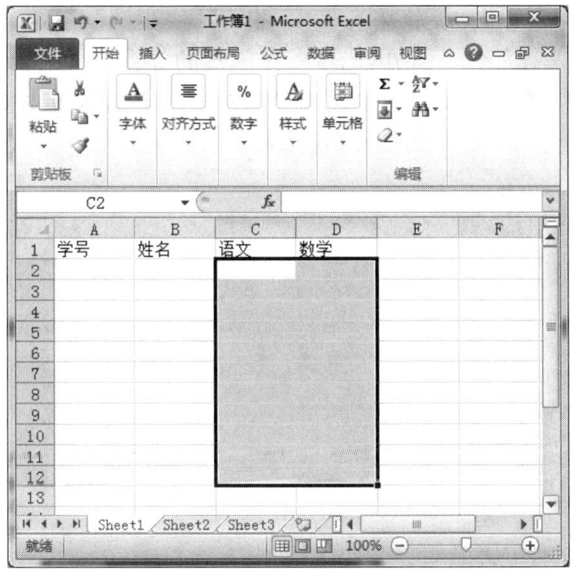

图3–53　选择区域C2:D12

第2步，单击“数据”选项卡→“数据工具”选项组→“数据有效性”按钮，出现“数据有效性”对话框，如图3–54所示，在“设置”选项卡中完成如图3–54的设置。

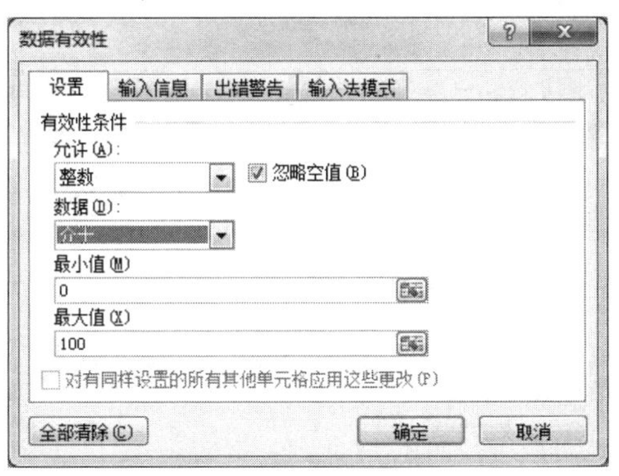

图3–54　“数据有效性”对话框

第3步，按“确定” 完成。

完成上述操作后，选定单元格C2，从键盘输入“105”，按下“Enter”键后，出现图3–55所示的错误提示对话框。

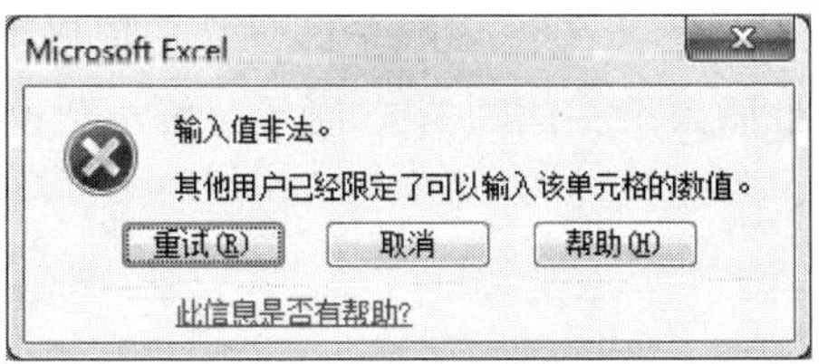

图3–55　错误提示对话框

（3）编辑数据

修改某一单元格内的数据，有以下两种方法：

●单元格内的修改。例如，要将单元格A1的内容“实例”中的“实”字改为“示”字。首先双击目标单元格A1，使该单元格内出现一个闪烁的竖直短线编辑光标，即为插入点。插入点的位置就是输入字符的位置。可以通过键盘上的方向移动键或用鼠标单击，在单元格内改变插入点的位置至“实”字后，如图3-56所示。

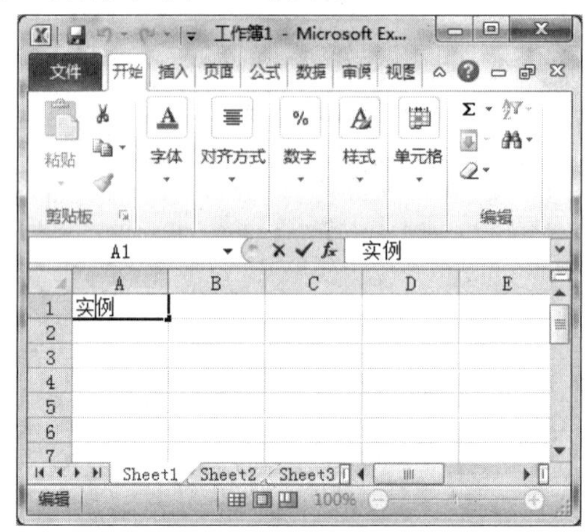

图3-56　在单元格中定位插入点

按Backspace键删除插入点左边的字符，输入“示”字，再按Enter键，完成对该单元格内数据的修改，如图3-57所示。

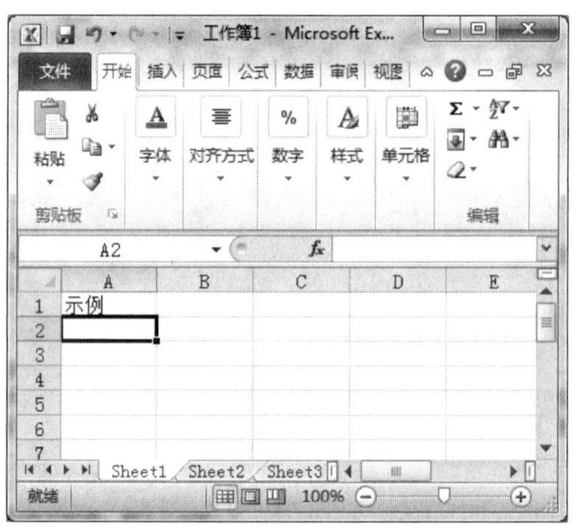

图3-57　修改后的效果图

●编辑栏内的修改。单击待修改内容的单元格，在编辑栏中出现当前单元格中的数据，再单击编辑栏，同样出现一个插入点，如图3-58所示，修改数据的方法同上。此方法比较适用于修改数据较长的单元格。

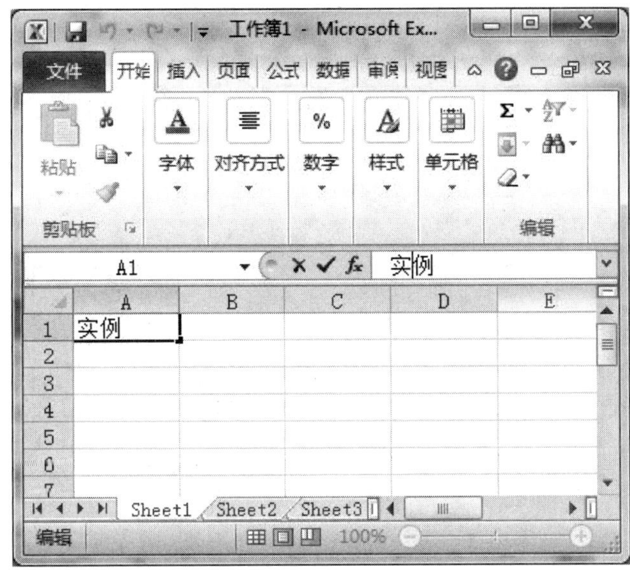

图3-58 在编辑栏中定位插入点

（4）移动、复制和选择性粘贴数据

●用菜单命令移动数据。例如要将区域A1:F7内的数据移入区域B2:G8，首先选择区域A1：F7，再单击“开始”选项卡→“剪贴板”选项组→“剪切”按钮，如图3-59所示，然后选定单元格B2，最后单击“开始”选项卡→“剪贴板”选项组→“粘贴”按钮，结果如图3-60所示。

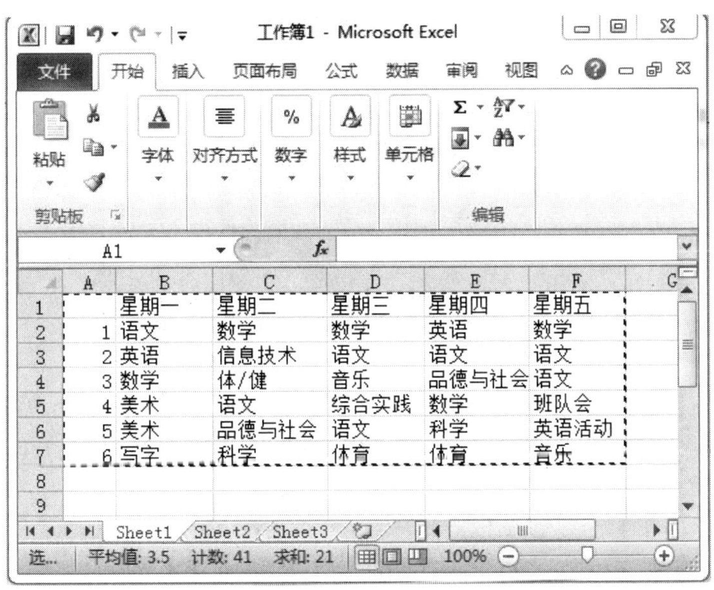

图3-59 选定区域剪切

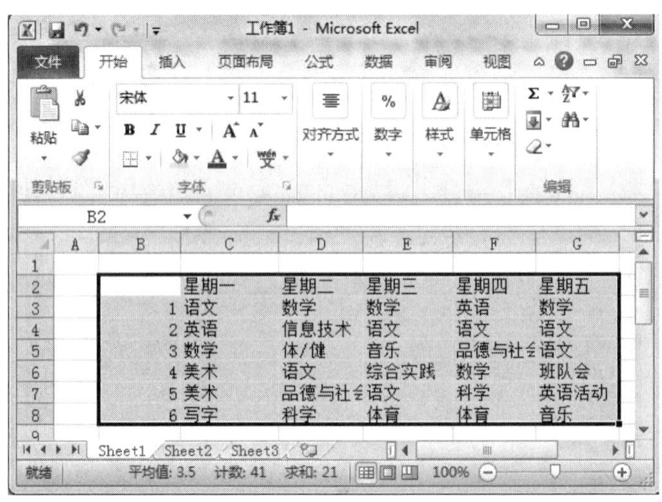

图3-60　移动数据结果图

●用菜单命令复制数据。例如要将区域A1:F7内的数据复制到区域A9:F15，首先选择区域A1：F7，再单击“开始”选项卡→“剪贴板”选项组→“复制”按钮，然后选定单元格A9，最后单击“开始”选项卡→“剪贴板”选项组→“粘贴”按钮。

●复制为图片。Excel中，可以依据需要将选定区域复制为图片。操作方法是先选定区域，再单击“开始”选项卡→“剪贴板”选项组→“复制”按钮右侧的“▾”按钮→“复制为图片...”选项，出现图3-61所示的“复制图片”对话框，并完成该对话框的设置，单击“确定”按钮。

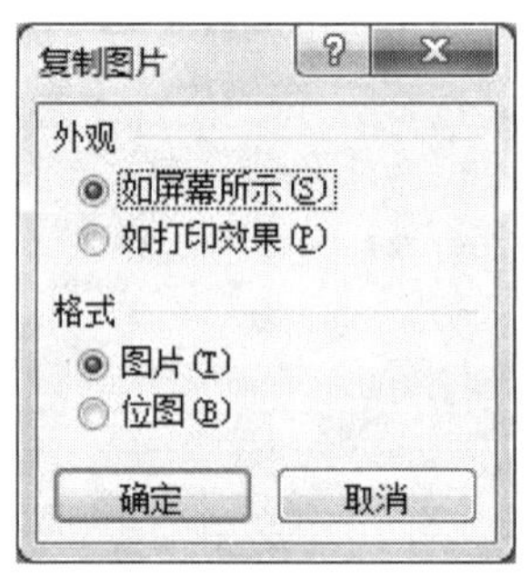

图3-61　“复制图片”对话框

●选择性粘贴。一个单元格或区域含有多种特性内容，如：数值、格式、批注、公式、边框线等，在粘贴时可以有选择的将它们粘贴到目标单元格或区域中，在粘贴的过程中还可完成与目标单元格区域的算术运算、行列转置、粘贴链接等操作。操作方法是在粘贴操作时，单击“开始”选项卡→“剪贴板”选项组→“粘贴”按钮下方的“▾”按钮→“选择性粘贴...”选项，出现图3-62所示的“选择性粘贴”对话框，完成该对话框的设置，单击“确定”按钮。

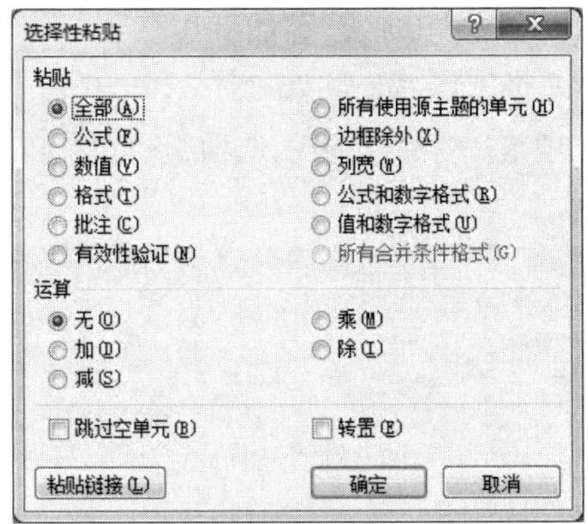

图3–62　“选择性粘贴”对话框

(5) 清除数据。清除数据单元格或区域内的数据。例如，要清除A2:A7中的内容，操作步骤如下：

第1步，选定要清除的单元格或区域，此处即选定A2:A7；

第2步，单击“开始”选项卡→“编辑”选项组→“清除”按钮，出现图3–63所示的“清除”下拉菜单。

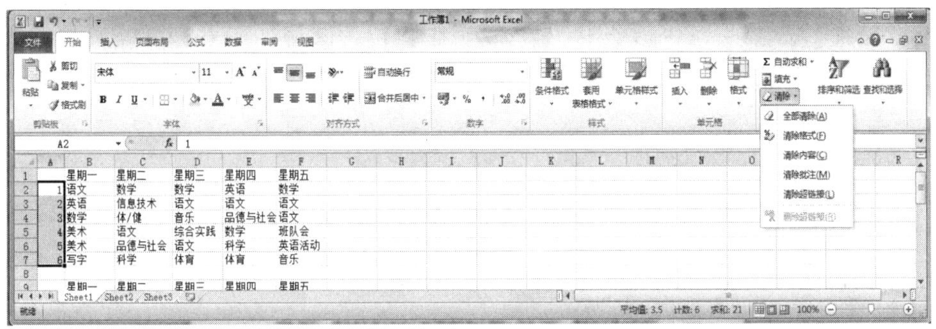

图3–63　“清除”下拉菜单

第3步，根据需要选择相应的菜单项。其中，“全部清除”项是清除选定区域的内容、格式、批注等。此处选择“清除内容”，则清除A2:A7中的内容，结果如图3–64所示。

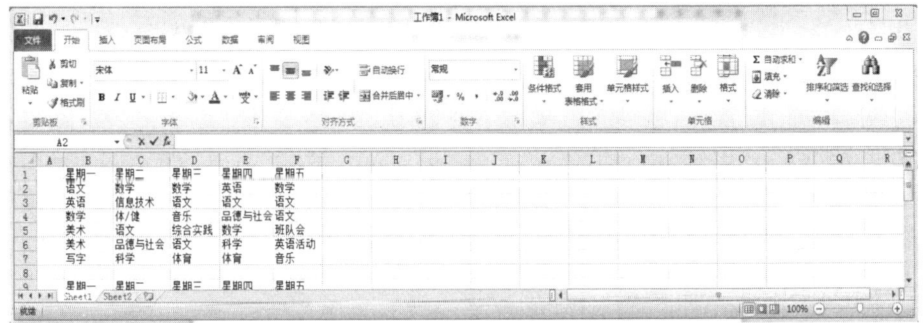

图3–64　清除A2:A7的数据

注意：如果只是清除内容，可以选定区域后，按键盘上的Delete键。

(6) 删除数据。删除单元格区域及其内的数据，注意这与清除数据不同，清除不能删除单元格。例如，删除A10:A15，具体操作的步骤如下：

第1步，选定要删除的单元格或区域，此处选择A10:A15。

第2步，单击“开始”选项卡→“单元格”选项组→“删除”按钮下方的“▾”，出现图3-65所示的“删除”下拉菜单。

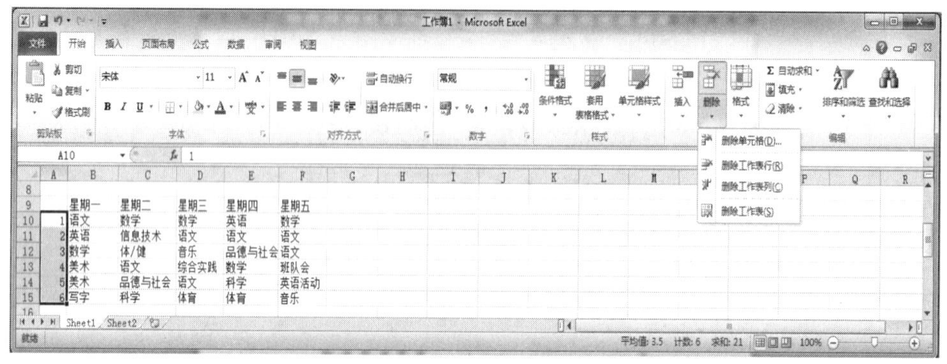

图3-65　“删除”下拉菜单

第3步，根据需要选择相应的菜单项。选择“删除单元格...”项，出现图3-66所示的“删除”对话框；选择“删除工作表行”，则将选定区域的所有行删除，其下方的行向上移动，填补其原来位置；选择“删除工作表列”，则将选定区域的所有列删除，其右侧的列向左移动，填补其原来位置；选择“删除工作表”，则将选定区域所在的整张工作表从工作簿中删除。

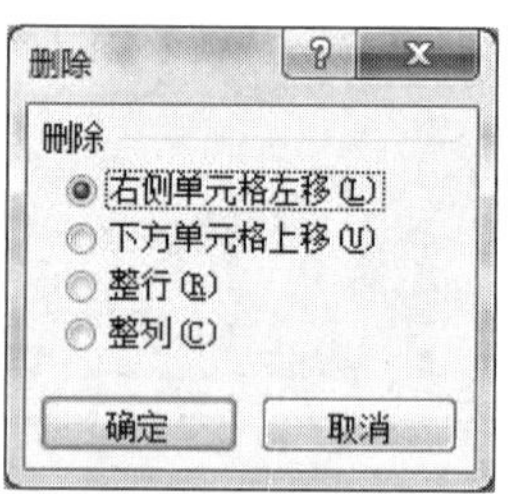

图3-66　“删除”对话框

“删除”对话框中，“右侧单元格左移”选项表示将选定区域删除后，其右侧的单元格向左移动，填补其原来位置。“下方单元格上移”选项表示将选定区域删除后，其下方的单元格向上移动，填补其原来位置。“整行”选项表示将选定区域的所有行删除，其下方的行向上移动，填补其原来位置。“整列”选项表示将选定区域的所有列删除，其右侧的列向左移动，填补其原来位置。

此处的第3步操作中选择“删除单元格...”项，在“删除”对话框中选择“右侧单元格左移”，再单击“确定”按钮，结果如图3-67所示。

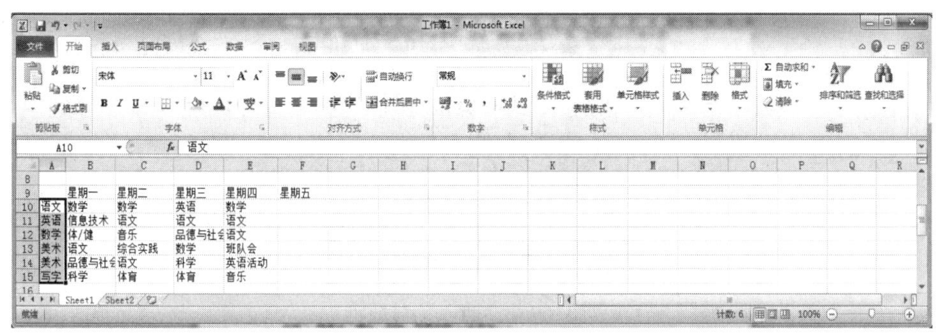

图3-67　删除A10:A15

（7）插入单元格或区域

例如，在C5:E5上方插入3个单元格，具体操作如下：

第1步，在要插入位置选定与待插入区域大小相等的一个区域。此处选择C5:E5

第2步，单击“开始”选项卡→“单元格”选项组→“插入”按钮下方的“▾”按钮，出现图3-68所示的“插入”下拉菜单。

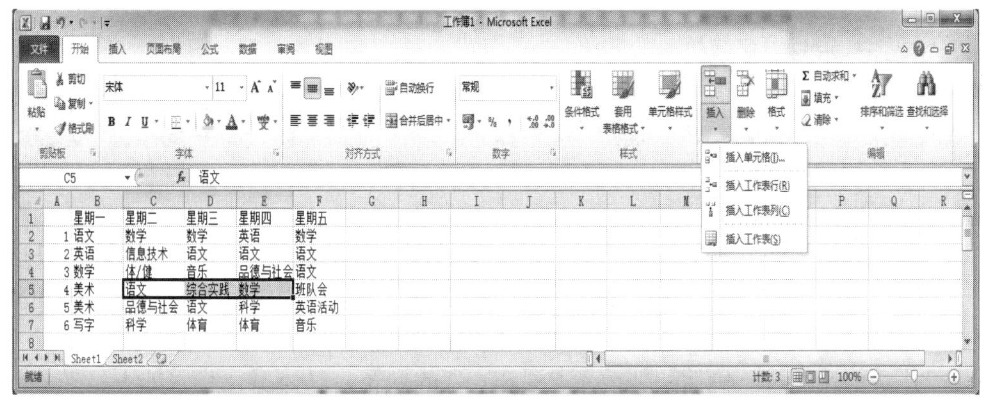

图3-68　“插入”下拉菜单

第3步，根据需要选择相应的菜单项。选择“插入单元格...”项，出现图3-69所示的“插入”对话框；选择“插入工作表行”，则在原选定区域的所在行的上方，插入空白行（与选定区域的行数相等）；选择“插入工作表列”，则在原选定区域的所在列的左侧，插入空白列（与选定区域的列数相等）；选择“插入工作表”，则在选定区域所在的工作表的左侧插入一张新的工作表。

在“插入”对话框中，“活动单元格右移”选项表示插入空白区域（与选定区域的单元格个数相等），原选定的区域向右移动。“活动单元格下移”选项表示插入空白区域（与选定区域的单元格个数相等），原选定区域向下移动。“整行”选项表示插入空白行（与选定区域的行数相等），原选定区域的所在行向下移动。“整列”选项表示插入空白列（与选定区域的列数相等），原选定区域的所在列向右移动。

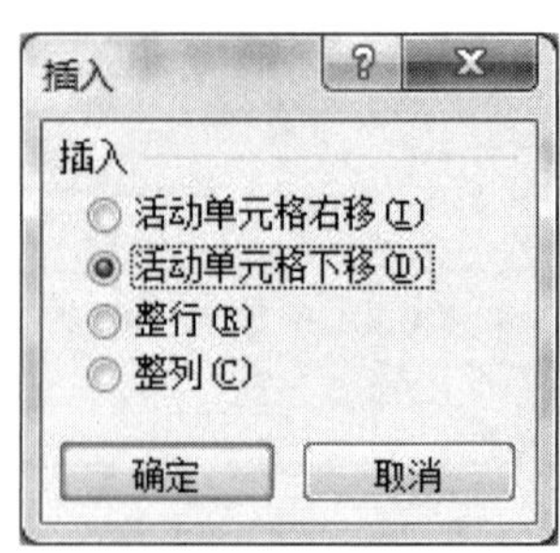

图3-69 “插入”对话框

此处的第3步操作中选择“插入单元格...”项，在“插入”对话框中选择“活动单元格下移”，再单击“确定”按钮，结果如图3-70所示。

图3-70 在C5:E5上方插入3个单元格

（8）改变列宽

方法1：直接拖拽法。如果要改变E列的列宽，则先将鼠标指向列标E的右侧，与F列之间的分隔线上，鼠标指针变成水平方向的双向箭头，按下鼠标左键后左右拖拽，便可以改变E列宽度。在拖动过程中，鼠标指针右上方显示该列的宽度值。

方法2：菜单操作法。例如，要改变F列和G列的列宽，具体操作步骤如下：

第1步，选定要改变列宽的列中的任意单元格。此处，直接选择F列和G列，即鼠标选定列标F，按住鼠标左键，在列标上拖拽鼠标到G列。

第2步，单击“开始”选项卡→“单元格”选项组→“格式”按钮，出现图3-71所示的“格式”下拉菜单。

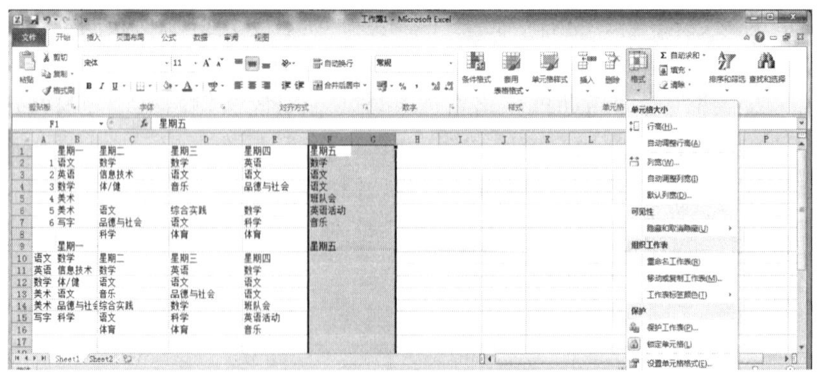

图3-71 “格式”下拉菜单

第3步，选择“列宽”菜单项，出现图3-72所示的“列宽”对话框。在“列宽”的文本框中输入所要的列宽度，此处设置列宽为10，列宽单位是字符，最后单击“确定”按钮。

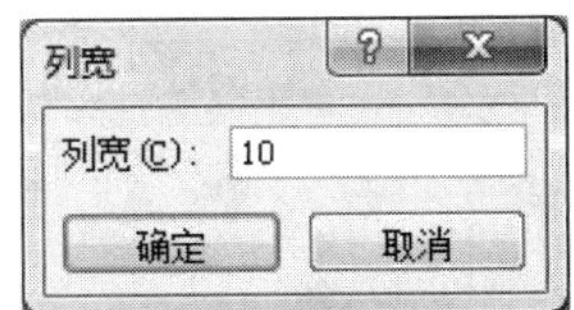

图3-72　“列宽”对话框

(9) 改变行高

方法1：直接拖拽法。如果要改变第1行的行高，则先将鼠标指向行号1的下方，与行号2之间的分隔线上，鼠标指针变成垂直方向的双向箭头，按下鼠标左键后上下拖拽，便可以改变第1行的高度。在拖动过程中，鼠标指针右上方显示该行的高度值。

方法2：菜单操作法。例如，要改变第3行和第4行的行高，具体操作步骤如下：

第1步，选定要改变行高的行中的任意单元格。此处，直接选择第3行和第4行，即鼠标选定行号3，按住鼠标左键，在行号上拖拽鼠标到行号4。

第2步，单击“开始”选项卡→“单元格”选项组→“格式”按钮，出现图3-71所示的“格式”下拉菜单。

第3步，选择“行高”菜单项，出现图3-73所示的“行高”对话框。在“行高”的文本框中输入所要的高度值，此处设置行高为20，行高单位是磅，最后单击“确定”按钮。

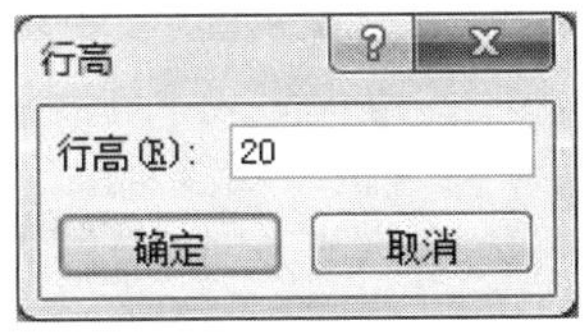

图3-73　“行高”对话框

2. 格式化工作表

工作表建立后，为了使工作表的外观更美观，重点更加突出，对工作表进行格式化是必要的操作。

(1) 字体格式

字体是字符的形状。Excel中可以使用中文字体如宋体、黑体、仿宋体等，此外，还有许多西文字体格式。

字体大小单位是磅。磅值越大，字体越大。

对字符做的一些修饰，如修饰为粗体、斜体，加下划线、设置下标和颜色等。

要设置单元格中的字体格式，可以使用下列方法中的一种。

方法1：使用格式按钮完成字体格式设置。

首先选择要设置字体的单元格区域，再选择“开始”选项卡→“字体”选项组中的格式工具按钮，如图3-74所示，完成字体设置。

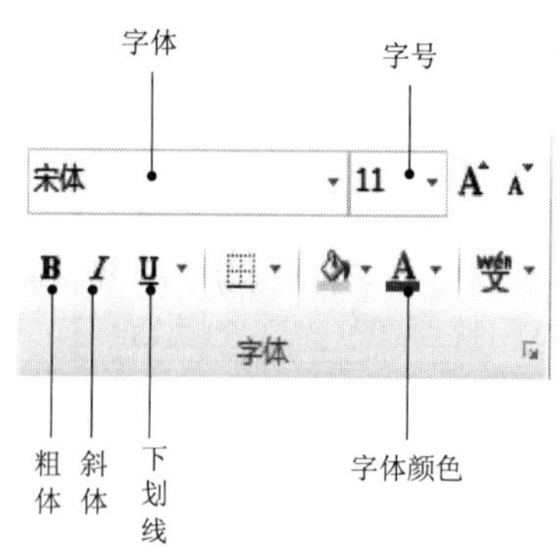

图3-74 “字体”选项组

方法2：使用字体对话框完成字体格式设置。

首先选择要设置字体的单元格区域，再选择“开始”选项卡→“字体”选项组右下方按钮“ ”，或者选择“开始”选项卡→“单元格”选项组→“格式”按钮（出现单元格格式下拉菜单）→“设置单元格格式”菜单项，出现图3-75所示的“设置单元格格式”对话框，它有六个选项卡，设置字体则使用“字体”选项卡，完成相关设置，最后单击“确定”按钮。

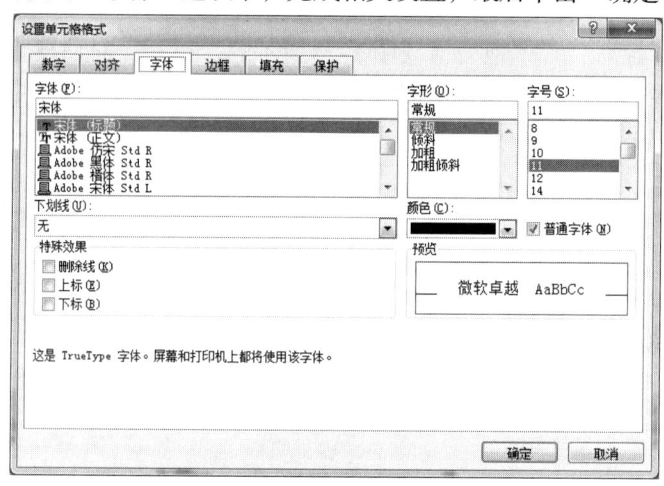

图3-75 “设置单元格格式”对话框的“字体”选项卡

（2）Excel常用的数字格式

设置Excel中的数字格式的操作步骤如下：

第1步，选定待设置数字格式的单元格区域；

第2步，选择“开始”选项卡→“数字”选项组右下方按钮“ ”，出现图3-76所示的“设置单元格格式”对话框，它有六个选项卡，设置数字格式则使用“数字”选项卡。

第3步，在图3-76中完成设置后，单击“确定”按钮。

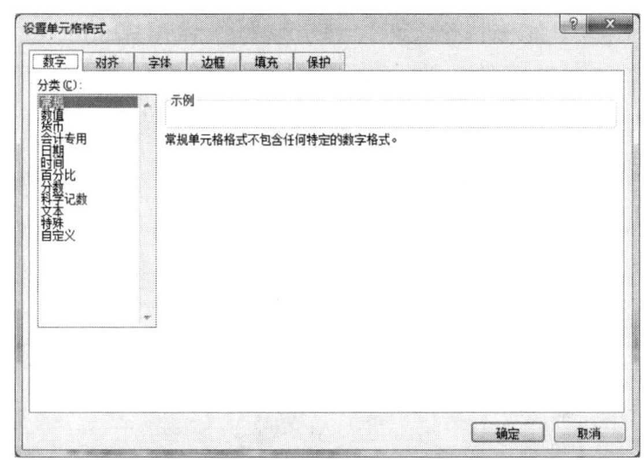

图3-76　“设置单元格格式”对话框的“数字”选项卡

在“设置单元格格式”对话框的“数字”选项卡中有下列常用的选项：

数值格式。数值格式可以设置小数位数，可以设置千位分隔符“,”，还可以设置负数的表示形式。

货币格式。货币格式可以设置小数位数，可以设置负数的表示形式，还可以设置货币符号。

日期格式。可以按照多种格式选择日期的显示形式。

时间格式。可以按照多种格式选择时间的显示形式。

百分比格式。将数值的小数点向右移动两位，并加“%”，此外，还可以设置小数位数。例如0.2358，要求以百分比格式显示，并要求小数位数为1位，则按此设置显示为“23.6%”。

分数格式。可以将数值设置为分数显示形式。

科学记数格式。可以将数值设置为科学记数格式，同时设置小数位数。例如13567，要求设置为科学记数格式，小数位数为2位，则显示为1.36E+04。

（3）合并单元格

在工作表中，有时为了使工作表更加美观，需要将相邻的多个单元格合并为一个单元格。例如，要将A1:K2合并，具体操作如下：

第1步，选择相邻的多个单元格，此处即选定A1:K2；

第2步，单击“开始”选项卡→“对齐方式”选项组→“合并后居中”按钮右侧按钮“▾”，出现图3-77所示的“合并单元格”下拉菜单。

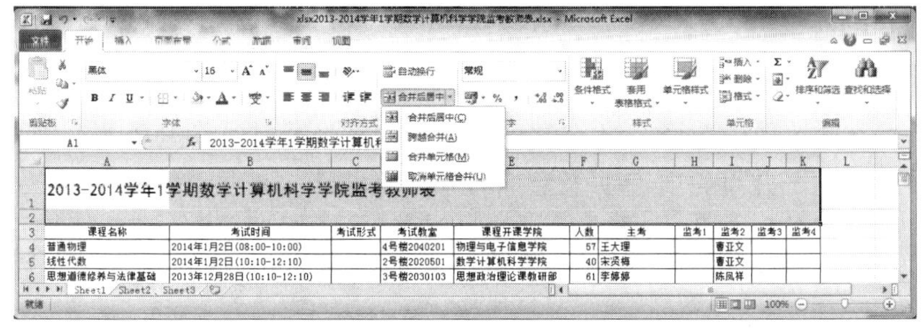

图3-77　“合并单元格”下拉菜单

第3步，若是需要合并后单元格内容居中，则选择图3–77中的“合并后居中”菜单项；若只是合并单元格，则选择“合并单元格”菜单项；若只需选中区域的每行进行合并，而列不需合并，则选择“跨列合并”菜单项。此处，选择“合并后居中”菜单项，结果如图3–78。

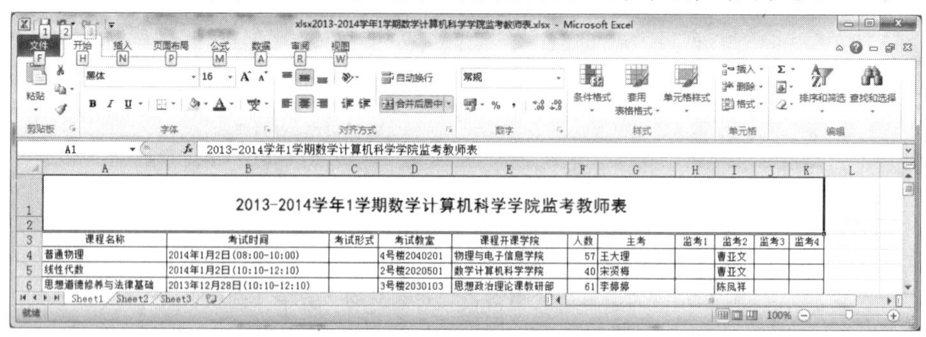

图3–78　“合并后居中”效果图

细心的读者会发现在图3–77所示的“合并单元格”下拉菜单中，还可以选择“取消合并单元格”菜单项，该菜单项就是将已合并的单元格取消合并。

（4）设置对齐方式

为了让工作表更为美观整洁，可以对单元格进行对齐方式的设置，具体操作步骤如下：

第1步，选定单元格区域；

第2步，单击“开始”选项卡→“对齐方式”选项组中的对齐按钮，对齐按钮的说明如图3–79所示。

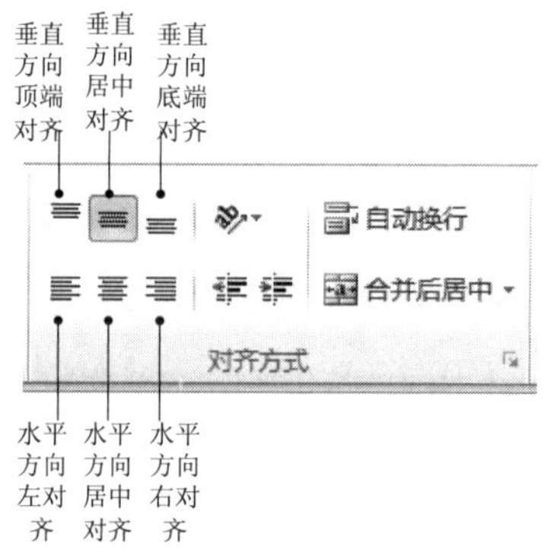

图3–79　“对齐方式”选项组中的对齐按钮说明

设置单元格对齐方式的另一种方法，具体操作步骤如下：

第1步，选定单元格区域；

第2步，单击“开始”选项卡→“对齐方式”选项组→“ ”按钮，出现图3–80所示的下拉菜单。在此菜单中选择“设置单元格对齐方式”菜单项，出现图3–81所示的“设置单元格格式”对话框，并且当前选项卡为“对齐”选项卡。在此对话框中可以设置单元格的水平对齐方式和垂直对齐方式。

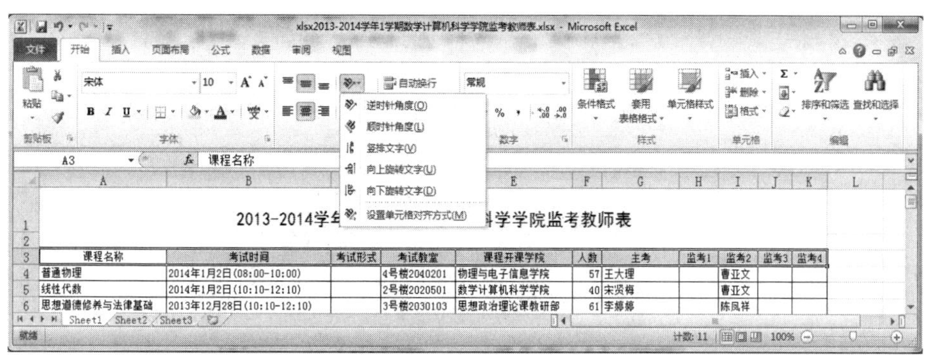

图3–80　“方向”下拉菜单

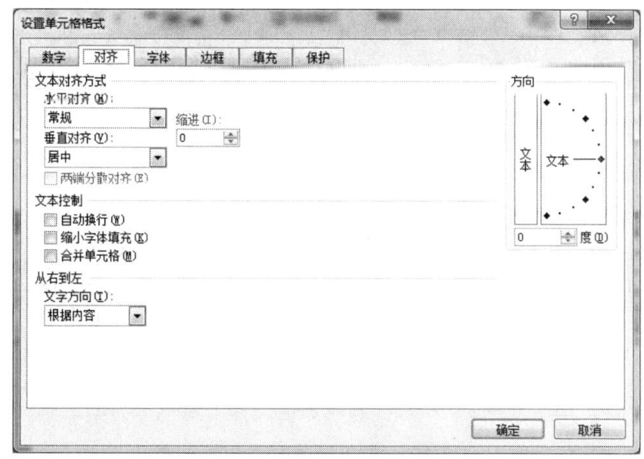

图3–81　“设置单元格格式”对话框中的“对齐”选项卡

细心的读者会发现在图3–81所示的对话框中，还可以设置单元格文本的方向以及单元格文本是否自动换行、文本是否缩小字体填充单元格和所选单元格区域是否合并。

（5）设置边框

为了让工作表更加美观，更加便于查看，可以为单元格区域设置边框。具体操作步骤如下：

第1步，选定要设置边框的单元格区域；

第2步，单击“开始”选项卡→“字体”选项组→“ ”按钮组中的“ ”按钮，出现图3–82所示的下拉菜单，在这个菜单中选择合适的边框形式。

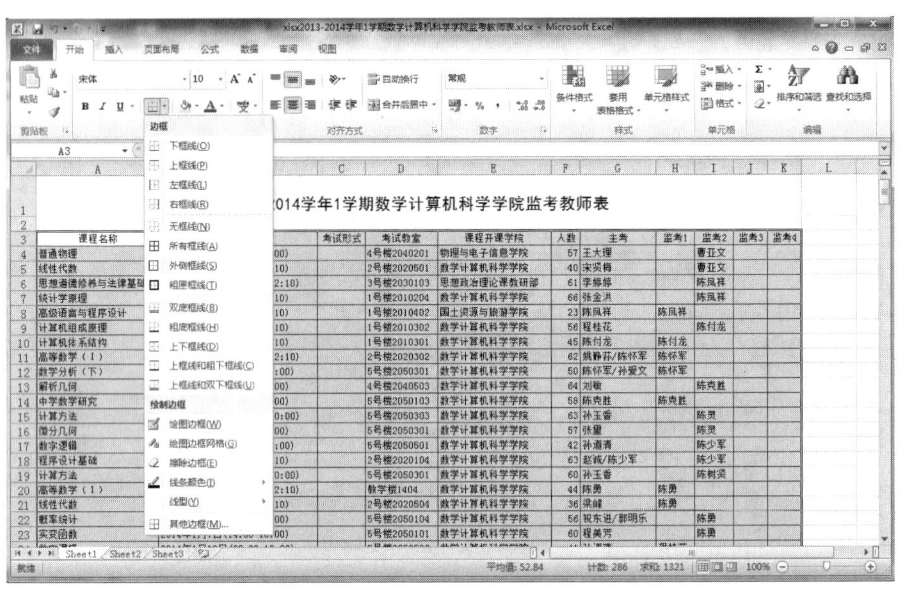

图3-82 设置单元格边框的下拉菜单

在图3-82所示的设置单元格边框的下拉菜单中，读者可以选择最后一个菜单项“其他边框...”，你会发现出现了一个图3-83所示的对话框，在这个对话框中可以更直观地设置单元格边框。

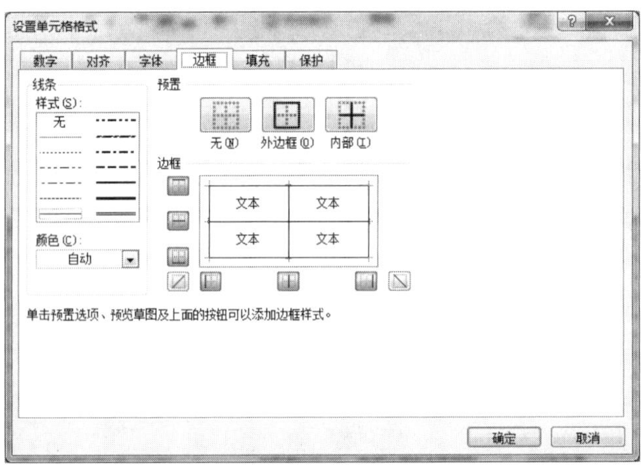

图3-83 “设置单元格格式”对话框中的“边框”选项卡

（6）设置底纹

为了让工作表更加美观，可以为单元格区域设置底纹，即填充效果。具体操作步骤如下：

第1步，选定要设置边框的单元格区域；

第2步，单击“开始”选项卡→“字体”选项组右下方按钮“ ”，出现的“设置单元格格式”对话框，它有六个选项卡，设置底纹需使用“填充”选项卡如图3-84所示，完成相关设置，最后单击“确定”按钮。

图3-84　“设置单元格格式”对话框中的“填充”选项卡

在图3-84的对话框中，可以设置填充的背景色；设置填充的图案样式和图案颜色；当背景色在当前备选的背景色中不存在时，可以单击图3-84中的“其他颜色...”按钮；当需要渐变填充效果，例如：双色渐变填充、“预设”方案中的“雨后初晴”，可以单击图3-84中的“填充效果...”按钮。

读者也可以使用一种现有的样式对工作表或单元格进行格式化操作，此操作的方法是先选定单元格区域，再单击“开始”选项卡→“样式”选项组中的按钮。

3. 查看工作表

(1) 隐藏与显示行列

在查看工作表时，有时有些列不需查看，则可以将这些列隐藏起来。例如，隐藏E列，具体操作步骤如下：

第1步，选择待隐藏的列，此处点击列标E列；

第2步，在选定列的列标上，右键单击后出现图3-85所示的快捷菜单，在此菜单中选择“隐藏”菜单项。这时，所选择的列就被隐藏了。

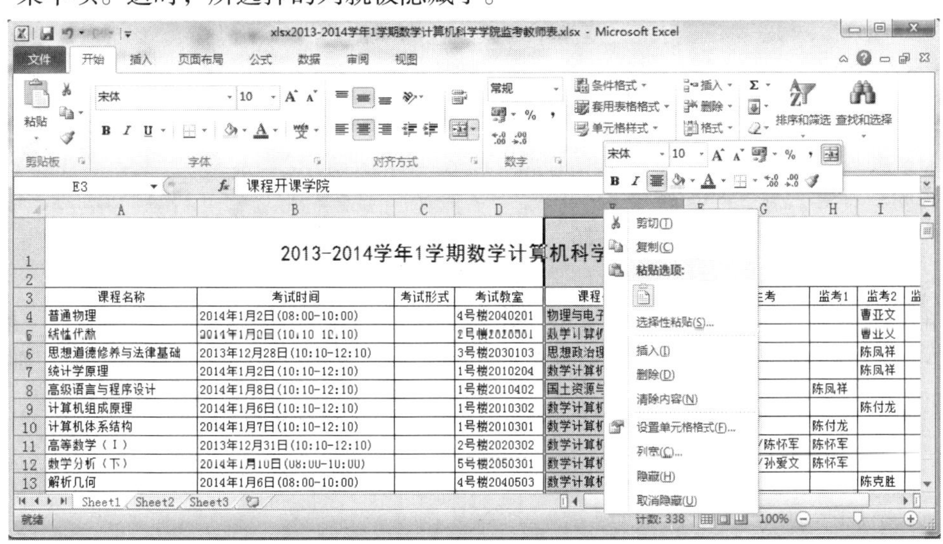

图3-85　列标的快捷菜单

当有些列被隐藏后，可能需要对它们取消隐藏，即显示出来。例如，显示原来隐藏的E

列，具体操作步骤如下：

第1步：选择被隐藏列标的前后两个列标。

第2步：在选定列的列标上，右键单击后出现图3-85所示快捷菜单，在此菜单中选择“取消隐藏”菜单项。这时，隐藏的列就显示了。

4. 管理工作表

新建立的工作簿中在缺省的情况下包含3张工作表，其名称分别为Sheet1、Sheet2、Sheet3。在实际使用时，用户可以根据实际情况，对工作表进行重命名、插入、删除、移动、复制以及打印等操作。

（1）选取工作表

用鼠标左键单击工作表标签即工作表名称，就称选定一张工作表。按下Ctrl键，用鼠标单击选取多张工作表标签，可以同时选择多张工作表；用鼠标单击第一个工作表X，按下Shift键，再单击工作表Y，可选取X到Y连续的多张工作表。

多张选中的工作表组成了一个工作组，在标题栏中出现“[工作组]”字样，这时在一个表中输入数据，该数据会同时输入到工作组中的其他工作表中。

（2）重命名工作表

双击要重新命名的工作表标签，或右击工作表标签，在出现的图3-86所示的快捷菜单中选“重命名”菜单项，在该标签处出现反相显示即工作表名背景黑色显示，此时直接输入新工作表名，并按“Enter”键。

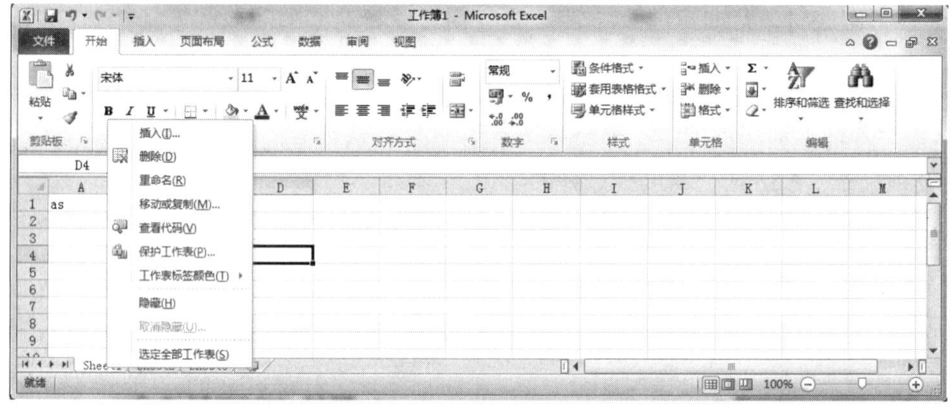

图3-86　工作表标签的快捷菜单

（3）插入新工作表

用鼠标右击某一个工作表标签，出现图3-86所示的快捷菜单，选择“插入...”菜单项，出现图3-87所示的对话框。在此对话框中选择“常用”选项卡中的“工作表”项，则在该工作表的左边插入一个新的工作表。

图3-87 “插入”对话框

此外，还可以选定工作表标签，单击“开始”选项卡→“单元格”选项组→“插入”按钮下方的“▾”按钮，出现“插入”下拉菜单，再选择“插入工作表”菜单项，这时会在原选定的工作表左侧插入一张新的工作表。

（4）删除工作表

首先，选定待删除的工作表标签，再用鼠标在某一个选定的工作表标签上右击，出现图3-86所示的快捷菜单，选择“删除”菜单项。

此外，还可以选定待删除的工作表标签，单击“开始”选项卡→“单元格”选项组→“删除”按钮下方的“▾”按钮，出现“删除”下拉菜单，再选择“删除工作表”菜单项，这时所有选定的工作表都被删除。

5. 页面设置和打印

为了使打印出的工作表美观合理，要设置打印区域，根据需要选择打印纸张的大小，设置页边距，添加页眉和页脚等页面设置工作。

（1） 设置打印区域

当只需要打印工作表的部分数据时，可以通过打印区域的设置来满足这个要求。具体操作如下：

第1步，选定要打印的区域；

第2步，单击“页面布局”选项卡→“页面设置”选项组→“打印区域”按钮，在出现的如图3-88所示的“打印区域”下拉菜单中，选择“设置打印区域”菜单项。

图3-88 “打印区域”下拉菜单

若要取消打印区域，则可以选择该工作表中的任一单元格，单击“页面布局”选项卡→“页面设置”选项组→“打印区域”按钮，在出现的下拉菜单中选择“取消打印区域”菜单项。

（2）插入分页符

如果工作表较大，在一页内无法打印，Excel会自动插入分页符即自动分页符，将工作表分成多页打印。这种自动分页符分为自动水平分页符和自动垂直分页符两种。自动水平分页符在屏幕上显示为一条水平点线，自动垂直分页符在屏幕上显示为一条垂直点线。

用户也可以根据需要在工作表内插入分页符，将工作表按要求进行分页打印。用户所插入的分页符称为人工分页符。人工分页符也可以分为水平分页符和垂直分页符。

注意：人工分页符可以删除，自动分页符不能删除。

例如，用户要在第11行与第10行之间添加水平分页符，具体操作如下：

第1步，选定行号较大的一行，此操作中即选定第11行；

第2步，单击“页面布局”选项卡→“页面设置”选项组→“分隔符”按钮，在出现的图3-89所示的下拉菜单中，选择“插入分页符”菜单项，便在选定行的上边插入一水平分页符。打印时，选定行作为下一页中的第一行。

图3-89 “分隔符”下拉菜单

删除水平分页符的操作方法如下：

第1步，选定要删除的水平分页符下方的一个单元格或一行；

第2步，单击“页面布局”选项卡→“页面设置”选项组→“分隔符”按钮，在出现的图3-89所示的下拉菜单中，选择“删除分页符”菜单项，便将该水平分页符删除。

例如，用户要在第E列与第F列之间添加垂直分页符，具体操作如下：

第1步，选定列标较大的一列，此操作中即选定F列；

第2步，单击“页面布局”选项卡→“页面设置”选项组→“分隔符”按钮，在出现的图3-89所示的下拉菜单中，选择“插入分页符”菜单项，便在选定列的左边插入一垂直分页符。打印时，选定列作为下一页中的第一列。

删除垂直分页符的操作方法如下：

第1步，选定要删除的垂直分页符右侧的一个单元格或一列；

第2步，单击“页面布局”选项卡→“页面设置”选项组→“分隔符”按钮，在出现的

图3-89所示的下拉菜单中，选择“删除分页符”菜单项，便将该垂直分页符删除。

（3）设置页边距

当需要打印工作表时，可以设置页边距让工作表更为美观。具体操作如下：

第1步，选定要打印的工作表；

第2步，单击“页面布局”选项卡→“页面设置”选项组→“页边距”按钮，在出现的下拉菜单中，选择“自定义边距...”菜单项，出现图3-90所示的“页面设置”对话框，在“页边距”选项卡中设置左、右、上、下边距值，完成后单击“确定”按钮。

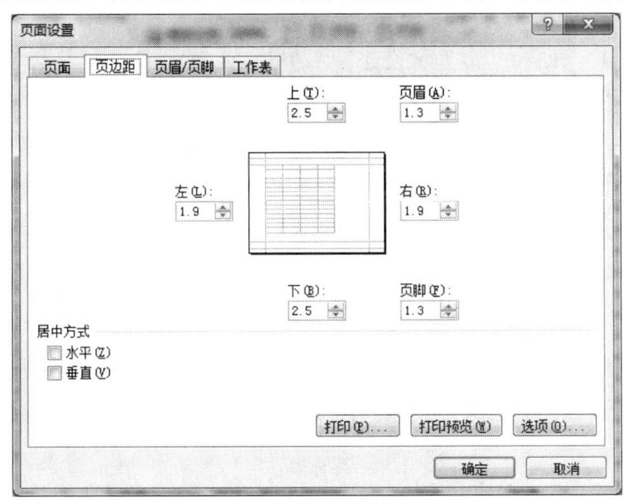

图3-90　“页面设置”对话框的“页边距”选项卡

（4）设置纸张大小和方向

设置纸张大小具体操作如下：

单击“页面布局”选项卡→“页面设置”选项组→“纸张大小”按钮，在出现的下拉菜单中，选择合适的纸型。

设置纸张方向具体操作如下：

单击“页面布局”选项卡→“页面设置”选项组→“纸张方向”按钮，在出现的下拉菜单中，选择“横向”或“纵向”菜单项。

（5）设置打印标题行或列

在工作表打印时，由于工作表过于庞大，打印会分多页打印，若希望打印时每页纸上都出现标题行或列，则可以通过设置标题行或列完成。例如，在打印时要求每页都要出现第1行至第3行的内容，那么具体操作如下：

单击“页面布局”选项卡→“页面设置”选项组→“打印标题”按钮，在出现的图3-91所示的“页面设置”对话框的“工作表”选项卡中，在顶端标题行的文本框中用鼠标左键单击一下，该文本框获得插入点后，再在工作表中选择第一行到第三行。这时，顶端标题行的文本框中就会出现“$1:$3”。经此操作后，每页在打印时都会出现第1行至第3行的内容。

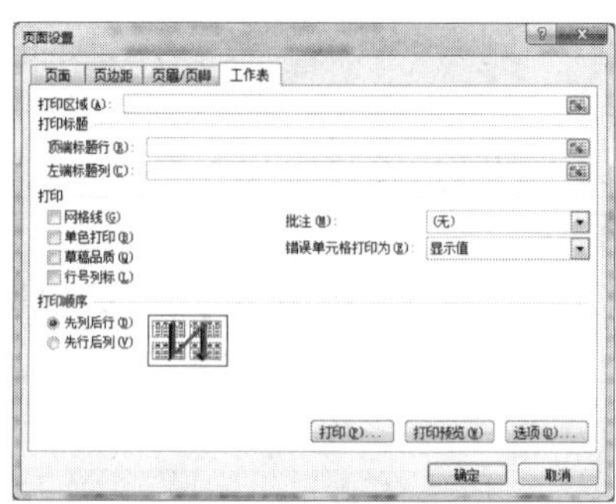

图3-91 “页面设置”对话框的“工作表”选项卡

(6) 添加页眉、页脚

在工作表打印时，可以根据需要添加页眉或页脚，具体操作如下：

单击“插入”选项卡→“文本”选项组→“页眉和页脚”按钮，这时窗口中会多出一个“页眉和页脚工具设计”选项卡，如图3-92所示。

图3-92 “页眉和页脚工具设计”选项卡

在图3-92中，页眉方框即页眉编辑区中可以输入页眉内容。页眉编辑区分为3个区域，分别为左、中、右三个区域，这三个区域的对齐方式分别为水平左对齐、水平居中对齐和水平右对齐。页眉内容可以是普通文本，也可以是页码、页数等。可以用鼠标左键在页眉编辑区单击一下，再选择“页眉和页脚工具设计”选项卡中“页眉和页脚元素”选项组中的任意按钮，这样就会添加页码、页数等内容。

单击“页眉和页脚工具设计”选项卡→“导航”选项组→“转至页脚”按钮，这时就切换到页脚编辑区，页脚编辑区同页眉编辑区一样分为3个区域。在页脚编辑区中输入页脚内容，操作类似于页眉。

3.3.3 公式和函数

1. 单元格的引用

在Excel公式中，单元格引用后使公式的作用真正发挥。如果公式运算时，需要使用工作表中的数据，那么在公式中参与运算的是存放数据的单元格地址即引用单元格，而不是数据本身。之所以要使用单元格地址即引用单元格，是因为如果改变引用单元格中的原始数据，则公式的计算结果也会发生变化。当复制公式时，若在公式中引用单元格，则在公式复制过程中，系统会自动根据不同的情况使用不同的单元格地址。

单元格引用分为相对引用、绝对引用和混合引用。

（1）相对引用

相对引用是Excel中默认的引用形式，它是指单元格引用会随公式复制时公式位置改变而改变。

相对引用的单元格地址形式是“列标行号”，例如，A1就是一个相对引用。例如，在D1单元格中输入公式“=A2+C2”，输入结束后按“Enter”键，现将D1中公式复制到D2，选定D2单元格后，会发现在编辑栏中显示的内容为“=A3+C3”。其变化特点如表3–2所示。

表3–2　单元格“相对引用”的特点

	公式的位置	公式的内容
初始（复制前）	D1	=A2+C2
目标（复制后）	D2	=A3+C3
列标的变化特征	+0	+0
行号的变化特征	+1	+1

（2）绝对引用

绝对引用单元格地址的形式是“$列标$行号”，例如，$A$1就是一个绝对引用。绝对引用单元格地址在公式复制时将不随公式的位置改变而改变。例如在D1单元格中输入公式“=$A$1+$C$1”，输入结束后按“Enter”键，现将D1中公式复制到D2，选定D2单元格后，会发现在编辑栏中显示的内容为“=$A$1+$C$1”，公式中引用的单元格没有发生改变。其变化特点如表3–3所示。

表3–3　单元格“绝对引用”的特点

	公式的位置	公式的内容
初始（复制前）	D1	=$A$1+$C$1
目标（复制后）	D2	=$A$1+$C$1
列标的变化特征	+0	不变
行号的变化特征	+1	不变

（3）混合引用

混合引用的形式是只给行号或列号前加“$”符号，例如B$1、$F2，当公式复制时，只有相对地址部分会发生改变而绝对地址部分（即加了$符号的那部分）不变化。例如，在D1单元格中输入公式“=$A1+C$1”，如果将D1单元格中的公式复制到C3单元格中，选定C3单元格后，会发现在编辑栏中显示的内容为“=$A3+B$1”。其变化特点如表3–4所示。

表3–4　单元格“混合引用”的特点

	公式的位置	公式的内容
初始（复制前）	D1	=$A1+C$1
目标（复制后）	C3	=$A3+B$1
列标的变化特征	–1	列标前有$的不变，否则列标–1
行号的变化特征	+2	行号前有$的不变，否则行号+2

2. 公式

公式是Excel中进行数值运算的核心，通过公式可以对表中的数据进行算术运算以及其他更复杂的运算，通过公式可以避免手工计算的繁杂，降低出错的可能性。在工作表中使用公式计算的优点是，当工作表中公式所引用的数据单元格被修改以后，公式运算结果也随之而改变。

（1）公式中的运算符

运算符是公式中的重要构成部分，它表明要进行什么运算，在Excel中包含四种类型的运算符。

●算术运算符：

算术运算的对象是数值，运算结果也是数值。常用的算术运算符有：+（加号）、-（减号）、*（乘号）、/（除号）、^（乘方）。

●比较运算符：

比较运算符有 =（等于）、>（大于）、<（小于）、> =（大于等于）、< =（小于等于）、< >（不等于）。

比较运算返回的结果为TRUE（真）或FALSE（假）

●文本运算符

文本运算符“&”的功能是将两个文本连接起来，其操作的对象可以是带英文双引号的文字，也可以是单元格地址。例如：A1单元格的内容是“数学”，B1单元格的内容为“计算机”，在C1单元格中输入公式：“=A1&B1&“学院””，注意此处学院二字是用英文双引号括起来的，C1单元格输入结束后按“Enter”键，则C1单元格显示内容为“数学计算机学院”，选定C1单元格，在编辑栏内显示的是公式内容。

●引用运算符：

引用运算符有区域、联合、交叉三种运算符，这些运算符的运算对象是单元格。

“:”（英文冒号）区域运算符，需要两个运算对象，形式为：单元格地址1:单元格地址2，功能就是表示一个单元格区域。例如A1:B10表示从A1到B10这20个单元格的引用。

“,”（英文逗号）联合运算符，其功能是将多个引用合并为一个引用。如：A1:A4，F10:F14表示A1到A4和F10到F14共计9个单元格的引用。

“□”（半角空格）交叉运算符，产生同属于两个引用单元格区域的引用。例如：A2:C4□B1:B3，此处“□”表示一个英文空格，表示只有B2到B3两个单元格同属于两个引用。

注意：当在公式中出现多个运算符和小圆括号时，Excel先算小圆括号内的式子，运算时按下述运算的优先顺序由高到低完成运算：

:、半角空格、,、-（负号）、%、^、(*、/)、(+、-、&)、(=、>、<、>=、<=、<>）如果优先级相同，则按从左至右的顺序。要想改变优先顺序可以用小圆括号。

（2）公式的输入与编辑

公式是以“=”开头，由常量、单元格引用、函数和运算符组成。所以在输入公式时，首先要输入“=”。以下是公式的几个例子：

例1：=1280*30

例2：=AVERAGE（D1：E5，F8：F14）

例3：=F2+G5+H8

例4：= A1+Sheet2!A1

例5：= A1+Sheet3!A1+[工作簿1]Sheet1!$A$1

说明：例4中的“Sheet2!A1”表明单元格A1是在工作表Sheet2中；例5中的“Sheet3!A1”表明单元格A1是在工作表Sheet3中；例5中“[工作簿1]Sheet1!$A$1”表明单元格A1是在工作簿名为“工作簿1”的工作表Sheet1中，且是对单元格A1的绝对引用；其他例子中的单元格都是公式所在工作表中。

公式中的单元格地址表示对单元格的引用，在公式计算时是使用单元格的数据。为了便于公式的值更新，在公式中需要使用单元格数据时，都是使用单元格地址即单元格引用。

例如，要在Sheet1工作表的C2单元格中输入公式：“= 0.3*A1+0.7*Sheet2!A1”的具体操作如下：

第1步，选定待输入公式的单元格，此处先选定Sheet1工作表，再选定C2单元格；

第2步，从键盘上输入=；

第3步，用键盘输入公式的内容或者用鼠标选择单元格或单元格区域。此处，先用键盘输入：0.3*，再用鼠标选定单元格A1，再从键盘输入：+0.7*，再用鼠标选定Sheet2工作表，再选定Sheet2工作表的C2单元格；

第4步，最后用键盘按回车键或用鼠标单击编辑栏中的“√”按钮。

修改公式的操作同修改单元格数据的操作一样，单击公式所在的单元格，公式就显示在编辑栏里，即可在编辑栏内进行编辑；或者双击公式所在的单元格，即可在当前单元格中进行编辑。

3. 函数简介

函数是Excel提供的用于数值计算和数据处理的公式，为用户数值计算和数据处理带来了极大的方便。函数由函数名和参数构成，其语法形式为“函数名（参数1，参数2...）”，其中参数可以是常量、单元格引用、单元格区域、区域名或其他函数。

Excel提供了大量的函数，为了方便查找和使用，函数可分为以下几类：

●财务函数，进行一般的财务计算。

●日期与时间函数，处理日期和时间。

●数学与三角函数，进行数学计算。

●统计函数，对数据区域进行统计分析。

●查找与引用函数、数据库函数、文本函数、逻辑函数、信息函数等。

（1）函数的输入

函数可以用两种方法输入，一为直接输入法，二为粘贴函数法。

直接输入法：选择待输入函数的单元格后，直接从键盘输入函数名字和参数，要求输入函数名必须准确。例如在F8单元格中输入函数：= AVERAGE（A1:F5），操作方法是：选定F8后，双击F8或者在编辑栏内直接用键盘输入：= AVERAGE（A1:F5）。

粘贴函数法：由于Excel提供函数比较多，正确记住每一个函数名比较困难，所以使用粘贴函数的方法，这种方法会引导用户正确的选择函数和参数。例如，在I2单元格中填写E2至G2的平均值，具体操作方法如下：

第1步，选定待输入函数的单元格，此处选择单元格I2；

第2步，单击“公式”选项卡→“函数库”选项组→“插入函数”按钮，出现图3-93所示的对话框，在“选择函数”列表框中选择“AVERAGE”后，单击“确定”按钮。注意：此对话框的列表框下方是所选定函数“AVERAGE”的功能和参数的说明。如果在当前类别中未找到所需函数，在“选择类别”下拉列表中重新选择类别。

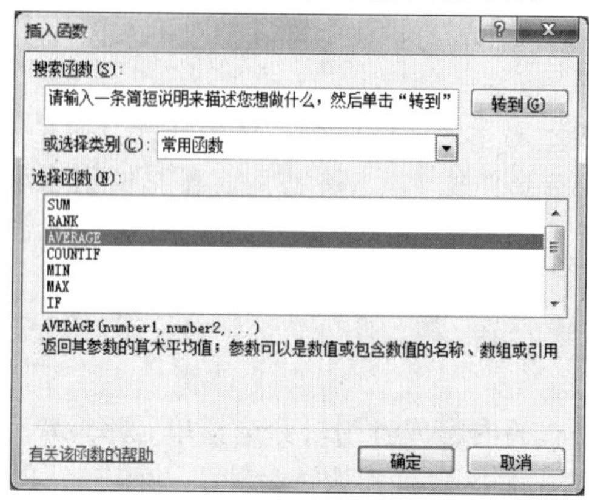

图3-93 “插入函数”对话框

第3步，在出现的图3-94所示的对话框中设置参数。注意：在此对话框中注意函数参数的说明。此时发现参数Number1中默认的是E2:H2，不合计算要求，现在可以先将Number1文本框中的内容删除，保证Number1文本框中有插入点，再在工作表上选定E2:G2，当参数设置正确后，单击“确定”按钮。这时选定单元格I2，会发现I2单元格中显示平均数值，编辑栏中显示函数。

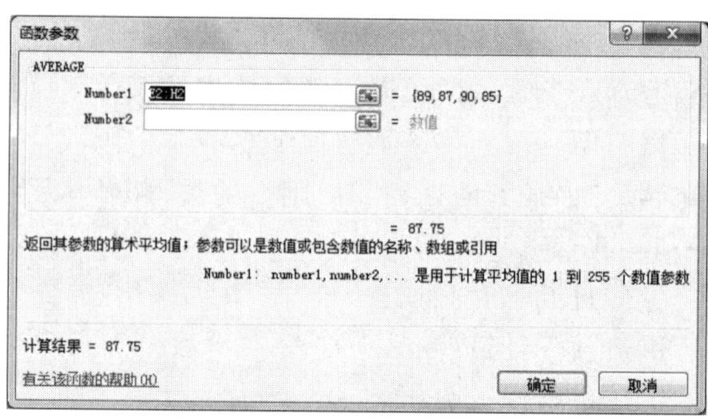

图3-94 “函数参数”对话框

(2) 公式复制

公式也可以复制，例如，图3-95所示的工作表中单元格I2内填写的数据是通过函数“=AVERAGE（E2:G2）”计算的，当前工作表中单元格区域I3:I6中的数据都是计算对应行的E列至G列的平均值，这时，可以使用公式复制的方法。公式复制的具体操作如下：

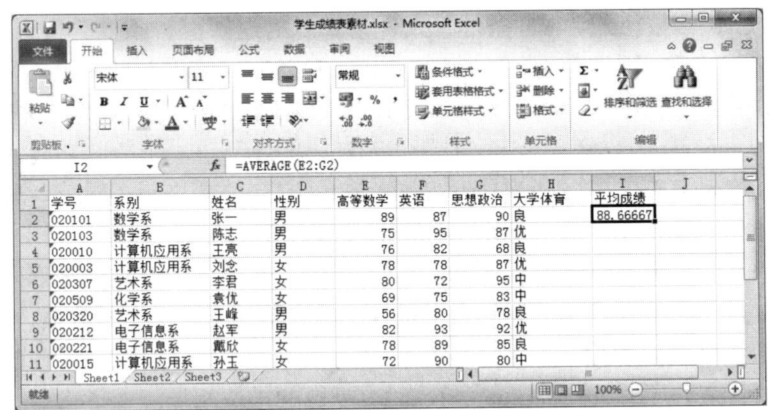

	A	B	C	D	E	F	G	H	I
1	学号	系别	姓名	性别	高等数学	英语	思想政治	大学体育	平均成绩
2	020101	数学系	张一	男	89	87	90	良	88.66667
3	020103	数学系	陈志	男	75	95	87	优	
4	020010	计算机应用系	王亮	男	76	82	68	良	
5	020003	计算机应用系	刘念	女	78	78	87	优	
6	020307	艺术系	李君	女	80	72	95	中	
7	020509	化学系	袁优	女	69	75	83	中	
8	020320	艺术系	王峰	男	56	80	78	良	
9	020212	电子信息系	赵军	男	82	93	92	优	
10	020221	电子信息系	戴欣	女	78	89	85	良	
11	020015	计算机应用系	孙玉	女	72	90	80	中	

图3–95　使用公式复制的情形

第1步，选定已使用公式的单元格，此处选定单元格I2；

第2步，单击“开始”选项卡→“剪贴板”选项组→“复制”按钮；

第3步，选定要使用公式的单元格或区域，此处选定I3:I6；

第4步，单击“开始”选项卡→“剪贴板”选项组→“粘贴”按钮下方的“ ”按钮，在出现的下拉菜单中选择“ ”按钮，即可完成粘贴公式，这时，I3:I6中的数据就是对应行的E列至G列的平均值。

另外一种复制的方法是使用填充序列的方法，具体操作如下：

第1步，选定已使用公式的单元格和要使用公式的单元格区域，此处选定单元格I2:I6；

第2步，单击“开始”选项卡→“编辑”选项组→“填充”按钮，在出现的下拉菜单中选择填充方向，此处选择“向下”，这时，I3:I6中的数据就是对应行的E列至G列的平均值。

或者，用鼠标拖拽完成填充序列，具体操作如下：

第1步，选定已使用公式的单元格，此处选定单元格I2；

第2步，鼠标左键指向选定单元格的填充柄，按住鼠标左键不放，向上或向下或向左或向右拖拽鼠标到目标单元格，松开鼠标左键。此处，鼠标左键指向I2单元格的填充柄向下拖拽至单元格I6。

（3）常用函数简介

●求和函数sum：函数格式为sum（num1，num2，...）。例如，计算A1:D5的数据和，则函数为“=sum（A1:D5）”。

●平均值函数average：函数格式为average（num1，num2，...）。例如，计算A1:D5的数据平均值，则函数为“=average （A1:D5）”。

●最大值函数max：函数格式为max（num1，num2，...）。例如，计算A1:D5的数据最大值，则函数为“=max （A1:D5）”。

●最小值函数min：函数格式为min（num1，num2，...） 。例如，计算A1:D5的数据最小值，则函数为“=min （A1:D5）”。

●绝对值函数abs：函数格式为abs（number），其中number代表待求绝对值的数值或单元格引用地址。

●条件函数if：函数格式为if（条件，条件为真时的返回值，条件为假时的返回值）。例如，假设单元格I2中数据为85，那么，函数“=if（I2>85，“优秀”，“一般”）”的运算结果为“一般”；若将I2单元格中的数据改为95，那么，该函数的运算结果为“优秀”。

●计数函数count：函数格式为count（value1，value2，...），函数的功能为统计参数列表中数字的个数，自动忽略文本、错误值（#div/0!等）、空白单元格、逻辑值（true和false）。例如，函数“=count（A1:D5）”就是统计A1:D5数字单元格的个数。

●排名函数rank：函数格式为rank（number，ref，order），函数功能是返回某数字number在一组数ref中的大小排位位置。其中，“number”表示需要查找排名的数据；“ref”表示一组数或者对一个数据列表的引用，非数字值将被忽略；“order”表示排位的方式（“0”或空代表降序，非零值代表升序）。注意：rank函数对重复数的排位相同。

（4）自动计算

例如，图3-95所示的工作表计算E3:G3数据的平均值，填写到区域E3:G3右侧的第一个空白单元格，具体操作步骤如下：

第1步，选定数据来源的单元格区域，此处，选定E3:G3；

第2步，单击“公式”选项卡→“函数库”选项组→“自动求和”旁边的““▾””按钮，在出现的下拉菜单中选择合适的函数，此处选择“平均值”按钮。这时，在I3单元格中就显示E3:G3数据的平均值。

在Excel 2010的工作表中选定指定区域后，右击状态栏，在弹出的快捷菜单中，选择合适的函数，计算结果就会在状态栏中显示出来。

3.3.4 图表

图表是工作表数据的图形表示，可以使枯燥的数据变得更为直观，有助于用户直观地分析和比较数据之间的关系。Excel既可以制作一个独立的图表，也可以在工作表中嵌入图表，无论是嵌入图表还是独立图表，当工作表中数据发生变化时，图表也会自动更新。

1. 制作图表

用户在制作图表时，首先要选定图表的数据源区域，选定的单元格区域可连续，也可以不连续，若选定的区域有文字，文字应在区域的最左列或最上行，这些文字是用以说明图表中数据含义的。

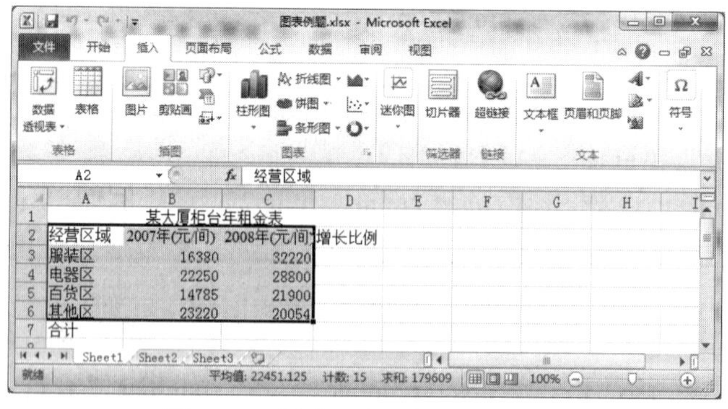

图3-96　创建图表的数据源A2:C6

例如，在图3-96中所示的工作表中，依据单元格区域A2:C6，建立“簇状柱形图”，图表标题为“某大厦柜台年租金图”，该图表要求嵌入到当前工作表中，那么图表制作的操作步骤如下：

第1步，选定要用来制作图表的数据源所在的区域，此处即选定A2:C6。

第2步，单击“插入”选项卡→“图表”选项组中最右下方的按钮“ ”，出现图3-97所示的“插入图表”对话框。

图3-97　“插入图表”对话框

第3步，在“插入图表”对话框中，在左侧分类框中选择“柱形图”，再将鼠标移入到右侧列表框的柱形图子类型中，鼠标在每个图标上停留约3秒时间，这时下方出现该图标所代表的图表类型名，再选择所需的图表类型，此处选择“簇状柱形图”。单击“确定”按钮后，出现图3-98所示的插入图表后的结果。

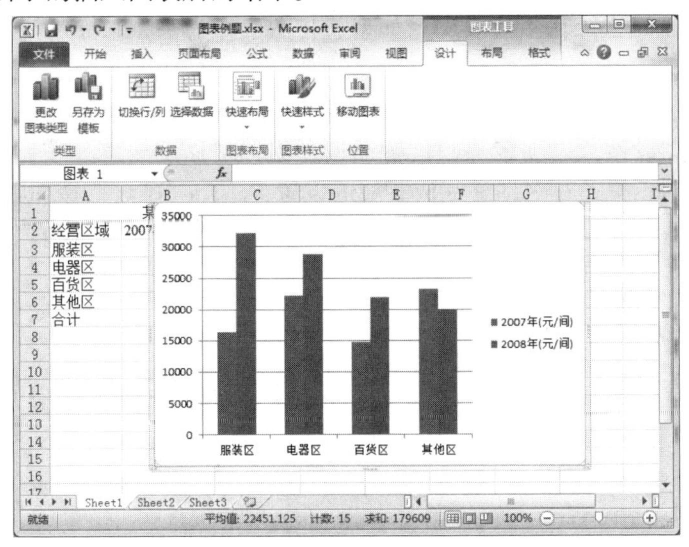

图3-98　在工作表中插入图表

现在，仔细观察图3-98中的图表，读者会发现图表数据的图例项即数据系列为“2007年（元/间）”和“2008年（元/间）”，也可以根据需要重新选择图表数据的分类项目，修改方法如下：

第1步，用鼠标左键单击图表的空白处，即选定图表，此时在窗口标题栏下方的选项卡中就多了3个图表工具的选项卡，分别是“设计”、“布局”和“格式”，如图3-98所示；

第2步，单击“设计”选项卡→“数据”选项组→“切换行/列”按钮。

现在，为图表添加图表标题，具体操作如下：

第1步，用鼠标左键单击图表的空白处，即选定图表；

第2步，单击“布局”选项卡→“标签”选项组→“图表标题”按钮，在出现的下拉菜单中选择“居中覆盖标题”或者“图表上方”菜单项，此处选择“图表上方”菜单项，出现图3-99所示的图表标题框，在此框内输入标题，此处标题为“某大厦柜台年租金图”。

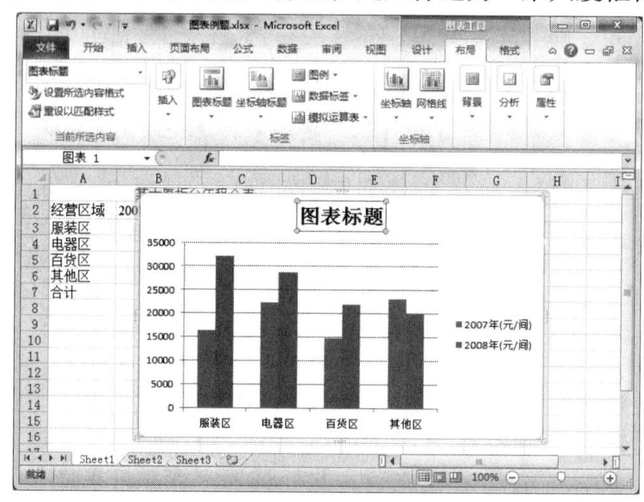

图3-99　添加图表标题

现在图表的位置是嵌入在工作表中，如果想将图表作为一张独立的工作表，可以进行如下操作：

第1步，用鼠标左键单击图表的空白处，即选定图表；

第2步，单击“设计”选项卡→“位置”选项组→“移动图表”按钮，出现图3-100所示的“移动图表”对话框，在对话框完成相应的设置，单击“确定”按钮。

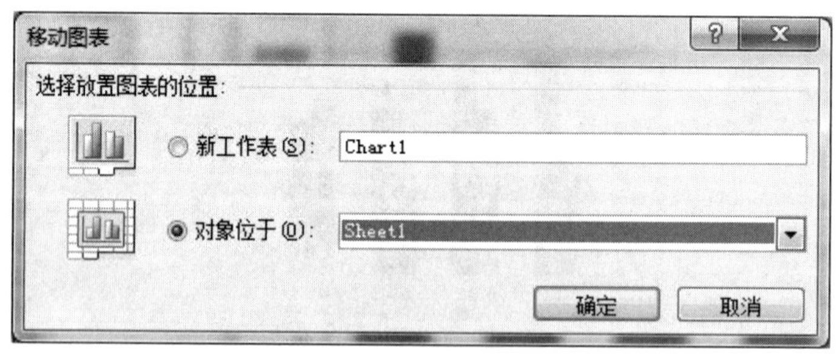

图3-100　“移动图表”对话框

快速制作图表的方法：在选定了制作图表的数据区域后，单击“插入”选项卡→“图表”选项组→“柱形图”或其他图表样式按钮，在出现的下拉菜单中，用户可以根据需要选择图表类型。

2. 缩放、移动和复制图表

（1）缩放图表

当嵌入式图表被选定后，图表四周有8个点状控制柄见图3-101，用鼠标指向这些控制柄后鼠标变成双箭头状，按下鼠标左键拖拽鼠标至目标位置即可改变图表的大小。

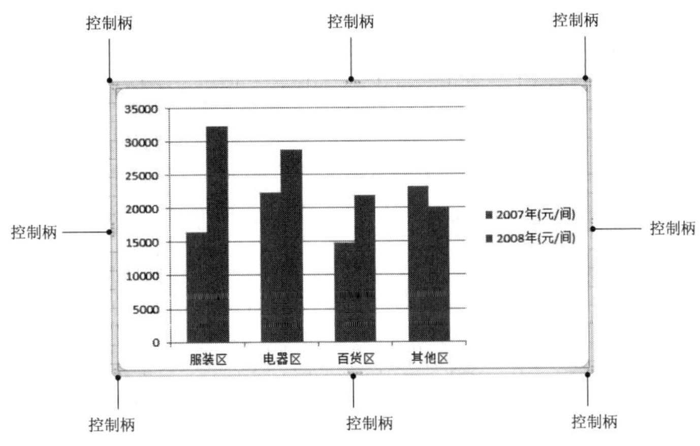

图3-101　图表的控制柄

（2）移动图表

嵌入式图表可以依据需要调整位置。具体操作步骤如下：

第1步，用鼠标左键单击要移动的图表的空白处，即选定图表；

第2步，用鼠标左键指向图表的空白处，按下鼠标左键拖拽鼠标到图表到目标位置，再松开鼠标左键。

（3）复制图表

复制图表的操作与复制单元格的操作非常类似，具体操作步骤如下：

第1步，用鼠标左键单击要复制的图表的空白处，即选定图表；

第2步，单击“开始”选项卡→“剪贴板”选项组→“复制”按钮。

第3步，在工作表中选定粘贴的目标位置单元格，该单元格是图表粘贴后所在区域的左上角的单元格。

第4步，单击“开始”选项卡→“剪贴板”选项组→“粘贴”按钮。

如果在同一个工作表中复制图表，可以在鼠标拖拽移动图表的过程中，按住Ctrl键不放，拖拽至目标位置松开鼠标左键和Ctrl键。

（4）删除图表

删除嵌入式图表的具体操作步骤如下：

第1步，用鼠标左键单击要删除的图表的空白处，即选定图表；

第2步，按Delete键，便将选定的嵌入图表删除。

要删除独立的图表，只需将独立图表所在的工作表删除即可。

3. 编辑与格式化图表

图表创建以后，可以依据需要对图表的内容进行编辑，例如，在图表中添加数据系列或删除图表中数据系列。此外，还可以对图表进行格式化设置，例如，对图表的标题、坐标轴标题、图表示例中的文本可以进行字体、字号大小和设置颜色等操作。

(1) 图表类型的改变

图表创建后可以修改图表的类型，具体操作如下：

第1步，选定图表；

第2步，单击“设计”选项卡→“类型”选项组→“更改图表类型”按钮，出现图3-102所示的“更改图表类型”对话框；

第3步，在“更改图表类型”对话框中重新选择图表类型，单击“确定”按钮。

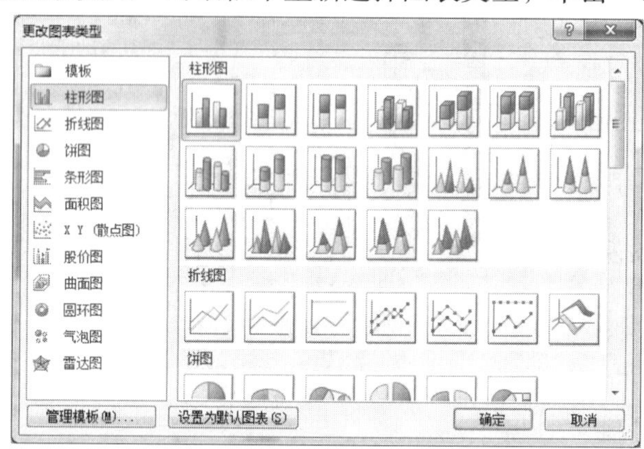

图3-102 “更改图表类型”对话框

(2) 图表数据的添加与删除

图表已经创建后，可以为图表数据进行添加与删除操作，具体操作步骤如下：

第1步，选定图表；

第2步，单击“设计”选项卡→“数据”选项组→“选择数据”按钮，出现图3-103所示的“选择数据源”对话框；

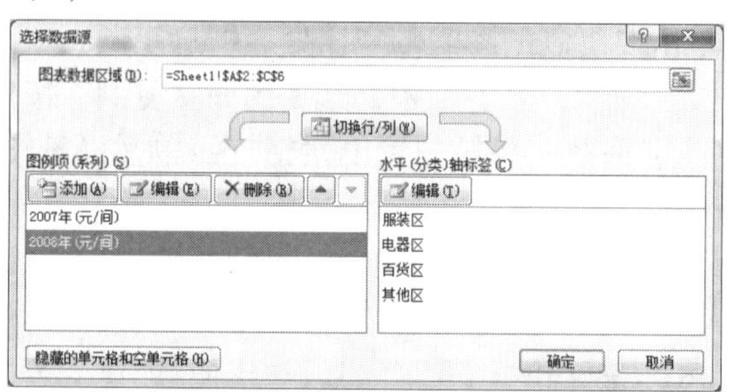

图3-103 “选择数据源”对话框

第3步，在“选择数据源”对话框中进行数据系列（或称图例项）添加或删除操作。

删除系列（图例项）操作，例如，删除“2008年（元/间）”的操作如下：

首先，在左侧“图例项（系列）”列表框中鼠标左键单击待删除的系列名称，此次操作的系列为“2008年（元/间）”，再单击列表框上方的“删除”按钮。

添加系列（图例项）操作，例如，添加D2:D6作为新的数据系列的操作如下：

首先，单击左侧“图例项（系列）”列表框上方的“添加”按钮，出现图3-104所示的“编辑数据系列”对话框，用鼠标左键单击“系列名称”文本框，让文本框出现插入符，再用鼠标选定区域D2:D6，最后单击“确定”按钮。

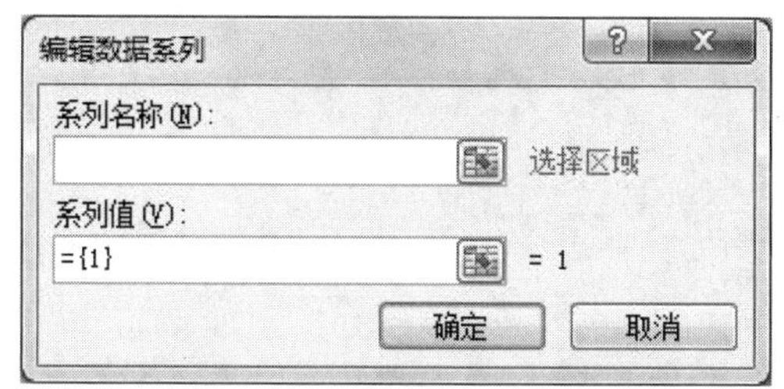

图3-104　“编辑数据系列”对话框

（4）图表坐标轴和网格线的设置

图表的坐标轴的相关设置，比如总坐标轴的刻度、方向等，这些设置需要完成如下的操作：

第1步，选定图表；

第2步，单击“布局”选项卡→“坐标轴”选项组→“坐标轴”按钮，出现的下拉菜单中选择“主要横坐标”或者“主要纵坐标”，再在出现的级联菜单中选择对应的菜单项，进行相应的坐标轴设置。

图表的网格线设置的具体操作如下：

第1步，选定图表；

第2步，单击“布局”选项卡→“坐标轴”选项组→“网格线”按钮，出现的下拉菜单中选择“主要横网格线”或者“主要纵网格线”，再在出现的级联菜单中选择对应的菜单项，进行相应的网格线设置。

（5）图表对象标签的设置

图表中有很多标签，比如图表标题、坐标轴标题、图例标签等，用户可以根据需要添加标题标签，并为它们设置位置。具体操作如下：

第1步，选定图表；

第2步，单击“布局”选项卡→“标签”选项组中对应的按钮，完成标题文本、位置的设置。

（6）图表对象的格式化

图表对象的格式化是指对图表中各对象的格式设置，包括文字和数值的格式、字体、字号、颜色、坐标轴、网格线、绘图区底纹、图表区边线和图例等设置。

设置格式的方法比较多，此处介绍的是使用快捷菜单的方法。例如，此处要修改图例项的字体，具体操作如下：

第1步，选定图表中操作的对象。例如，此处操作先选定图表，再左键单击图例区，最后左键单击图例项，选定对象后对象四周出现控制柄。

第2步，在选定的对象上右键单击，出现图3-105所示的快捷菜单，如果设置字体，则选择“字体”菜单项；如果设置图例的填充色，则选择“设置图例项格式”菜单项。

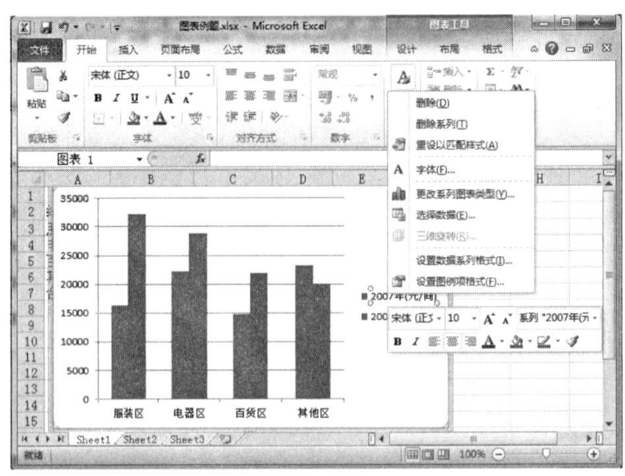

图3-105　图例项的快捷菜单

3.3.5　数据管理与分析

1. 数据清单

在Excel中，数据清单也称为数据列表，是一个由单元格构成的连续的矩形区域。数据清单中的每行称为一条记录，每列称为一个字段，每列的标题称为字段名。数据清单有助于对大量数据进行分析处理。数据清单需要满足下列条件：

- 第一行是表头，要求由若干个字段名（即列标题）组成；
- 每一行（除标题行外）为一条记录；
- 数据清单中没有空行或空列；
- 每一列为相同的数据类型。

在工作表中，如果除了数据清单外还有其他数据，那么这个数据清单与其他数据之间至少要有一个空行或空列；

一个工作表中最好只建立一个数据清单，便于数据清单的处理。

2. 数据排序

在实际使用时，有时需要将工作表中数据以行为单位，按照其中一列或几列的数据值进行排序。 只按一列数据值排序称作单关键字排序，按多列数据值的排序称作多关键字排序。以下介绍一种通用方法，既适用于单关键字排序，又适用于多关键字排序。

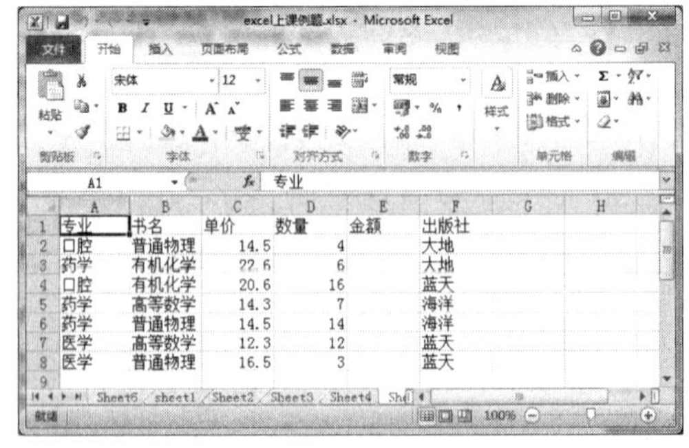

专业	书名	单价	数量	金额	出版社
口腔	普通物理	14.5	4		大地
药学	有机化学	22.6	6		大地
口腔	有机化学	20.6	16		蓝天
药学	高等数学	14.3	7		海洋
药学	普通物理	14.5	14		海洋
医学	高等数学	12.3	12		蓝天
医学	普通物理	16.5	3		蓝天

图3-106　待排序的工作表

例如，对图3–106所示的工作表中的区域A1:F8按“出版社”升序排序，具体操作如下：

第1步，选定要排序的区域，此处选定A1:F8；

第2步，单击“数据”选项卡→“排序和筛选”选项组→“排序”按钮，出现图3–107所示的“排序”对话框。

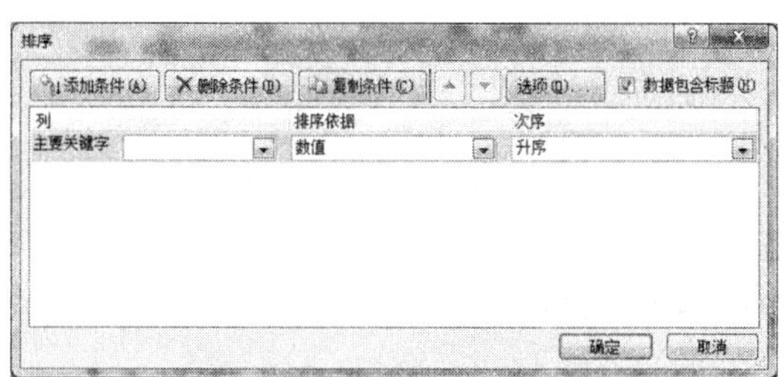

图3–107　“排序”对话框

第3步，当单关键字排序时，只需在“排序”对话框中设置主要关键字，设置排序依据及其次序，设置完成后单击“确定”按钮。此处，在主要关键字下拉列表框中选择“出版社”，排序依据为“数值”，次序为“升序”，排序结果为图3–108所示。

	A	B	C	D	E	F
1	专业	书名	单价	数量	金额	出版社
2	口腔	普通物理	14.5	4		大地
3	药学	有机化学	22.6	6		大地
4	药学	高等数学	14.3	7		海洋
5	药学	普通物理	14.5	14		海洋
6	口腔	有机化学	20.6	16		蓝天
7	医学	高等数学	12.3	12		蓝天
8	医学	普通物理	16.5	3		蓝天

图3–108　单关键字排序结果

此处文字默认是按“字母”顺序，若要修改为“笔划”顺序，则单击对话框中的“选项...”按钮，出现图3–109所示的“排序选项”对话框，进行设置并确定。

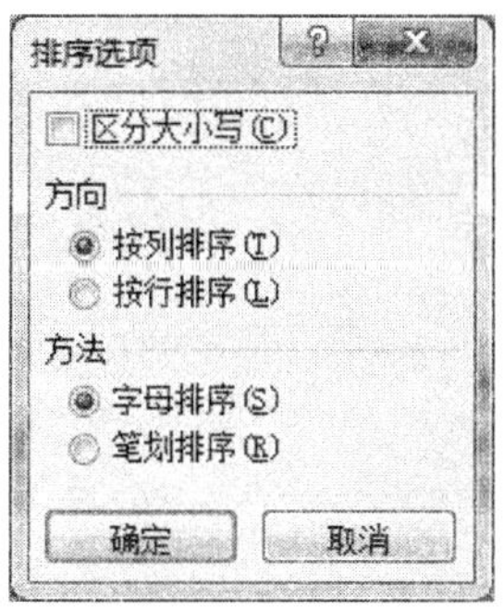

图3–109　“排序选项”对话框

细心的读者会发现图3–109所示的对话框中可以设置按列排序，也可以设置按行排序。

此次操作如果要求按“出版社”升序排序，当出版社相同时要求按“书名”升序排序，则排序的主要关键字是出版社，次要关键字是书名。那么，与上述单关键字排序唯一不同就在于第3步，需要设置主要关键字和次要关键字，次要关键字的添加是在图3–107所示的“排序”对话框中单击“添加条件”按钮，再完成次要关键字设置。排序设置的结果如图3–110所示。

图3–110　多关键字排序的“排序选项”对话框的设置

3. 数据筛选

用户在查看数据表或者打印数据表时，可能只需要查看或显示满足特定条件的记录，不满足条件的记录需要隐藏起来，这就需要自动筛选功能。例如，图3–111中显示的数据列表A1:D30，要求只显示“A班跳高和三级跳远的成绩”。首先，对要求进行分析，得出筛选的字段名即列标题名，例子中需要筛选的字段名“班级”和“项目”，再进行自动筛选的如下操作：

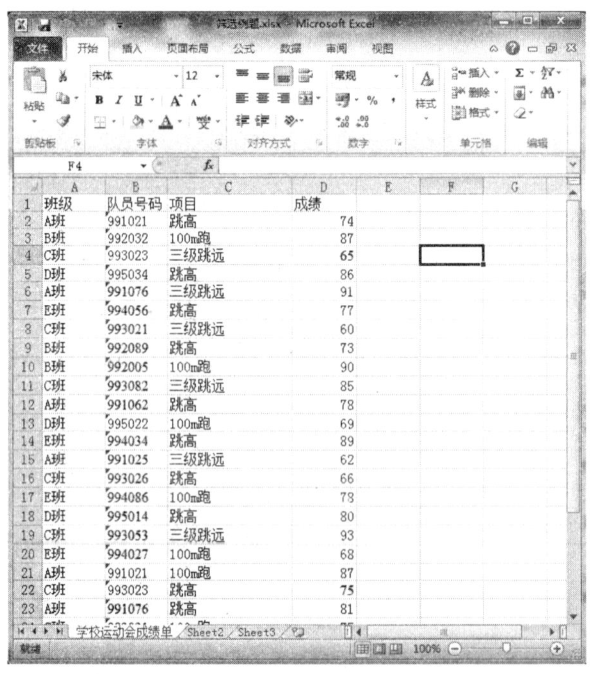

	A	B	C	D
1	班级	队员号码	项目	成绩
2	A班	991021	跳高	74
3	B班	992032	100m跑	87
4	C班	993023	三级跳远	65
5	D班	995034	跳高	86
6	A班	991076	三级跳远	91
7	E班	994056	跳高	77
8	C班	993021	三级跳远	60
9	B班	992089	跳高	73
10	B班	992005	100m跑	90
11	C班	993082	三级跳远	85
12	A班	991062	跳高	78
13	D班	995022	100m跑	69
14	E班	994034	跳高	89
15	A班	991025	三级跳远	62
16	C班	993026	跳高	66
17	E班	994086	100m跑	78
18	D班	995014	跳高	80
19	C班	993053	三级跳远	93
20	E班	994027	100m跑	68
21	A班	991021	100m跑	87
22	C班	993023	跳高	75
23	A班	991076	跳高	81

图3–111　待进行数据筛选的工作表

第1步，选定数据列表，此处选定A1:D30；

第2步，单击“数据”选项卡→“排序和筛选”选项组→“筛选”按钮，这时，数据列表的首行即字段名后出现下拉按钮，如图3–112所示。

第3步，单击筛选字段的字段名后的下拉按钮，在出现的下拉菜单中选择“文本筛选”或者“数字筛选”，出现图3–113所示的级联菜单，依据筛选条件进行菜单项的选择。对于本例，单击字段名“班级”后的下拉按钮，在出现的下拉菜单中选择“文本筛选”→“等于...”菜单项，出现图3–114所示的对话框，在对话框中“等于”右侧的下拉列表框中选择“A班”；再单击字段名“项目”后的下拉按钮，在出现的下拉菜单中选择“文本筛选”→“等于...”菜单项，出现项目的“自定义筛选”的对话框，要求“项目”筛选为“跳高或三级跳远”，在对话框中作图3–115所示的设置。

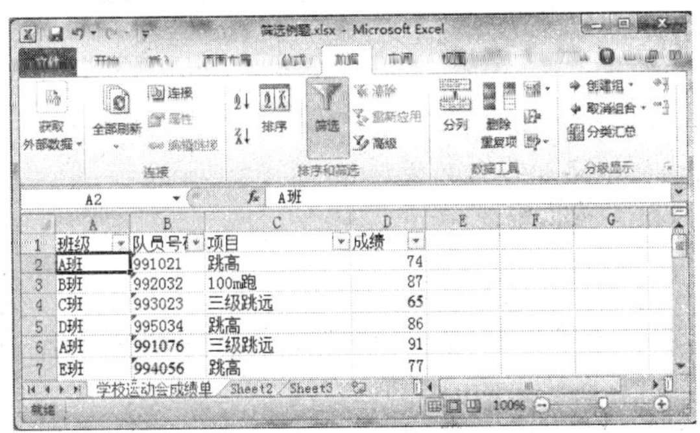

图3–112　数据自动筛选的工作表

图3–113　文本筛选的级联菜单

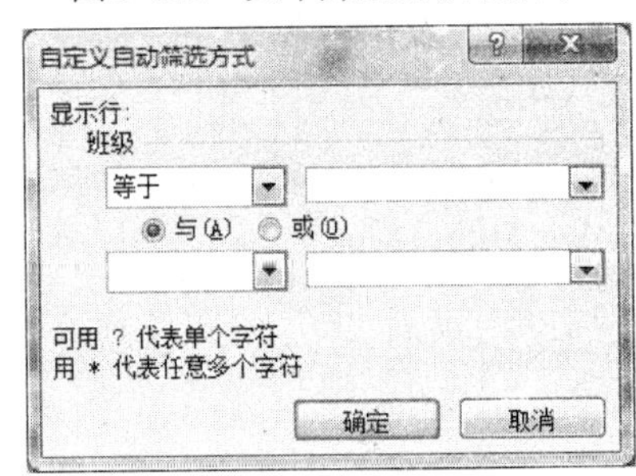

图3–114　“自定义自动筛选方式”对话框

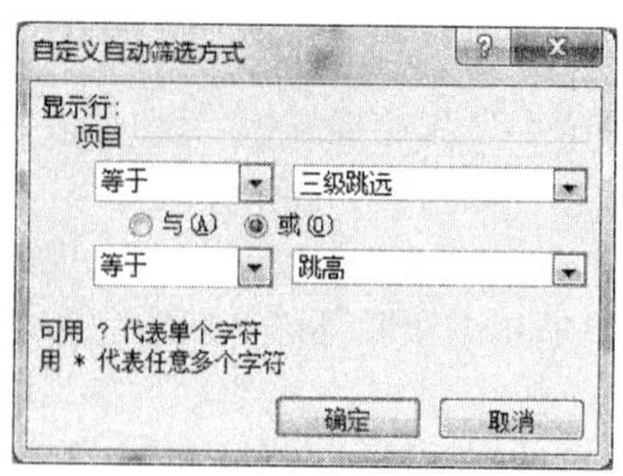

图3-115 “项目”筛选条件设置

如果想取消自动筛选功能，选定数据表中的任意单元格，再单击“数据”选项卡→“排序和筛选”选项组→“筛选”按钮，此时自动筛选就取消了。

4. 分类汇总

在数据的统计分析中，分类汇总就是将同类数据进行汇总，对这些同类数据进行求和、求均值、计数、求最大值、求最小值等运算。分类汇总时首先要确定分类字段，再按分类字段对数据列表排序。例如，图3-111中的工作表要求按班级对成绩进行求均值运算，具体操作步骤如下：

第1步，依据要求分析，得出分类字段。例题中分类字段（字段即列标题）为“班级”。

第2步，选定数据列表，按分类字段进行排序，排序可以升序，也可以降序。图3-116显示的是例题数据按班级升序排序的结果。

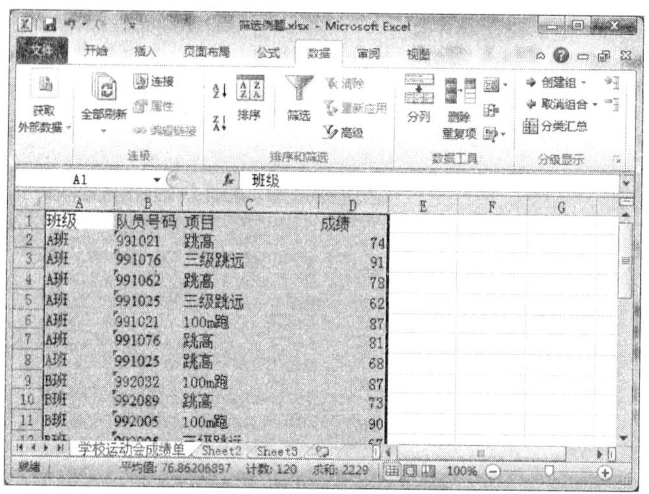

图3-116 字段“班级”升序排序

第3步，确保数据列表区域被选定后，单击“数据”选项卡→“分级显示”选项组→“分类汇总”按钮，出现图3-117所示的“分类汇总”对话框。

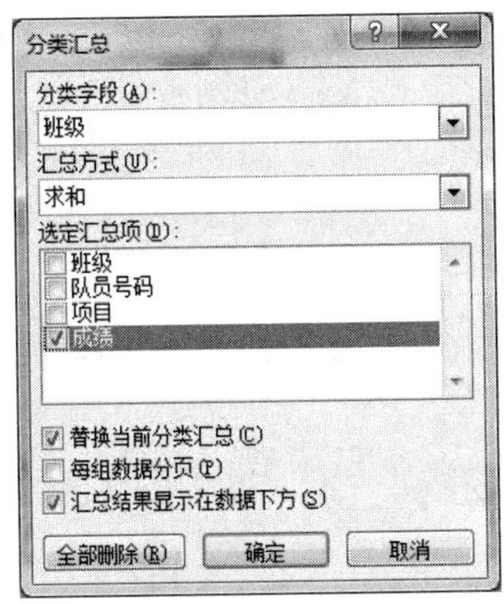

图3-117　“分类汇总”对话框

第4步，在分类对话框中设置汇总方式、汇总项等，例题中，汇总方式为“平均值”，汇总项为“成绩”，分类汇总的结果见图3-118。

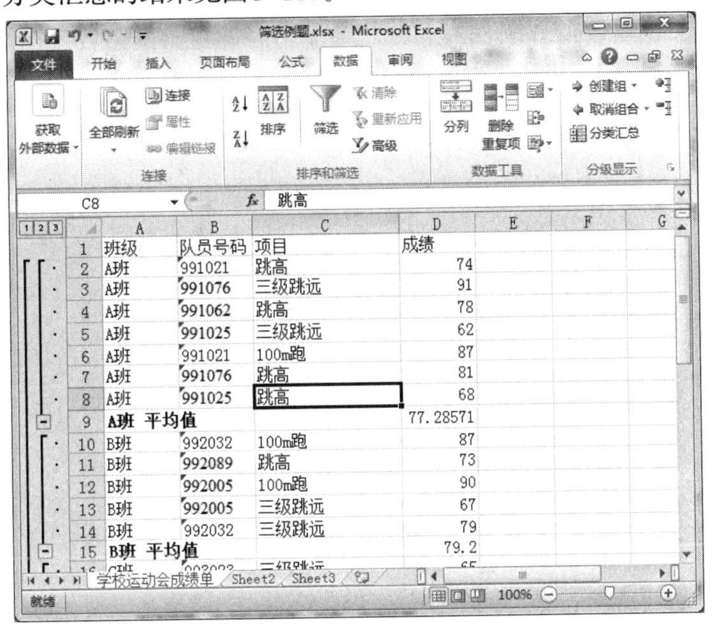

图3-118　按班级对成绩汇总各班平均值

要取消分类汇总，首先选定汇总列表中某个单元格，单击“数据”选项卡→“分级显示”选项组→“分类汇总”按钮，出现图3-117所示的“分类汇总”对话框，在“分类汇总”对话框中选择“全部删除”按钮。

5. 数据透视表

分类汇总适用于按单个字段进行分类，对另外的一个或多个字段进行汇总运算；而数据透视表可按多个字段进行分类并汇总，重新组织数据列表中的数据，突出显示信息，有助于用户从不同的角度分析数据。

（1）数据透视表的建立

例如，图3-111中的工作表创建透视表的具体操作如下：

第1步，选定数据列表区域；

第2步，单击“插入”选项卡→“表格”选项组→“数据透视表”按钮，弹出如图3-119所示的“创建数据透视表”对话框。

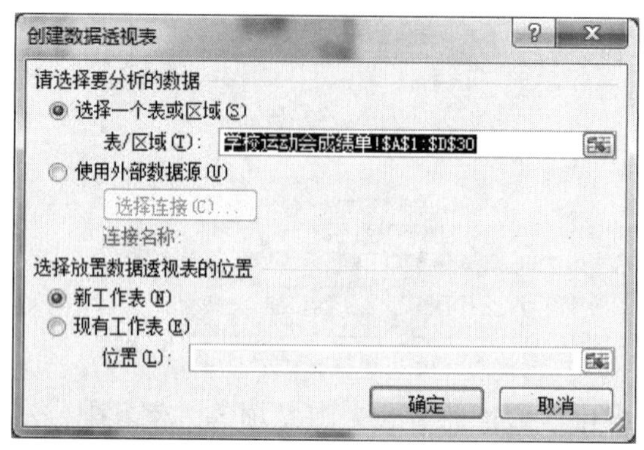

图3-119　“创建数据透视表”对话框

第3步，设置“创建数据透视表” 对话框，单击“确定”按钮后，在工作簿中出现一张新的工作表，并在工作表中出现“数据透视表区域”和“数据库透视表字段列表”窗格，如图3-120所示。此处对话框的设置如图3-119所示。

图3-120　“数据透视表”设置效果图

第4步，在“数据库透视表字段列表”窗格中，将列表框中的字段根据需要拖拽到下方的“报表筛选”、“列标签”、“行标签”和“Σ数值”框内。例如，要求能按“项目”字段筛选，行标签为“队员号码”，列标签为“班级”，Σ数值为“成绩总和”，结果见图3-121。

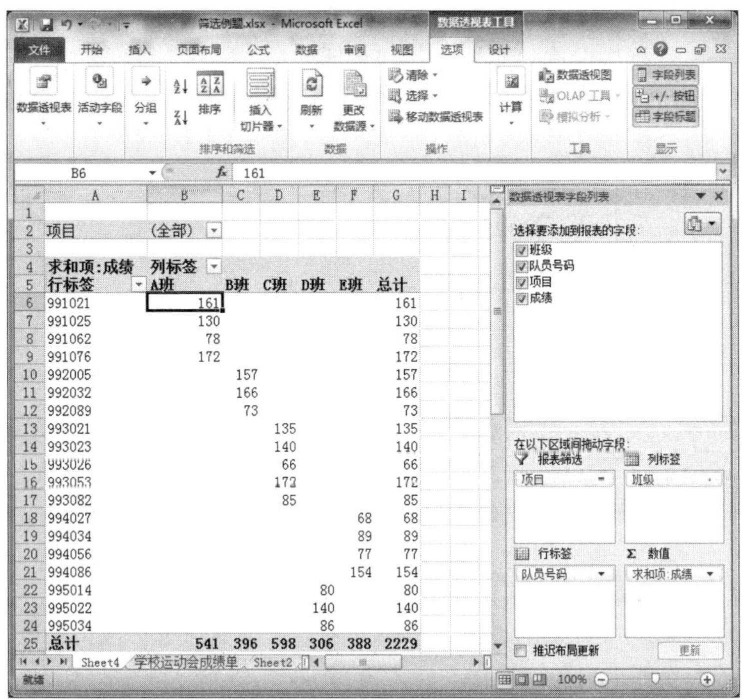

项目	(全部)					
求和项:成绩	列标签					
行标签	A班	B班	C班	D班	E班	总计
991021	161					161
991025	130					130
991062	78					78
991076	172					172
992005		157				157
992032		166				166
992089		73				73
993021			135			135
993023			140			140
993026			66			66
993053			172			172
993082			85			85
994027					68	68
994034					89	89
994056					77	77
994086					154	154
995014				80		80
995022				140		140
995034				86		86
总计	541	396	598	306	388	2229

图3–121 “数据透视表”生成效果图

从该数据透视表中可以查看每个运动员的总得分和每个班级的总得分。

(2) 数据透视表的编辑

在建好透视表后，Excel会多了数据透视表工具的两个选项卡：“选项”和“设计”，对于数据透视表的设置主要使用这两个选项卡。

①修改数据源。当数据透视表的数据源区域需要重新选择时，操作如下：

第1步，选定数据透视表；

第2步，单击“选项”选项卡→“数据”选项组→“更改数据源”按钮，出现图3–122所示的“更改数据透视表数据源”对话框。

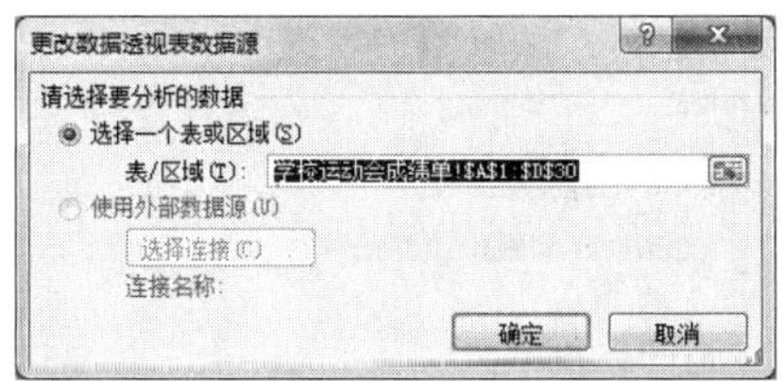

图3–122 “更改数据透视表数据源”对话框

第3步，将对话框中“表/区域”文本框中的内容都删除，并保证此文本框中有插入符后，再重新选定工作表的数据区域，最后，单击对话框中的“确定”按钮。

②修改数据透视表的位置。当数据透视表的位置需要重新设定时，操作如下：

第1步，选定数据透视表；

第2步，单击“选项”选项卡→“操作”选项组→“移动数据透视表”按钮，出现图3–123所示的“移动数据透视表”对话框。

第3步，在对话框中可以选择新工作表，如果需要在现有工作表中重新选定位置，则将对话框中“位置”文本框中的内容都删除，并保证此文本框中有插入符后，再重新选定工作表的某个单元格，此单元格位于数据透视表的左上角处，最后，单击对话框中的“确定”按钮。

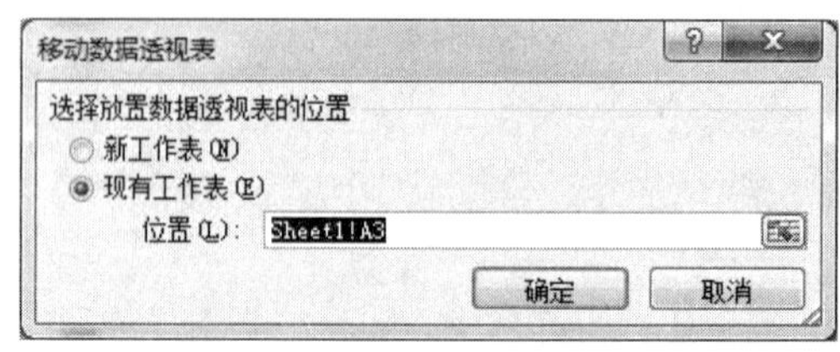

图3-123　“移动数据透视表”对话框

③数据字段显示或隐藏。在数据透视表中，“数据库透视表字段列表”窗格显示与否，可以进行如下设置：

第1步，选定数据透视表；

第2步，单击“选项”选项卡→“显示”选项组→“字段列表”按钮，若“数据库透视表字段列表”窗格原来是显示的，现在就隐藏了，反之亦然。

④数据透视表的修改。在数据透视表中，可以重新设定筛选字段，更改行标签、列标签和数值字段，具体操作如下：

第1步，选定数据透视表；

第2步，在“数据库透视表字段列表”窗格中，将列表框中的字段重新根据需要拖拽到下方的“报表筛选”、“列标签”、“行标签”和“Σ数值”框内。若将“报表筛选”、“列标签”、“行标签”和“Σ数值”框内字段往框外空白处拖动，就是删除字段。

⑤改变数值计算方式。更改数据透视表的数值计算方式，操作方法如下：

第1步，选定数据透视表；

第2步，在“数据库透视表字段列表”窗格中，在“Σ数值”框内单击字段名，出现下拉菜单，再选择“值字段设置...”菜单项，出现图3-124所示的“值字段设置”对话框。

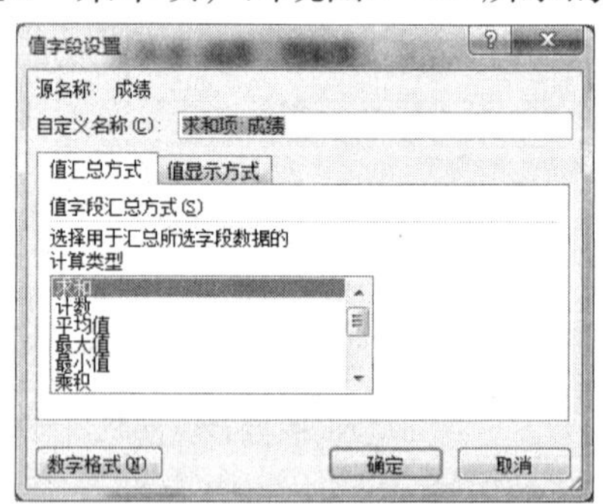

图3-124　“值字段设置”对话框

第3步，在“值字段设置”对话框中，在“计算类型”列表框内，重新选择计算类型，最后单击“确定”按钮。

3.4　演示文稿处理软件 PowerPoint 2010

PowerPoint 2010是Office 2010中一款非常流行的用来制作演讲、宣传、汇报、教学等演示资料的工具，它可以制作出集文字、图形、图像、声音、视频等多媒体对象为一体的演示文稿，并能设置动态效果，以放映的形式向观众展示。一个演示文稿是由多张幻灯片构成的，可在幻灯片上编辑文字、图形等对象。

3.4.1　幻灯片的基本操作

1. 幻灯片的视图

PowerPoint 2010提供了多种视图模式以便于用户编辑查看幻灯片，在状态栏右侧有四个视图按钮，如图3-125所示，单击其中某一个按钮，即可切换到相应的视图模式。

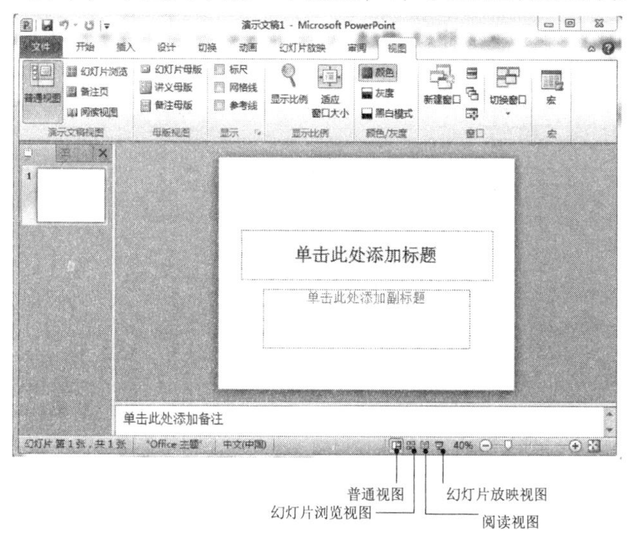

图3-125　PowerPoint视图按钮

（1）普通视图

PowerPoint启动后默认的视图模式，可以同时显示幻灯片编辑窗格、幻灯片/大纲窗格以及备注窗格。该视图模式主要用于设计演示文稿的结构及编辑当前幻灯片中的内容。

（2）幻灯片浏览视图

在幻灯片浏览视图模式下可以浏览演示文稿中的整体结构和效果，也可以改变幻灯片的版式和结构，例如设置演示文稿的背景格式，对幻灯片进行移动、复制、删除、隐藏等操作，但无法编辑幻灯片的内容。

（3）阅读视图

阅读视图主要用于浏览幻灯片的内容，演示文稿中的幻灯片按照窗口的大小进行放映显示。

（4）幻灯片放映视图

幻灯片放映视图主要用于预览幻灯片在制作完成后的放映效果，以便及时对在放映过程中不满意的地方进行修改，测试插入的动画、更改声音等效果，还可以在放映过程中标注出重点，观察每张幻灯片的切换效果等。

通常用PowerPoint作汇报时，以幻灯片放映视图方式将幻灯片内容呈现给观众。在此视图下，系统可以以全屏的方式从当前幻灯片开始放映演示文稿，在放映过程中，用户可按Esc键结束放映并退出此视图模式。

2. 编辑幻灯片

一个演示文稿是由多张幻灯片构成的，此处的编辑幻灯片是指对幻灯片进行删除、复制、移动等操作，在“幻灯片浏览”视图下可以更为方便地完成上述操作，当然普通视图模式下也可以在幻灯片窗格中完成。

（1）选择幻灯片

在普通视图的“幻灯片”窗格中如图3-126所示或幻灯片浏览视图如图3-127所示中可以进行以下操作：

选定一张幻灯片：单击某幻灯片。

选定多张连续的幻灯片：单击待选定区域的第一张幻灯片，按住键盘“Shift”键不放，再单击待选定区域的最后一张幻灯片。

选定多张不连续的幻灯片：按住键盘Ctrl键不放，单击待选定的多张幻灯片。

选定全部幻灯片：选定任意一张幻灯片后，立即按下“Ctrl+A”组合键。

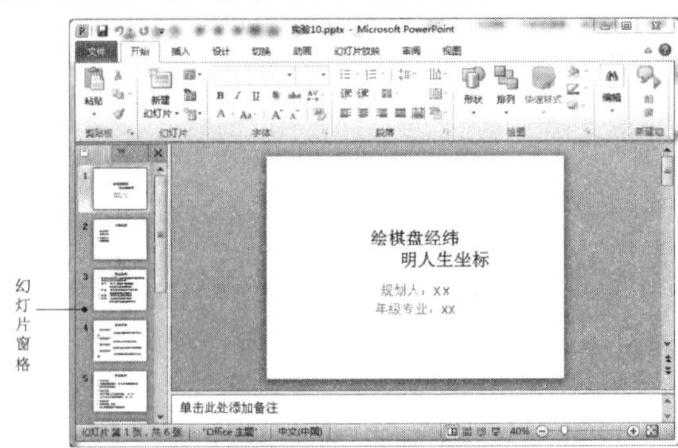

图3-126　PowerPoint普通视图的幻灯片窗格

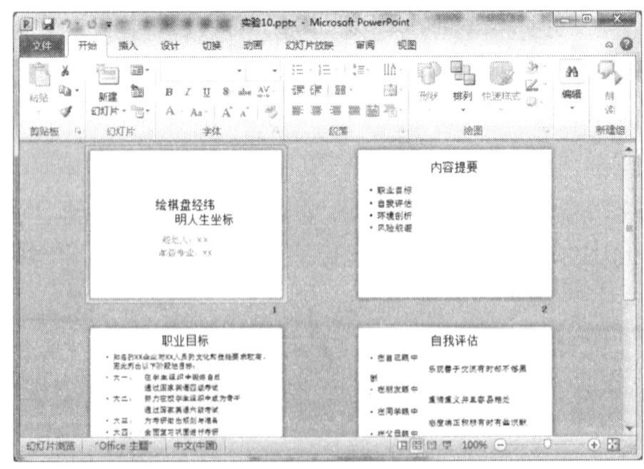

图3-127　PowerPoint幻灯片浏览视图

（2）新建幻灯片

例如，在第2张幻灯片后插入一张新的幻灯片作为第3张幻灯片，即插入位置为3，可以在普通视图的“幻灯片”窗格中或幻灯片浏览视图下进行如下操作：

第1步，选定插入位置前的一张幻灯片，此处即选中第2张幻灯片；

第2步，单击“开始”选项卡→“幻灯片”选项组→“新建幻灯片▼”按钮，出现图3-128所示的下拉菜单中，选择一种幻灯片版式，即可在第2张幻灯片后插入一张新幻灯片。

在普通视图的“幻灯片”窗格中或幻灯片浏览视图下，选中幻灯片后，立即同时按下“Ctrl”键和“M”键，则快速在选定的幻灯片后添加一张空白幻灯片。

在普通视图的“幻灯片”窗格中，选定某幻灯片，按下“Enter”键，即可在选中的幻灯片后插入一张空白幻灯片。

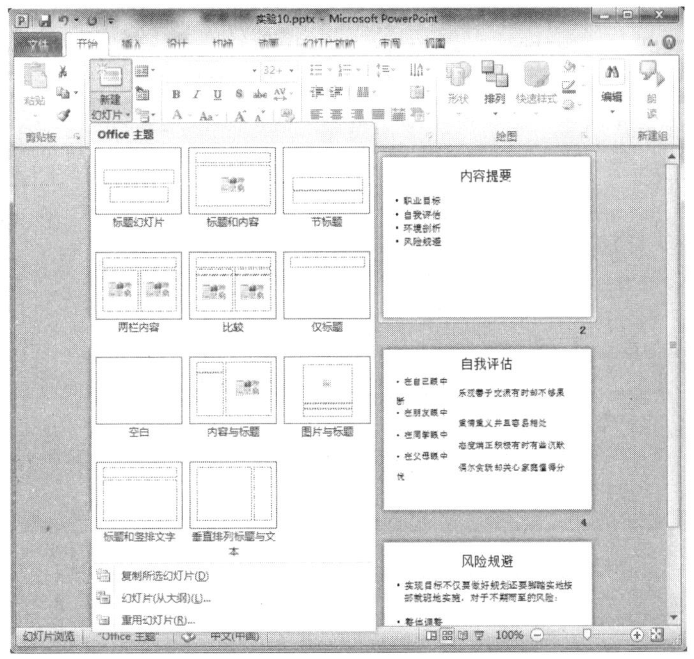

图3-128　“新建幻灯片”下拉菜单

说明：“幻灯片版式”指的是幻灯片内容在幻灯片上的排列方式。版式由占位符组成，而占位符可放置文字（例如，标题和项目符号列表）和幻灯片内容（例如，表格、图表、图片、形状和剪贴画）。

（3）幻灯片删除

在普通视图的“幻灯片”窗格中或幻灯片浏览视图下，选定要删除的幻灯片再按“Del”键即可删除，或者选定要删除的幻灯片，在选定的幻灯片上右键单击，在快捷菜单中选择“删除幻灯片”菜单项。

（4）幻灯片复制

在普通视图的“幻灯片”窗格中或幻灯片浏览视图下，要完成复制幻灯片的操作，例如，要将第2张幻灯片复制到第4张幻灯片后，具体操作步骤如下：

第1步，选定要复制的幻灯片；

第2步，单击“开始”选项卡→“剪贴板”选项组→“复制”按钮（注意不要单击“▼”按钮）；

第3步，鼠标单击复制位置，出现插入符，此例操作就是鼠标单击第4张和第5张幻灯片之间的空白处，结果如图3-129所示；

第4步，单击“开始”选项卡→“剪贴板”选项组→“粘贴▼”按钮，出现下拉菜单，可以选择“ ”按钮，则使用目标主题的样式；若选择“ ”，则保留该幻灯片原来的样式；若选择“ ”，则将原幻灯片作为图片粘贴到插入符上方的幻灯片中。

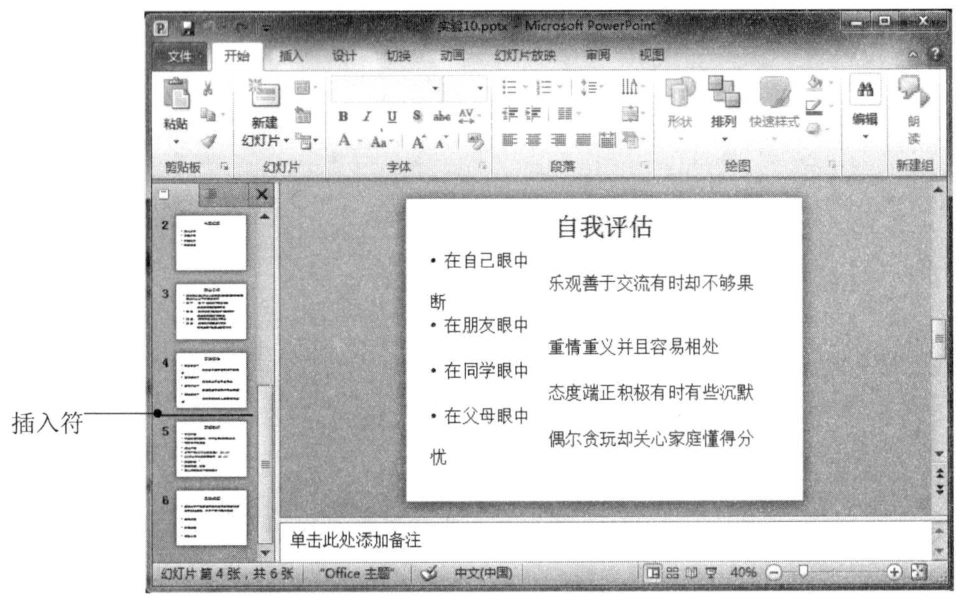

图3-129　“普通视图”下“幻灯片”窗格中的插入符

（5）幻灯片移动

幻灯片移动操作和复制操作相似，只是第2步操作更改为：单击“开始”选项卡→“剪贴板”选项组→“剪切”按钮。

3. 幻灯片中添加文字内容

在幻灯片中输入文字时，如果幻灯片中有图3-130所示的文本占位符，可以单击文本占位符，再输入文字即可。

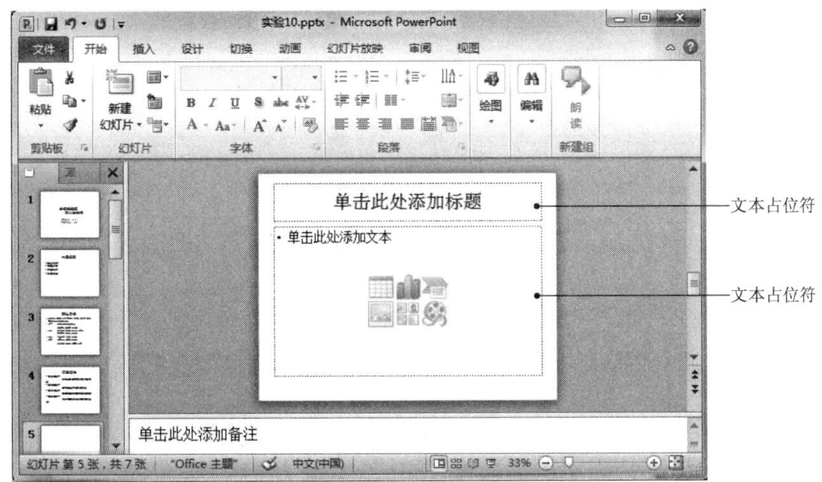

图3-130 文本占位符

如果幻灯片中没有文本占位符，可以先插入文本框，再单击文本框，输入文字即可。插入文本框的操作如下：单击“插入”选项卡→“文本”选项组→“文本框”按钮下方的“▼”按钮，在出现的下拉菜单中选择“横排文本框”或者“垂直文本框”。

4. 幻灯片中插入表格

在幻灯片中插入表格的操作如下：

第1步，选定待插入表格的幻灯片。

第2步，单击“插入”选项卡→“表格”选项组→“表格▼”按钮，在出现的下拉菜单中选择“插入表格...”、“绘制表格”和“Excel电子表格”菜单项。

如果插入的表格不需进行公式运算，可以选择“插入表格...”菜单项，出现图3-131所示的“插入表格”对话框。如果表格中需要进行公式运算，则选择“Excel电子表格”菜单项，这时就会插入嵌入的Excel表格对象，双击这个表格对象，就会进入Excel编辑状态。

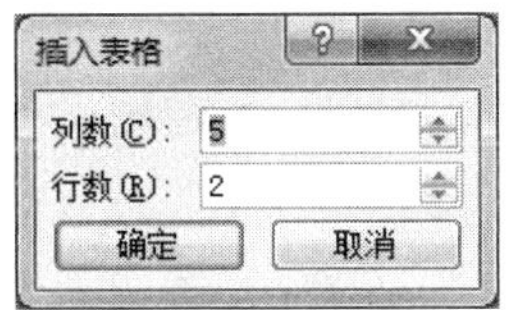

图3-131 “插入表格”对话框

5. 幻灯片中插入图表

在幻灯片中插入图表的操作如下：

第1步，选定待插入图表的幻灯片。

第2步，单击“插入”选项卡→“插图”选项组→“图表”按钮，出现图3-132所示的“插入图表”对话框。

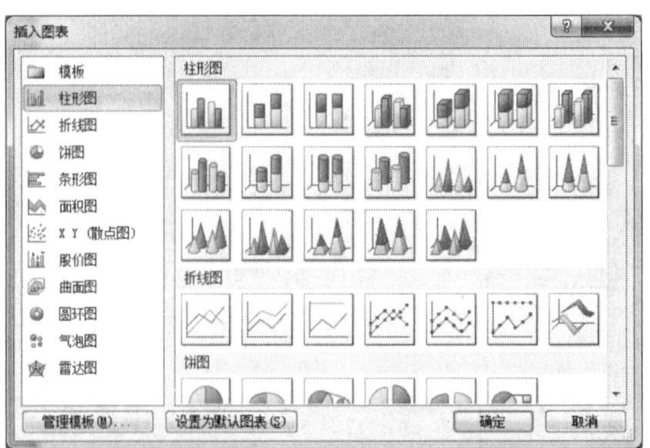

图3-132 “插入图表”对话框

在此对话框中单击“确定”按钮后，会出现如图3-133所示的Excel窗口，在此窗口中输入数据，并根据实际情况按提示调整数据源区域大小。

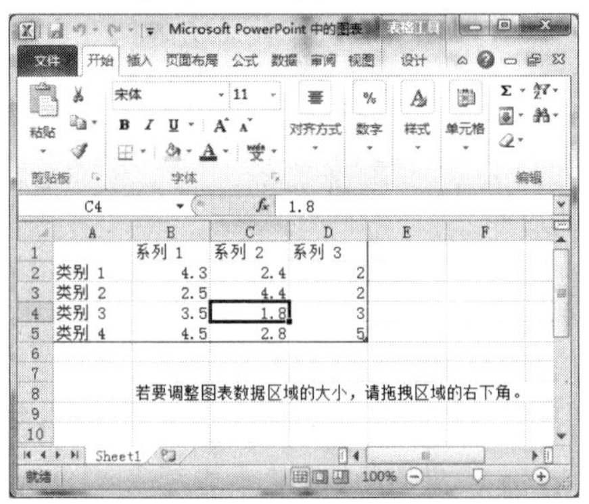

图3-133 插入图表时出现的Excel窗口

6. 幻灯片中插入图形

在幻灯片中插入图形的操作如下：

第1步，选定待插入图形的幻灯片。

第2步，单击“插入”选项卡→“插图”选项组→“形状▼”按钮，在出现的下拉菜单中选择相应的图形按钮。

7. 幻灯片中插入图像

在幻灯片中插入图像的操作如下：

第1步，选定待插入图像的幻灯片。

第2步，单击“插入”选项卡→“图像”选项组，选择相应的按钮。其中，“图片”按钮表示要插入来自文件的图片，“剪贴画”按钮表示插入Office提供的剪贴画。

3.4.2 幻灯片的美化

1. 幻灯片格式化

用户在幻灯片中输入文字内容之后，为了使幻灯片更加美观，可以对文字和段落的格式重新设置。这些格式化操作类似于Word、Excel文档格式化操作。

(1) 文字格式化

文字格式设置的操作如下：

第1步，选定文字；

第2步，单击“开始”选项卡→“字体”选项组显示如图3-134所示的按钮。有些按钮右侧有“▼”按钮，单击此按钮会出现下拉菜单，可进一步进行选择。

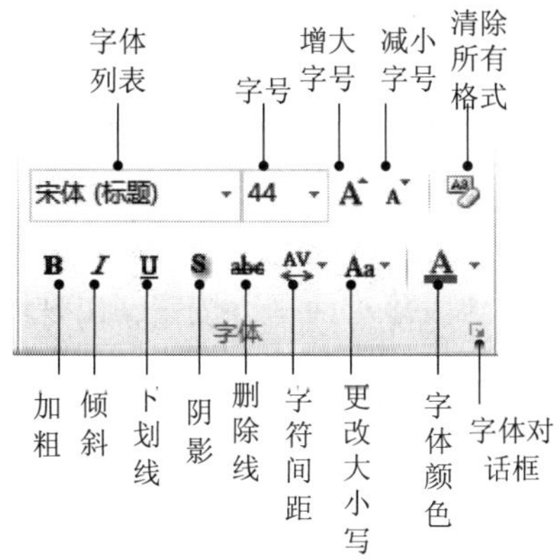

图3-134　“字体”选项组按钮

如果用户单击图3-134中的“字体对话框”按钮，出现图3-135所示的“字体”对话框。

图3-135　“字体”对话框

(2) 段落格式化

段落格式设置的操作如下：

第1步，选定需设置段落格式的段落中的文字；

第2步，单击“开始”选项卡→“段落”选项组，显示如图3-136所示的按钮。有些按钮右侧有“▼”按钮，单击此按钮会出现下拉菜单，可进一步进行选择。

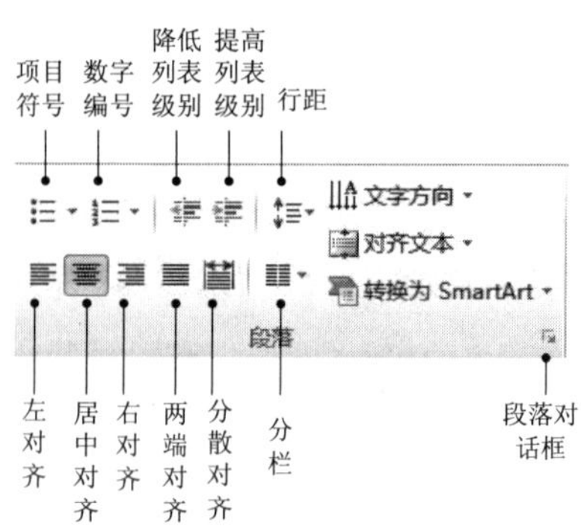

图3-136　“段落”选项组按钮

如果用户单击图3-136中的“段落对话框”按钮，出现图3-137所示的“段落”对话框。

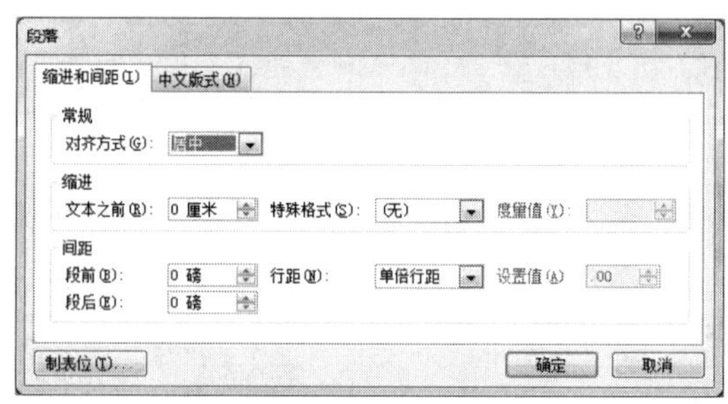

图3-137　“段落”对话框

（3）对象格式化

在PowerPoint中除了可设置文字和段落格式外，还可以对插入的文本框、图片、自选图形、表格、图表等其他对象进行设置格式操作。对象的格式设置主要是设置填充颜色、边框、阴影等。

操作方法是：选定文本框、自选图形、艺术字对象后，在窗口中会多一个“绘图工具格式”选项卡；选定图片对象后，在窗口中会多一个“图片工具格式”选项卡；选定表格对象后，在窗口中会多两个“表格工具设计”和“表格工具布局”选项卡；选定图表对象后，在窗口中会多三个“图表工具设计”、“图表工具布局”和“图表工具格式”选项卡。在上述的选项卡中选择需要的按钮。

2. 使用主题美化演示文稿

主题是一组格式的设置，包括背景、文字等颜色设置，线条、填充效果、背景效果设置，以及字体设置。用户可以使用主题快速地美化演示文稿中所选定的幻灯片。PowerPoint提供了许多主题，用户也可以根据需要修改主题，还可以网上下载主题。

具体操作步骤：

第1步，选定一张或多张幻灯片；

第2步，鼠标指向“设计”选项卡→“主题”选项组→“主题”列表框中某个主题，稍微静止会儿，在下方会出现主题的名称。

第3步，右键单击列表框中某个主题，出现如图3-138所示的快捷菜单，在快捷菜单中选择“应用于所有幻灯片”或者“应用于选定的幻灯片”菜单项。

图3-138　主题的快捷菜单

若选择“应用于所有幻灯片”菜单项，则整个演示文稿中所有幻灯片都使用当前选择的主题；若选择“应用于选定的幻灯片”菜单项，则第1步操作中选定的幻灯片使用当前选择的主题。

幻灯片若要取消设定的主题，可以为幻灯片重新设置主题，主题名为“Office主题”。

3. 修改主题

主题中的颜色主要是文本颜色、背景颜色、强调文字颜色和链接颜色，主题中的字体包含标题字体和正文字体，主题中的效果是指线条和填充效果。

（1）修改主题颜色

单击“设计”选项卡→“主题”选项组→“颜色”按钮，在出现的下拉菜单中选择某种颜色方案，也可以新建颜色方案，在下拉菜单中选择“新建主题颜色...”菜单项，出现图3-139所示的“新建主体颜色”对话框，在这个对话框中设置颜色，并给这个配色方案取名，最后单击“确定”按钮。

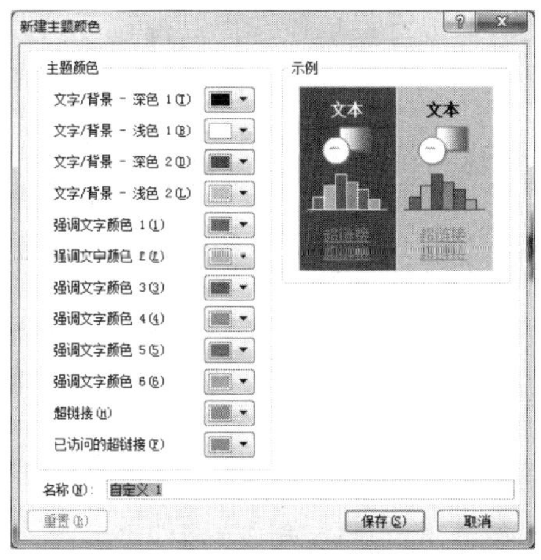

图3-139　“新建主题颜色”对话框

(2) 修改主题字体

单击“设计”选项卡→“主题”选项组→“字体”按钮，在出现的下拉菜单中选择某种字体方案，也可以新建字体方案，在下拉菜单中选择“新建主题字体...”菜单项，出现图3-140所示的“新建主体字体”对话框，在这个对话框中设置标题和文本字体，并给这个字体方案取名，最后单击“确定”按钮。

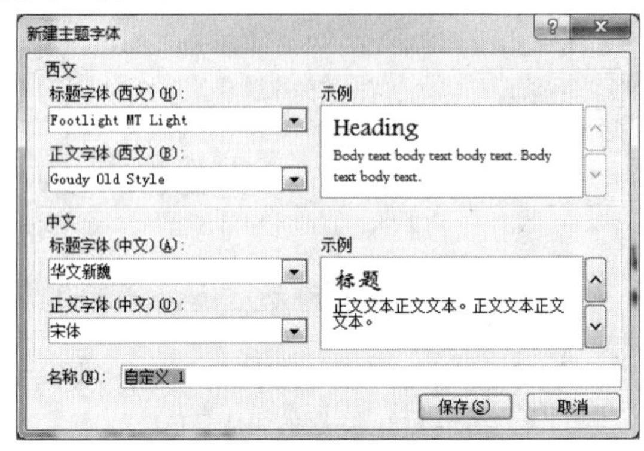

图3-140 “新建主题字体”对话框

(3) 修改主题效果

单击“设计”选项卡→“主题”选项组→“效果▼”按钮，在出现的下拉菜单中选择某种线条和填充的效果方案。

3.3.3 插入影片和声音

为了使演示文稿内容丰富多彩，需要在幻灯片中插入各种多媒体对象，例如：文本框、图片、图表、动画、声音和艺术字等。当幻灯片中插入影片或声音对象后，在幻灯片播放时就会播放影片或声音。

插入影片或声音的具体操作如下：

第1步，选定待插入影片或声音的幻灯片；

第2步，单击“插入”选项卡→“媒体”选项组→“视频”或“音频”按钮下方的“▼”按钮，在出现的下拉菜单中进行菜单项选择。视频可以选择文件中的视频、剪贴画视频或者来自网站中的视频，音频可以选择文件中的音频、剪贴画音频，还可以录制音频。

3.4.4 插入和编辑超链接

1. 创建超链接

在PowerPoint中超链接建立了幻灯片与幻灯片之间、幻灯片与网页之间以及幻灯片与其他文件之间的联系。创建超链接的对象可以是文本或图形、图片等，当浏览者单击已经链接的文字或图片后，可以打开链接的目标。设置了超链接后，代表超链接起点的文本一般会添加下划线，并且颜色为配色方案的颜色。

(1) 使用“超链接”按钮

使用“超链接”按钮创建超链接，具体操作步骤如下：

第1步，选定幻灯片，再选定待创建链接的起点对象（文本、图形、图片等）；

第2步，单击“插入”选项卡→“链接”选项组→“超链接”按钮，出现图3-141“插入超链接”对话框；或者右键单击选定的对象，出现的快捷菜单中选择“超链接”菜单项，也会出现图3-141“插入超链接”对话框。

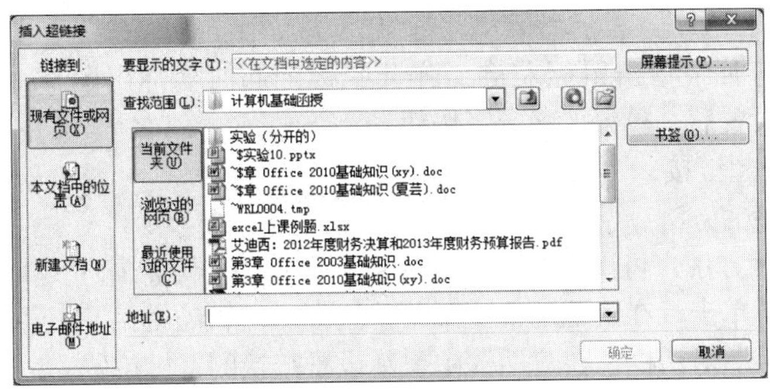

图3-141 “插入超链接”对话框

第3步，在“插入超链接”对话框中，设置链接目标位置。如果要链接到本演示文稿的其他幻灯片中，在“链接到”列表框中选择“本文档中的位置”，再选择某张幻灯片；如果要链接到其他现有文件或网页，请选择“链接到”列表框中的“现有文件或网页”，再选择文件或网址；还可以选择“链接到”列表框中其他选项设置链接目标为新建文档或电子邮件地址。

（2）使用动作设置

使用“动作”按钮创建超链接，具体操作步骤如下：

第1步，选定幻灯片，再选定待创建链接的起点对象（文本、图形、图片等）；

第2步，单击“插入”选项卡→“链接”选项组→“动作”按钮，出现图3-142“动作设置”对话框。

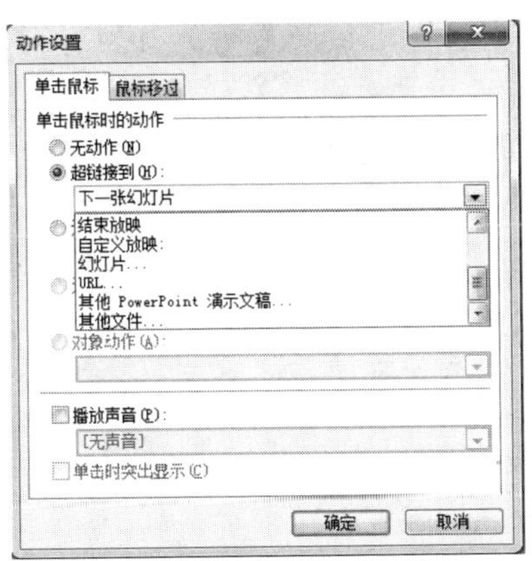

图3-142 “动作设置”对话框

第3步，在“动作设置”对话框中，设置链接目标位置。如果链接目标为其他幻灯片、文件或网页，请选择“超链接到”单选按钮，并在下拉菜单中进行相应菜单项的选择。最后单击“确定”按钮。

（3）使用动作按钮

利用“动作按钮”可以创建超链接，此时的链接起点是一个PowerPoint自带的动作按钮。具体的操作步骤如下：

第1步，选定要插入动作按钮的幻灯片。

第2步，单击“插入”选项卡→“插图”选项组→“形状”按钮，在弹出的列表中单击相应的动作按钮。

第3步，在幻灯片上单击鼠标左键，弹开鼠标的同时会弹出图3-142所示的“动作设置”对话框，进行设置后，单击“确定”按钮。

2. 编辑和删除超链接

（1）编辑超链接的方法

当超链接创建后，用户可以修改链接的目标。具体操作方法如下：鼠标左键指向待编辑的超链接对象，右键单击，在出现的快捷菜单中选择“编辑超链接...”菜单项，出现图3-143所示的“编辑超链接”对话框，在对话框中重新设置链接的目标位置。

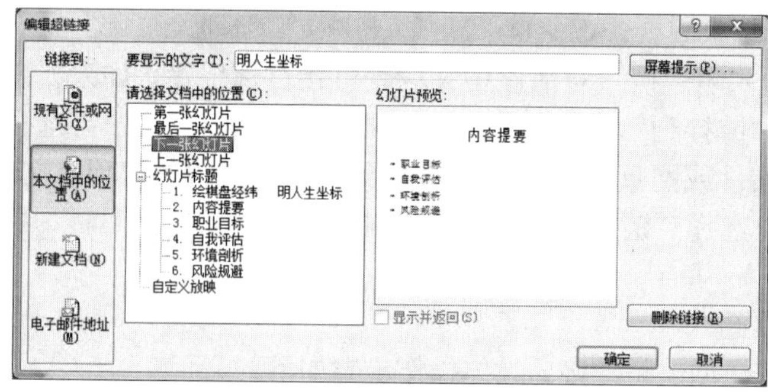

图3-143 “编辑超链接”对话框

（2）删除超链接操作方法

当超链接创建后，用户可以删除超链接。注意：此处只是删除链接，即不能实现跳转了，但是超链接的源对象（文本、图形或图片等）和目标对象不会被删除。具体操作方法如下：

方法一：鼠标左键指向待编辑的超链接对象，右键单击，在出现的快捷菜单中选择“删除超链接”菜单项。

方法二：在图3-143所示的“编辑超链接”对话框选择“删除链接”按钮。

3.4.5 幻灯片的动画制作

1. 创建动画

PowerPoint提供了动画技术，可以让幻灯片动起来，从而美化演示文稿。动画制作的操作步骤如下：

第1步，选择待设定动画显示的对象；

第2步，选择“动画”选项卡→“动画”选项组中列表框中的某个动画按钮即可完成。或者单击“动画”选项卡→“高级动画”选项组→“添加动画▼”按钮，出现图3-144所示的下拉菜单。或者单击“动画”选项卡→“动画”选项组→列表框右侧最下方的“▼”按钮，出现图3-145所示的下拉菜单。

图3-144 “添加动画”的下拉菜单

图3-145 “▿”按钮的下拉菜单

在图3-144所示的下拉菜单中，可以做如下选择：

若要使设置的对象在放映时以某种效果进入，请选择“进入”组中的某种效果选项；也可以选择“更多进入效果...”，打开“添加进入效果”对话框，再进一步进行设置。

若要使设置的对象在放映时有某种强调效果，请选择“强调”组中的某种效果选项；也可以选择“更多强调效果...”，打开“添加强调效果”对话框，再进一步进行设置。

若要使设置的对象在放映时有某种退出效果，请选择“退出”组中的某种效果选项；也可以选择“更多退出效果...”，打开“添加退出效果”对话框，再进一步进行设置。

若要使设置的对象在放映时具有沿某种路径的运动效果，请选择“动作路径”组中的某种效果选项；也可以选择“其他动作路径...”，打开“添加动作路径”对话框，再进一步进行设置。

在图3-145所示的下拉菜单中，也可以进行上述操作。

如果要取消某动画效果的设定，请先选定动画对象，再单击“动画”选项卡→“动画”选项组→动画列表框中的“无”按钮。

2. 调整动画顺序

一张幻灯片可能有多个动画，这些动画的顺序是可以调整的，调整动画顺序的方法如下：

首先，单击“动画”选项卡→“高级动画”选项组→“动画窗格”按钮，这时窗口的右侧会出现动画窗格，如图3-146所示。在动画窗格的列表框中选定某个动画，再单击重新排序中的“↑”或“↓”按钮，将该动画上移或下移一个位置。

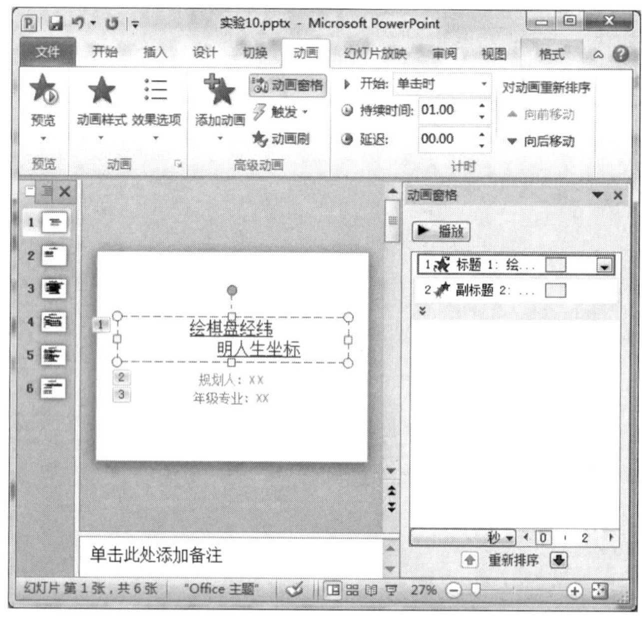

图3-146 动画窗格

3. 设置动画触发、持续时间和延迟时间

动画何时播放就称为动画的触发，动画播放的长度称为持续时间，动画的延迟是指动画经过几秒后播放。动画的触发可以是单击，也可以是与上一动画同时，还可以是上一动画之后。操作的方法如下：

首先，在动画窗格或编辑窗口中选定动画，再单击“动画”选项卡→“计时”选项组中对应的项目。

在动画窗格中：选定动画，单击动画右侧的“▼”按钮，会出现图3-147所示的下拉菜单，在此下拉菜单中选择“效果选项...”菜单项，会出现该动画设置的对话框，在这个对话框中可以设置动画效果，例如动画播放声音、动画播放后对象的颜色及其动画文字出现方式，还可以设置时间等。

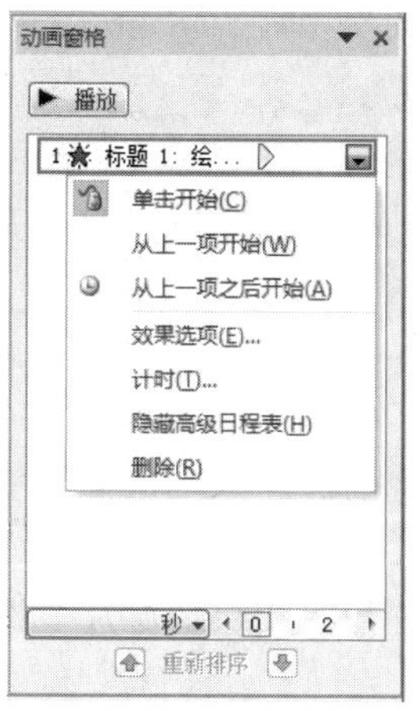

图3-147　动画窗格中某动画项的下拉菜单

4. 动画刷的使用

PowerPoint 2010中有名为“动画刷”的工具，它类似于能复制字体、段落格式的“格式刷”。“动画刷”用于将已设定的动画效果复制到其他位置，使用户可以快速制作动画。具体操作步骤为：

第1步，选中一个已设定动画的对象，且该动画是要复制的。

第2步，单击“动画”选项卡→“高级动画”选项组→“动画刷”按钮，或直接使用动画刷的快捷键“Alt+Shift+C”，这时，鼠标指针会变成带有小刷子的样式。

第3步，选定目标对象的幻灯片，在需要使用动画格式的对象上单击鼠标即可。

若多个对象使用同一种动画格式，可以双击“动画刷”按钮，再单击需要使用动画格式的多个对象即可。

3.4.6　幻灯片的切换效果

幻灯片在放映时，由一张幻灯片进入下一张幻灯片就称为幻灯片切换。为了在放映时，使得演示文稿更加具有吸引力、更具有动态性，可以在编辑幻灯片时，设置幻灯片的切换效果。设置切换效果的幻灯片，在放映时进行幻灯片切换时就有一种动画效果。具体的操作方法如下：

第1步，选定幻灯片；

第2步，选择“切换”选项卡→“切换到此幻灯片”选项组中切换动画列表框中的某个切换动画按钮即可完成。

如果此切换效果设定为应用于全部幻灯片，请单击“切换”选项卡→“计时”选项组→“全部应用”按钮。

设定切换效果动画后，还可以进一步设置例如动画的方向，单击“切换”选项卡→“切换到此幻灯片”选项组→“效果选项▼”按钮。

如果要取消某张切换效果的设定，请先选定幻灯片，再单击“切换”选项卡→“切换到此幻灯片”选项组→切换效果列表框中“无”按钮。

在“切换”选项卡→“计时”选项组中可以设置换片的方式、切换的持续时间和切换时播放的声音

3.4.7 幻灯片的放映

演示文稿最终是以放映的方式显示给观众，只有放映才能让幻灯片的动态效果显示出来。

1. 放映幻灯片

（1）从头开始放映

不管在编辑状态下选定的是哪张幻灯片，都从演示文稿的第一张幻灯片开始放映。具体操作方法如下：

单击“幻灯片放映”选项卡→“开始放映幻灯片”选项组→“从头开始”按钮，或者按下“F5”功能键。

（2）从当前幻灯片开始放映

在编辑状态下选定幻灯片，从当前选定的幻灯片开始放映。具体操作方法如下：

单击“幻灯片放映”选项卡→“开始放映幻灯片”选项组→“从当前幻灯片开始”按钮，或者按下“Shift+F5”组合键。

（3）广播幻灯片

演示者使用广播幻灯片功能可以向使用Web浏览器观看的远程观众广播幻灯片，具体操作步骤如下：

第1步，单击“文件”选项卡→“保存并发送”→“广播幻灯片”菜单项→“广播幻灯片”按钮，或单击“幻灯片放映”选项卡→“开始放映幻灯片”选项组→“广播幻灯片”按钮。

第2步，若首次广播幻灯片，在弹出的“Windows Live ID凭据”对话框中，输入正确的邮箱和密码进行注册，注册后单击“启动广播”按钮；若非首次广播，则出现图3-148所示的“广播幻灯片”对话框，直接单击“启动广播”按钮即可。

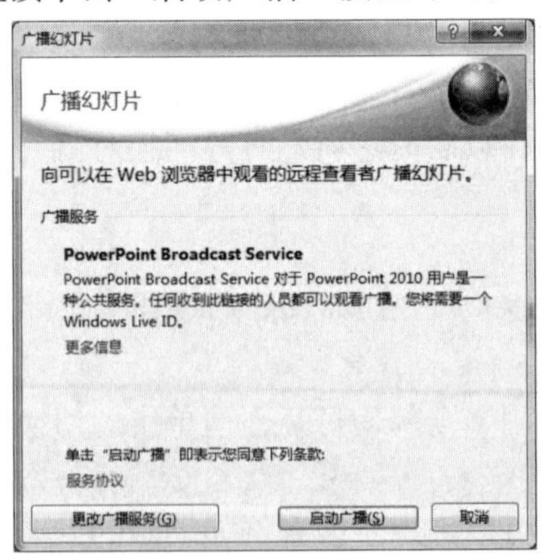

图3-148 “广播幻灯片”对话框

第3步，待启动广播完成后，在“广播幻灯片”对话框中生成“与远程查看者共享的链接”。

第4步，复制共享链接给观看者，单击“开始放映幻灯片”按钮，即可广播幻灯片。

(4) 自定义幻灯片放映

一个演示文稿中有多张幻灯片，当用户只想放映其中的一部分时，可通过“自定义幻灯片放映”功能来完成。用户可以使用此功能制作多个不同的放映版本。具体操作步骤如下：

第1步，单击“幻灯片放映”选项卡→“开始放映幻灯片”选项组→“自定义放映”按钮→“自定义放映...”命令。

第2步，在出现的如图3-149所示的“自定义放映”对话框中，单击“新建...”按钮，弹出图3-150所示的“定义自定义放映”对话框。

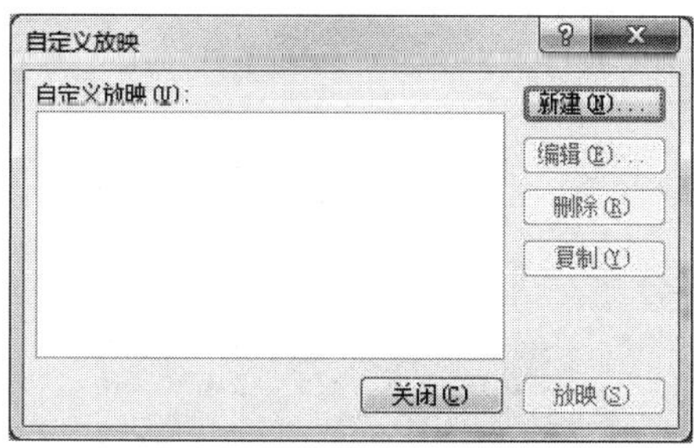

图3-149 “自定义放映”对话框

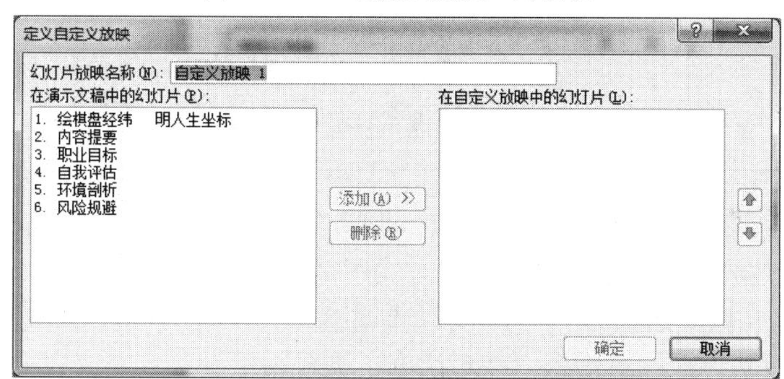

图3-150 “定义自定义放映”对话框

第3步，在“定义自定义放映”对话框中，在“幻灯片放映名称”文本框中可以输入自定义放映命名，在“在演示文稿中幻灯片”列表中选定需要播放的幻灯片后，单击“添加”按钮，将选定的幻灯片添加到“在自定义放映中的幻灯片”列表框中。

第4步，单击“确定”按钮，关闭“定义自定义放映”对话框。

第5步，返回到图3-149所示的“自定义放映”对话框，在自定义放映列表框中选定自定义放映名称，再单击“放映”按钮。

2. 排练计时

如果要自动播放演示文稿，可以在自动放映之前设计好每张幻灯片上的播放时间，这就称为排练计时。排练计时时全屏幻灯片放映，同时会进行计时。具体操作方法如下：

单击“幻灯片放映”选项卡→“设置”选项组→“排练计时”按钮，结果如图3-151所示。

图3-151　排练计时

排练计时工具栏如图3-152所示。

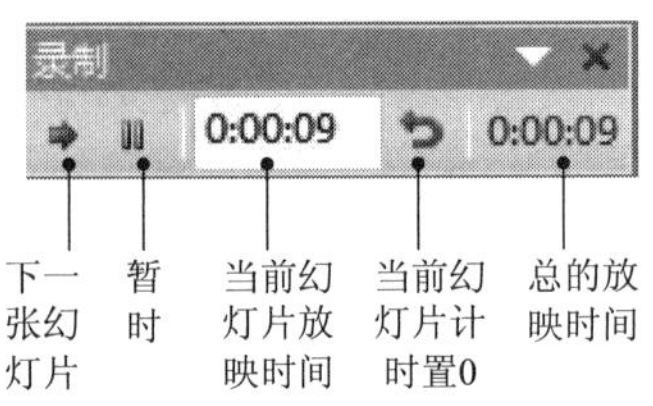

图3-152　“排练计时”工具栏

3. 设置放映方式

幻灯片放映前可以设置放映方式，例如，是以窗口形式还是以全屏形式放映幻灯片，幻灯片是全部放映还是放映部分，换片是手工方式还是使用排练计时等。具体操作方法如下：

单击“幻灯片放映”选项卡→“设置”选项组→“设置幻灯片放映”按钮，出现图3-153所示的“设置放映方式”对话框。在对话框中进行相应设置，完成后单击“确定”按钮。

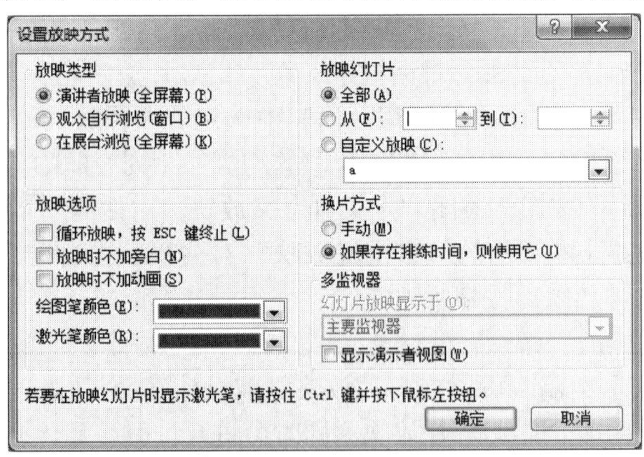

图3-153　“设置放映方式”对话框

习　题

一、单项选择题

1.在PowerPoint中，在幻灯片浏览视图下按住Ctrl键并拖动某幻灯片可以完成________操作。

（A） 移动幻灯片　　（B） 复制幻灯片

（C） 删除幻灯片　　（D） 选定幻灯片

2.Word 2010中，在文档中选取间隔的多个文本对象，按下键__________。

（A） Alt　　（B） Shift

（C） Ctrl　　（D） Ctrl+Shift

3.在Word主窗口的右上角可以同时显示的按钮是__________。

（A） 最小化、还原和最大化　　（B） 还原、最大化和关闭

（C） 最小化、还原和关闭　　（D） 还原和最大化

4.PowerPoint演示文稿的默认扩展名是________。

（A） PTTX　　（B） DOCX　　（C） XLSX　　（D） PPTX

5.在Excel中，若单元格C1中公式为=A1+B2，将其复制到E5单元格，则E5中的公式是_______。

（A） =C3+A4 （B） =C5+D6　　（C） =C3+D4　　（D） =A3+B4

6. 在Excel中，工作簿一般是由下列哪一项组成。

（A） 单元格　（B） 文字　（C） 工作表　（D） 单元格区域

7.为了避免在编辑操作过程中突然断电造成数据丢失，应_________。

（A） 在新建文档时即保存文档　　（B） 在打开文档时即做存盘操作

（C） 在编辑时每隔一段时间做一次存盘操作 （D） 在文档编辑完毕时立即保存文档

8.Excel中在单元格输入下列哪个值，该单元格显示0.3。

（A） 6/20　　（B） =6/20　　（C） "6/20"　　（D） ="6/20"

9.PowerPoint中超级链接只有在下列哪种视图中才能被激活

（A） 幻灯片视图　　（B） 大纲视图

（C） 幻灯片浏览视图　　（D） 幻灯片放映视图

10.PowerPoint中，有关幻灯片切换的说法中错误的是__________。

（A） 只有单击鼠标时才能换片　　（B） 可以设置在单击鼠标时换片

（C） 可以设置每隔一段时间自动换片　　（D） B、C两种方法可以换片

二、简答题

1.Excel的窗口由哪几部分组成？

2.简述工作簿、工作表和单元格的概念以及它们之间的关系。

3.移动和复制工作表有哪几种方法？

4.在工作表中输入数据有哪几种方法？

5.Excel提供了几种数据类型？每种数据类型都有何特点？

6.在工作表中如何复制填充数据?

7.公式中的单元格引用包括哪几种方式?

8.简述Excel中的常用函数以及在公式中插入的方法。

9.Excel中的图表包括哪几种形式?如何创建图表?

10.Excel图表中有哪些对象?如何进行格式设置?

三、操作实践题

1.新建Word文档并录入下列文字，保存并命名为“主食的故事.docx”。

主食的故事

主食通常提供了人类所需要的大部分卡路里。中国人的烹调手艺与众不同，从最平凡的一锅米饭、一个馒头，到变化万千的精致主食，都是中国人辛勤劳动、经验积累的结晶。然而，不管吃下了多少酒食菜肴，主食，永远都是中国人餐桌上最后的主角。

黄馍馍，就是用糜子面做成的馒头，是陕北人冬天最爱吃的一种主食。糜子，又叫黍，是中国北方干旱地区最主要的农作物。8000多年前，中国黄河流域开始栽培黍。

在中国，五谷始终是一个变化中的概念。大约两千年前，五谷的排序为稻、黍、稷、麦、菽。而今天，中国粮食产量的前三名已经变成稻谷、小麦和玉米。中国，从南到北，广袤的国土，自然地理的多样变化，让生活在不同地域的中国人，享受到截然不同的丰富主食。

2.打开“主食的故事.docx”文档，并继续录入下列文字，并将“主食的故事.docx”文档中所有“主食”加下划线，修改后再还原。

擀面，是中原女孩子在成为女人的成长中，必须要掌握的生活技艺。按照中国人的风俗礼仪，过生日贺寿是一定要吃面条的，中国人称为长寿面。为什么中国人过生日要吃面？面条是怎么成为中国人贺寿的象征？有一个说法是面的形状长瘦，谐音长寿。面条成为讲究讨口彩的中国人最喜欢的主食。

3.将“主食的故事.docx”文档的标题设置为隶书、加粗、三号，颜色为蓝色，加下划线，正文设置为宋体、小四号字；标题字间距加宽2磅、位置提升3磅。

4.将“主食的故事.docx”文档中第一段的首字设置为下沉3行，并将文档中“主食通常提供了人类所需要的大部分卡路里。”文字添加边框和底纹。在文档中为四个段落分别进行“首行缩进”、“左缩进”、“悬挂缩进”、“右缩进2字符”操作。

5.将“主食的故事.docx”文档中第三段落的行间距设置为1.5倍行距；文档中第三段分3栏显示；为文档中第二段落添加项目符号。

6.在“主食的故事.docx”文档中第三段落插入文本框并添加相应的文字。

7.在“主食的故事.docx”文档中插入自己喜爱的艺术字和剪贴画。

8.将“主食的故事.docx”文档中的上、下边距设置为2.5厘米，左、右边距设置为3.2厘米，纸张大小设置为B5纸；添加页眉内容为“上海世博会主题解析”，页脚内容为页码。

第4章　Office 2010实例讲解

通过第三章的学习，大家对Office 2010常用的三个组件有了一定的了解，本章通过一些实例引领大家进一步学习。

学习目标

要求学生会熟练地使用Microsoft Word 2010、Excel 2010、PowerPoint 2010等办公软件完成日常的各项工作。

重点和难点

学会综合运用Microsoft Word 2010、Excel 2010、PowerPoint 2010的各种功能实现各类具体文档处理、表格制作、演示文稿的创建及修饰。

4.1　Word 2010应用实例

4.1.1　实例1：制作成绩单

邮件合并是在Office中，将包括所有文档共有内容的Word主文档（比如未填写的信封等）和包括变化信息的数据源（填写的收件人、发件人、邮编等）合成的功能，用户可以保存、打印、通过邮件形式发送合并后的Word文档。“邮件合并”功能除了可以批量处理信函、信封等与邮件相关的文档外，还可以轻松地批量制作邀请函、名片、工资条、成绩单、通知书等。这类文档制作的数量往往比较大，而且文档内容分为固定的部分和变化的部分。例如，制作学生成绩单时，课程名是共有部分，学生的个人信息和成绩是变化的部分。

1. 实例说明

本实例是制作一份学生成绩单，成绩单不同于其他类型的文档，它往往代表学校的形象和学生的在校表现。因此，成绩单的制作不仅要美观大方，而且要大气、正规，通过成绩单可以让家长清楚了解学生的在校成绩和表现。下面就介绍制作一个普通的学生成绩单的方法。

2. 知识点分析

在这一节中，首先利用前面所学知识设计一个普通的学生成绩单，然后使用Word提供的“邮件合并”功能将数据库中的数据合并到学生成绩单中，这一合并过程将是本节重点讲述的内容。在学习本部分之前，首选要明确“邮件合并”的概念。Word的邮件合并特性可将一个主文档同一个收件人合并起来，最终生成一系列输出文档。在Microsoft Word 2010中，邮件合并过程的基本步骤为：

①建立主文档："主文档"就是所有文档固定不变的主体内容（如课程名称等）。

②准备好数据源：数据源是含有标题行、相关字段和记录内容的数据表。数据源可以是Word、Excel、Access或Outlook中的记录表。

③合并主文档和数据源：利用"邮件合并向导"或"邮件"选项卡的功能按钮将数据源中的相应字段合并到主文档的固定内容中。

所涉及的知识点概括如下：

①表格制作。

②分栏。

③页面设置。

④插入文本框、形状等对象。

⑤邮件合并。

3. 制作步骤

（1）新建一个文档

启动Word 2010，单击"文件"选项卡→"新建"命令，在弹出的"可用模板"列表中双击"空白文档"，将其保存为"学生成绩单.docx"。

（2）确定成绩单尺寸

单击"页面布局"选项卡→"页面设置"组→"页边距"按钮→"自定义边距"命令，打开"页面设置"对话框。单击"纸张"选项卡，在"纸张大小"选项区域中，将"宽度"设置为"21厘米"，"高度"设置为"15厘米"；再打开"页边距"选项卡，将"上"、"下"页边距设置为"2厘米"，"左"、"右"页边距设置为"2.5厘米"。

（3）布局设计

① 分栏。

单击"页面布局"选项卡→"页面设置"组→"分栏"按钮→"更多分栏"命令，打开"分栏"对话框，选择"两栏"，单击"确定"按钮，如图4-1所示。

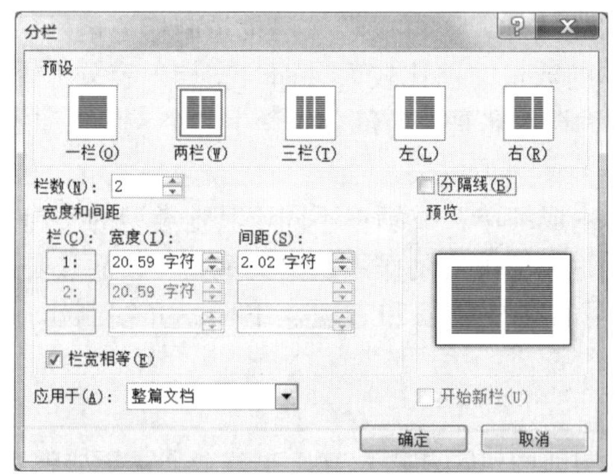

图4-1 "分栏"对话框

② 绘制表格外框线。

单击"插入"选项卡→"表格"组→"表格"按钮→"绘制表格"命令，在页面中左右两栏中分别拖动鼠标，绘制两个表格外侧框线，选中表格，单击“（表格工具）设计”选项卡→“绘图边框”组，选择边框线型为“虚线”，单击“边框”右侧“▼”按钮，在下拉菜单中选择“外侧框线”。绘制表格外框线的效果如图4–2所示。

图4–2　绘制表格框线效果

③ 设置页面边框。

单击“页面布局”选项卡→“页面背景”组→“页面边框”按钮，打开“边框和底纹”对话框，选择“页面边框”标签，在设置区域选择“方框”，在“样式”区域选择一种样式，在“宽度”区域选择“1.5磅”，如图4–3所示，单击“确定”按钮。

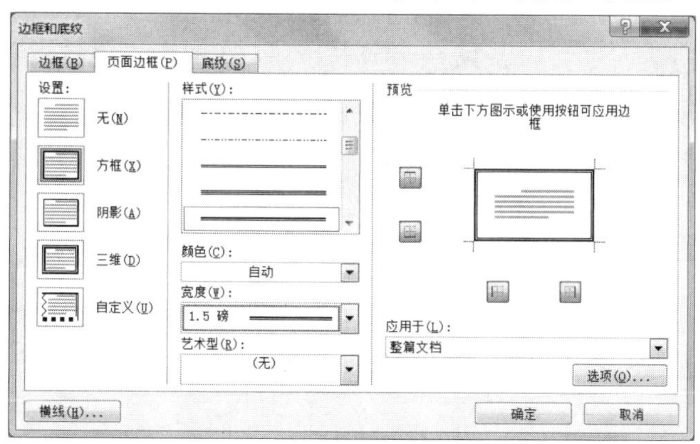

图4–3　设置页面边框

（4）制作主文档

① 制作成绩单标题。

单击“插入”选项卡→“插图”组→“形状”按钮，在弹出的形状列表中单击“星与旗帜”类的“横卷形”，鼠标形状变成“十”字形，按住左键拖动鼠标至合适大小的横卷形后放开鼠标。选定该横卷形，单击“（绘图工具）格式”选项卡→“形状样式”组→“形状填充”按钮→“渐变”命令→“其他渐变”命令，打开“设置形状格式”对话框，单击左侧“填充”按钮，在右侧“填充”区域单击“渐变填充”，在“预设颜色”下拉列表中选择“雨后初晴”，单击“关闭”按钮，如图4–4所示。单击“（绘图工具）格式”选项卡→“形状样式”组→“形状轮廓”按钮→“无轮廓”命令。

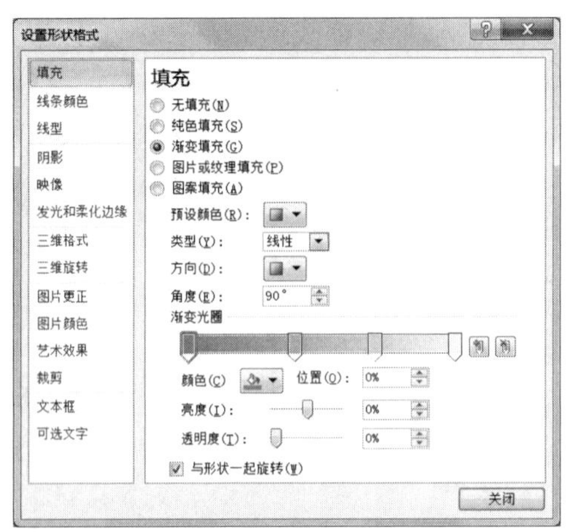

图4-4　设置形状的填充效果

然后选中横卷形，单击鼠标右键，在弹出的快捷菜单中单击“添加文字”命令，输入“XX大学XX学院学生成绩单”并设置适当的字体字号，标题的效果如图4-5所示。

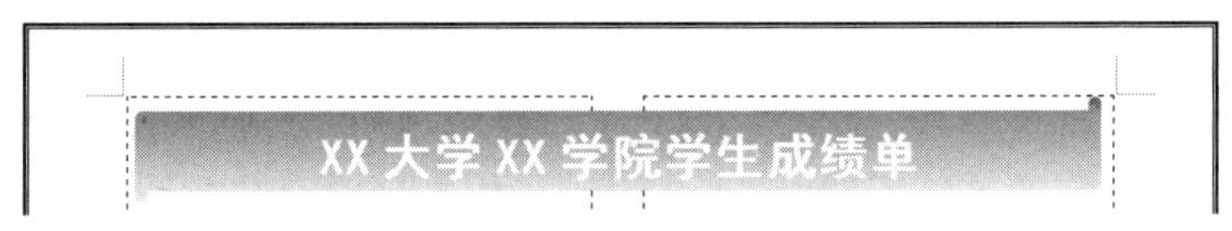

图4-5　标题效果

② 制作成绩单内容。

在左侧一栏区域单击鼠标，单击“插入”选项卡→“表格”组→“表格”按钮→“插入表格”命令，打开“插入表格”对话框，在对话框中输入列数（2）及行数（7），单击“确定”按钮，插入一个7行2列的表格并做适当调整，输入学生学号、姓名和课程名等信息，选中表格，单击“（表格工具）布局”选项卡→“对齐方式”组→“两端对齐”按钮，效果如图4-6所示。

图4-6　成绩表格效果

单击“插入”选项卡→“文本”组→“文本框”按钮→“绘制文本框”命令，在右侧一栏区域拖动鼠标在页面上绘制一个文本框，调整至合适大小，选中文本框，单击“（绘图工具）格式”选项卡→“形状样式”组→“形状轮廓”按钮→“虚线”命令→“方点”，单击“（绘图工具）格式”选项卡→“形状样式”组→“形状填充”按钮→“无填充颜色”

命令。

③ 成绩单外观修饰。

单击“页面布局”选项卡→“页面背景”组→“水印”按钮→“自定义水印”命令，打开“水印”对话框，如图4-7所示，在该对话框中选择“图片水印”，单击“选择图片”按钮，打开“插入图片”对话框，如图4-8所示，双击指定图片，然后在“水印”对话框中单击“确定”按钮，完成效果如图4-9所示。

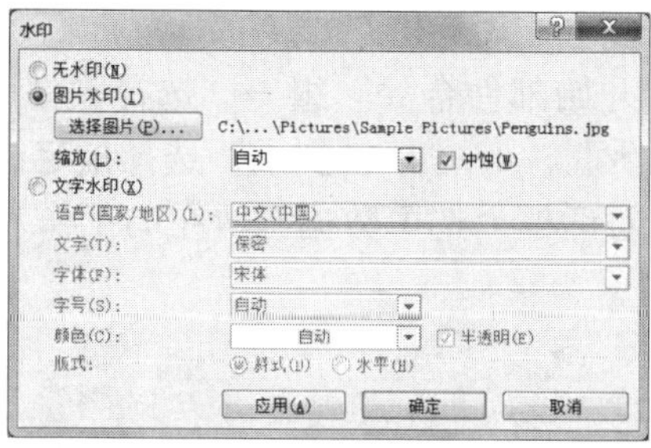

图4-7　插入图片水印

图4-8　选择水印图片

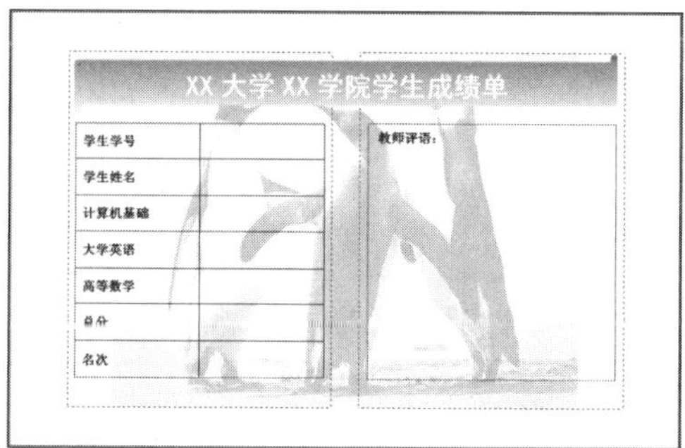

图4-9　添加文本框和水印效果

（5）邮件合并

数据源表格是一个Excel 2010文档，如图4-10所示。

	A	B	C	D	E	F	G
1	学生学号	学生姓名	计算机基础	大学英语	高等数学	总分	名次
2	101001	赵晓宝	87	95	82	264	4
3	101002	钱国亮	98	98	90	286	1
4	101003	张伟	85	76	98	259	5
5	101004	王红	89	68	79	236	7
6	101005	李阳	94	89	93	276	2
7	101006	沈宸	87	75	78	240	6
8	101007	姚多金	92	84	98	274	3
9	101008	丁峰	77	77	69	223	9
10	101009	孙小雅	82	69	76	227	8

图4-10　数据源表格

单击“邮件”选项卡→“开始邮件合并”组→“选择收件人”按钮→“使用现有列表”命令，打开“选取数据源”对话框，如图4-11所示，选择指定位置的数据源文件后单击“打开”按钮，打开“选择表格”对话框，选中数据源所在的工作表，单击“确定”按钮，如图4-12所示。

图4-11　“选取数据源”对话框

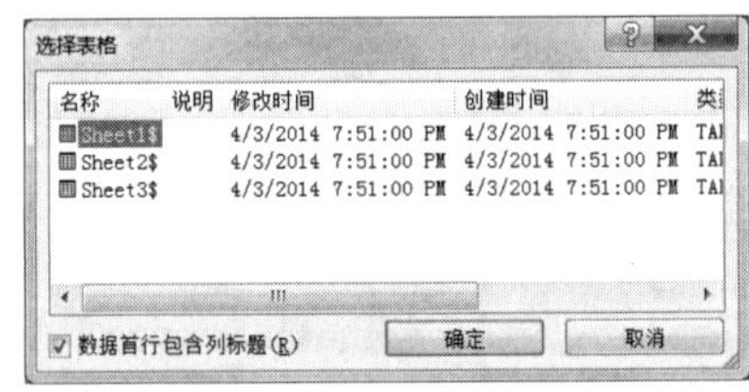

图4-12　“选择表格”对话框

单击成绩表格中需填写“学生学号”的空白单元格，单击“邮件”选项卡→“编写和插入域”组→“插入合并域”按钮，打开“插入合并域”对话框，选中“数据库域”，单击“域”列表中的“学生学号”后单击“插入”按钮，如图4-13所示。用同样的方法将其他栏目的“域”分别插入到成绩表格中。插入域后的效果如图4-14所示。

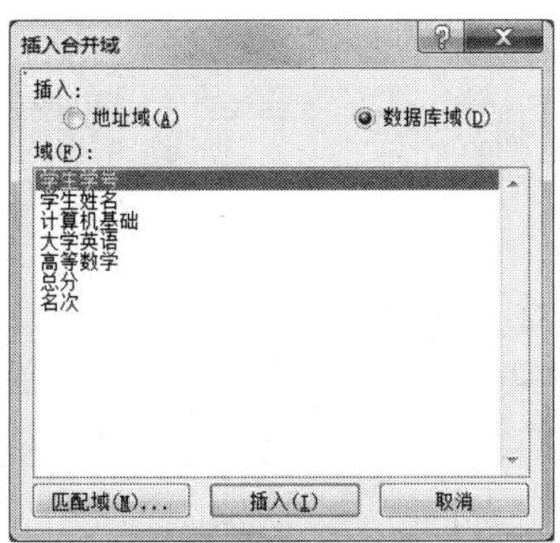

图4–13　“插入合并域”对话框

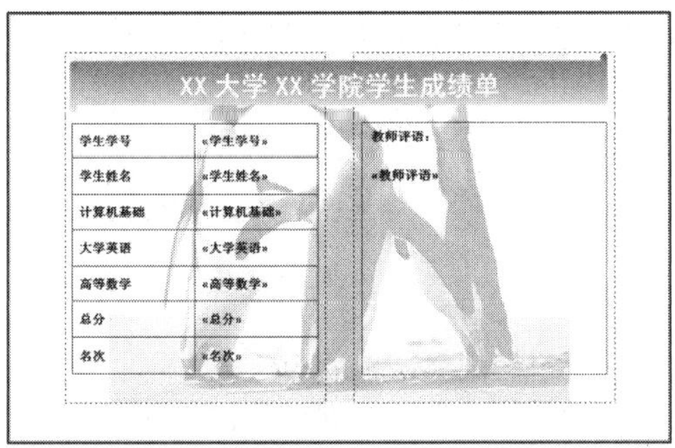

图4–14　插入域之后的效果

至此，数据源与成绩单的域链接就基本完成了。单击“邮件”选项卡→“预览结果”组→“预览结果”按钮，查看合并数据到成绩单的效果，如图4–15所示，并且通过单击“预览结果”组上的“首记录”“上一记录”“下一记录”“尾记录”按钮，可以查看每一个学生的数据。通过邮件合并的方法，现在已经将存储在Excel工作表中的数据自动链接到Word文档中了。

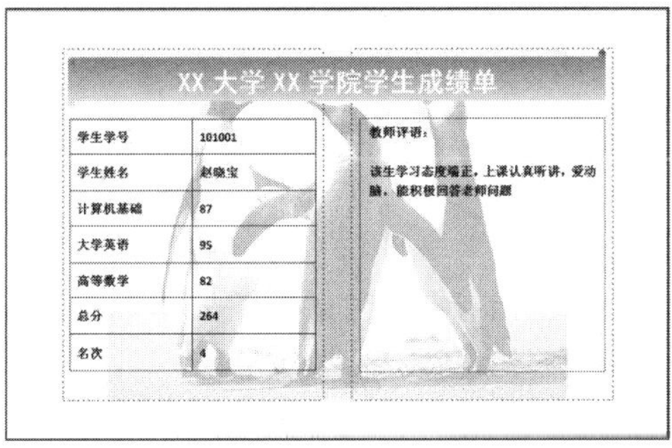

图4–15　预览结果

（6）合并到打印机

将成绩单进行了邮件合并之后，可以通过以下几种方法处理成绩单文档：

①合并到文档：单击“邮件”选项卡→“完成”组→“完成并合并”按钮→“编辑单个文档”命令，打开“合并到新文档”对话框，如图4–16所示，在“打印记录”选项区域中可以记录数目，这里采用默认选择“全部”，单击“确定”按钮，该操作将会创建一个新的文档（默认名为“信函1”），该文档包含多份自动生成的成绩单，每一份成绩单对应Excel工

作表中的一条学生记录。

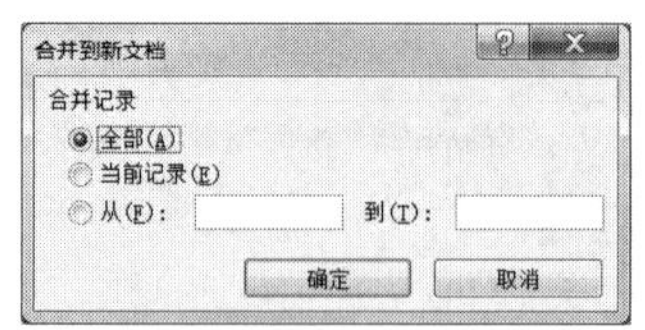

图4-16　“合并到新文档”对话框

②合并到打印机：单击“邮件”选项卡→“完成”组→“完成并合并”按钮→“打印文档”命令，打开“合并到打印机”对话框，如图4-17所示，在“打印记录”选项区域中可以指定打印的范围，这里采用默认选择“全部”，单击“确定”按钮，随即将弹出“打印”对话框，在此设置打印机的名称、打印的份数、页面范围等，单击“确定”按钮，稍后即可打印出所有的成绩单，如图4-18所示。通过打印机将所有包含了客户资料的成绩单文档打印出来，每一份对应一条记录，便于通过邮寄送达学生家长。

图4-17　“合并到打印机”对话框

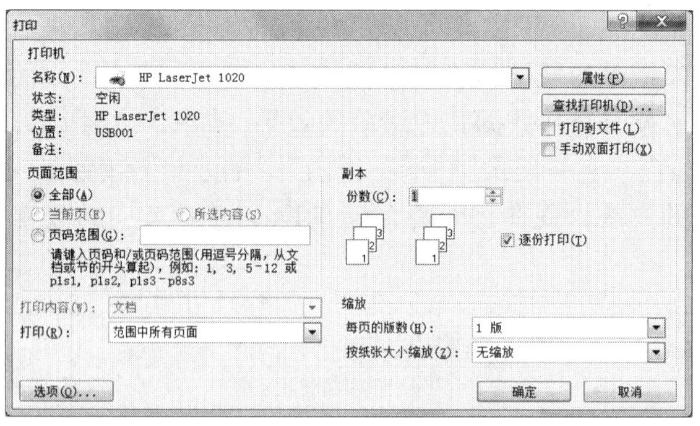

图4-18　“打印”对话框

③合并到电子邮件：单击“邮件”选项卡→“完成”组→“完成并合并”按钮→“发送电子邮件”命令，打开“合并到电子邮件”对话框，如图4-19所示，通过电子邮件发送给家长，每位家长只能看到自己孩子的成绩。

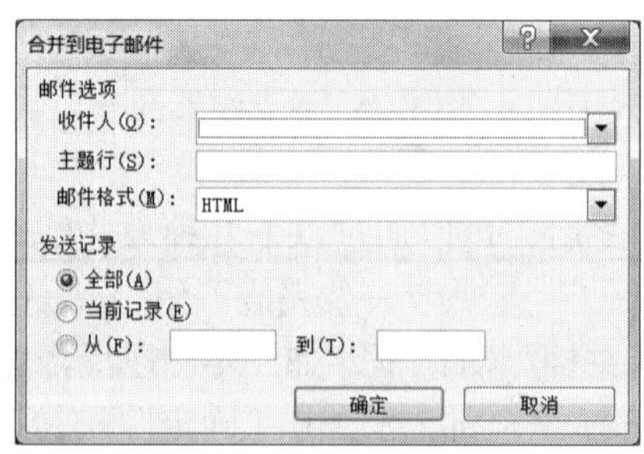

图4-19　“合并到电子邮件”对话框

4.1.2　实例2 制作电子板报

电子板报是指运用文字、图形、图像处理软件所创作的电子报纸，它的结构与印刷出来的报纸以及教室内的墙报等基本相同。提到制作电子板报，大家立即就会想到使用以Photoshop为代表的美术专业软件，但这些软件过于专业，难以快速学会。其实使用Word也可以制作出效果很好的电子板报，本节就以一个案例来介绍Word 2010在图像处理方面的功能。

对于制作板报，“引起注意、产生兴趣、采取行动”是我们的目标，只有“引起注意”，板报才能发挥作用。

1. 实例说明

本案例是以宣传低碳环保为主题的一个板报，图4-20是板报完成效果图。通过该板报可以了解环保的重要性、低碳生活的主要方式等内容。

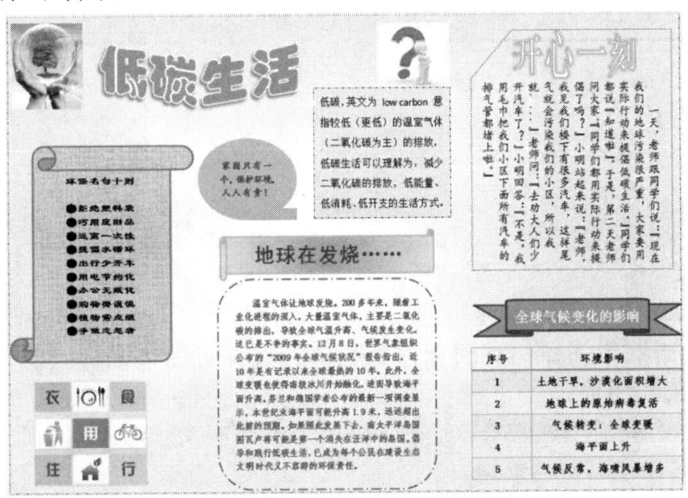

图4-20　电子板报效果图

2. 知识点分析

制作一份电子板报需要运用Word 2010的大量功能，所以前面的基础知识必须牢固掌握。制作板报时，注意保持版面清晰、图文并茂、生动活泼、重点突出。本节所涉及的知识点如下：

①页面布局与区域规划。

②形状的绘制与设置。

③文本框的插入与设置。

④艺术字的插入与设置。

⑤图片处理与图文混排技巧。

3. 制作步骤

板报需要吸引人们的目光，所以资料搜集和版面设计显得尤为重要，有了明确的主题和素材之后，咱们开始制作板报。

（1）新建一个文档

启动Word 2010，单击“文件”选项卡→“新建”命令，在弹出的“可用模板”列表中双击“空白文档”，将其保存为“电子板报.docx”。

（2）页面布局设计

①页面设置：单击“页面布局”选项卡→“页面设置”组→“页边距”按钮→“自定义边距”命令，打开“页面设置”对话框，如图4-21所示，选择“页边距”选项卡，在“纸张方向”选项区域中，单击“横向”，将“上”、“下”、“左”、“右”页边距设置为“1厘米”。

图4-21 “页面设置”对话框

②页面边框：单击“页面布局”选项卡→“页面背景”组→“页面边框”按钮，打开“边框和底纹”对话框，选择“页面边框”标签，选择页面边框样式、宽度、颜色后单击“确定”按钮，如图4-22所示。

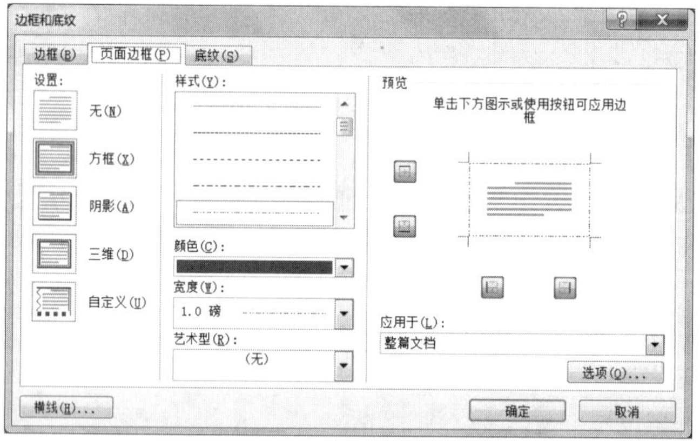

图4-22 “边框和底纹”对话框

③页面背景：单击“页面布局”选项卡→“页面背景”组→“页面颜色”按钮→“填充效果”命令，打开“填充效果”对话框，如图4-23所示，选择“渐变”标签，单击“颜色”区域的“双色”，在“颜色1”下拉列表中选白色，在“颜色2”下拉列表中选择“橄榄色，强调文字颜色3，淡色40%”，在“底纹样式”区域选择“中心辐射”，单击“确定”按钮。

图4-23　“填充效果”对话框

(3) 插入板报标题

单击“插入”选项卡→“文本”组→“艺术字”按钮，在下拉列表中单击“填充-橄榄色，强调文字颜色3，轮廓-文本2”样式，即在文档中插入了艺术字编辑框，如图4-24所示，输入“低碳生活”；单击“（绘图工具）格式”选项卡→“艺术字样式”组→“文本效果”按钮→“转换”命令→“正V形”，如图4-25所示；如图设置字体字号“华文琥珀”、“初号”，将艺术字放置在板报页面左上方。

图4-24　“艺术字”编辑框

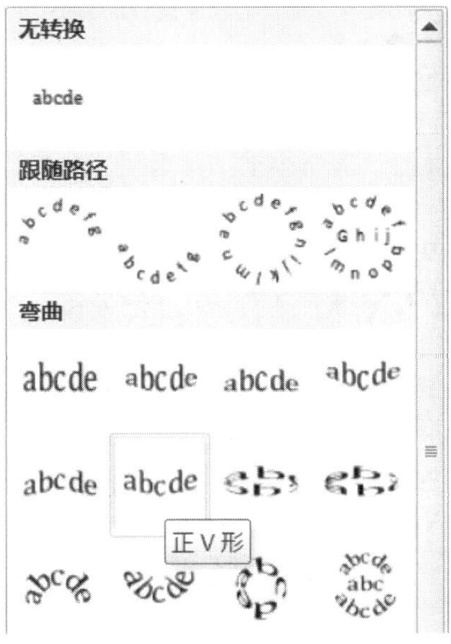

图4-25　艺术字“转换”文本效果

（4）板报内容左侧区域的制作

①插入并编辑图片1。

单击“插入”选项卡→“插图”组→“图片”按钮，打开“插入图片”对话框，选择指定位置的图片后，单击“插入”按钮，如图4-26所示。

调整插入图片的大小和位置，单击“（图片工具）格式”选项卡→“排列”组→“位置”按钮→“其他布局选项”命令，打开“布局”对话框，如图4-27所示，单击“文字环绕”选项卡，选择“环绕方式”为“紧密型”，单击“确定”按钮，在文档中选中主题图片，将其放置在左上角标题旁边。插入标题和主题图片的效果如图4-28所示。

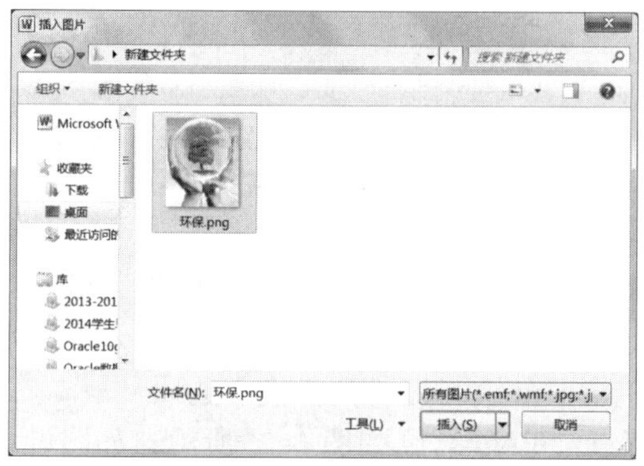

图4-26 “插入图片”对话框

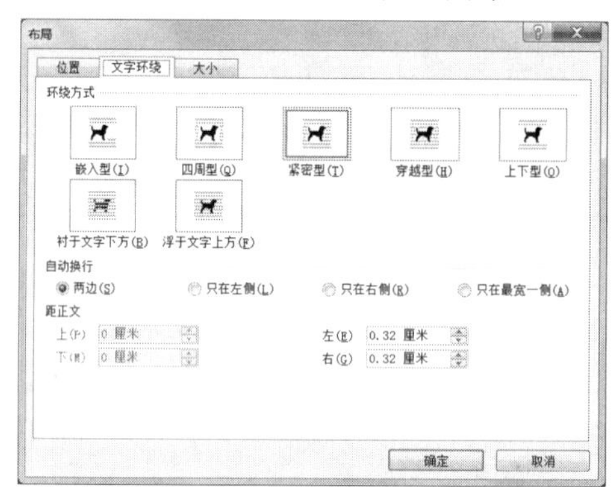

图4-27 “布局”对话框

图4-28 插入标题和主题图片的效果

②插入和编辑“竖卷形”形状

单击“插入”选项卡→“插图”组→“形状”按钮，在形状列表中，单击“星与旗帜”区域的“竖卷形”，在标题下方按住鼠标左键拖动出一个合适大小的竖卷形。

选中该竖卷形，单击“（绘图工具）格式”选项卡→“形状样式”组→“形状轮廓”按钮，在“主题颜色”区域选择“茶色，背景2，深色50%”；单击“（绘图工具）格式”选项卡→“形状样式”组→“形状填充”按钮→“纹理”命令→“画布”。

选中该竖卷形，单击鼠标右键，在快捷菜单中单击“添加文字”，在竖卷形的光标闪动位置输入“环保名句十则”的具体内容，设置字体为“黑色”、“隶书”、“小四”、“加粗”。单击“（绘图工具）格式”选项卡→“文本”组→“对齐文本”按钮→“中部对齐”。

③插入图片2。

单击“插入”选项卡→“插图”组→“图片”按钮，在打开的“插入图片”对话框中选中“衣食住行用”标志图片，插入到竖卷形下方。

板报内容左侧区域的效果如图4-29所示。

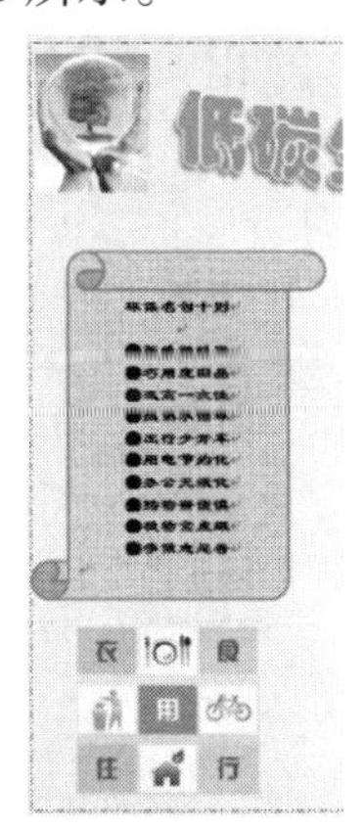

图4-29　板报内容左侧区域的效果

（5）板报内容中间区域的制作

①插入和编辑文本框。

单击“插入”选项卡→“文本”组→“文本框”按钮→“绘制文本框”命令，在板报页面上单击鼠标左键插入一个横排文本框，在光标闪动位置输入关于低碳和低碳生活概念的介绍。

选中文本框，单击“（绘图工具）格式”选项卡→“形状样式”组→“形状轮廓”按钮，在下拉菜单中选择“虚线”→“划线-点”、“粗细”→“1磅”；单击“（绘图工具）格式”选项卡→“形状样式”组→“形状填充”按钮，在“主题颜色”区域选择“橄榄色，强调文字颜色3，淡色80%”。

②插入图片。

单击“插入”选项卡→“插图”组→“图片”按钮，在打开的“插入图片”对话框中选中“?”标志图片，插入到文本框上方。

③插入“横卷形”、“圆角矩形”等形状。

单击“插入”选项卡→“插图”组→“形状”按钮，在形状列表中，单击“星与旗帜”区域的“横卷形”，在文本框下方按住鼠标左键拖动出一个合适大小的横卷形。

选中该横卷形，单击“（绘图工具）格式”选项卡→“形状样式”组→“形状轮廓”按钮，在“主题颜色”区域选择“紫色，强调文字颜色4，淡色60%”；单击“（绘图工具）格式”选项卡→“形状样式”组→“形状填充”按钮→“渐变”命令→“中心辐射”。

选中该横卷形，单击鼠标右键，在快捷菜单中单击“添加文字”，在横卷形的光标闪动位置输入文字“地球在发烧……”，设置字体为“紫色”、“黑体”、“小一”、“加粗”；单击

“（绘图工具）格式”选项卡→“文本”组→“对齐文本”按钮→“中部对齐”。

用同样的方法，在文本框左侧插入“流程图：顺序访问存储器”形状，设置“形状轮廓”→“无轮廓”；“形状填充”→“紫色，强调文字颜色4，淡色60%”；添加文字“家园只有一个，保护环境，人人有责！”，设置字体为设置字体为“紫色”、“楷体”、“五号”、“加粗”；文字“中部对齐”。

在“横卷形”下方插入“圆角矩形”形状，设置“形状轮廓”为“粗细”→“1.5磅”、“虚线”→“长划线-点”、“颜色”→“紫色，强调文字颜色4，深色25%”；“形状填充”→“无填充颜色”；添加关于“地球变暖”的相关文字介绍，设置字体为设置字体为“紫色”、“楷体”、“五号”、“加粗”；文字“中部对齐”。

板报内容中间区域的效果如图4-30所示。

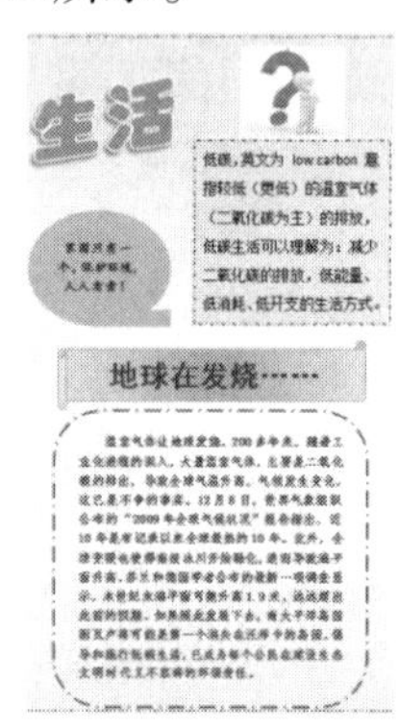

图4-30　板报内容中间区域的效果

（6）板报内容右侧区域的制作

①插入形状。

单击“插入”选项卡→“插图”组→“形状”按钮，在形状列表中，单击“流程图”区域的“流程图：卡片”，在板报右上方按住鼠标左键拖动出一个合适大小的卡片形状。

选中该卡片形状，单击“（绘图工具）格式”选项卡→“形状样式”组→“形状轮廓”按钮→“虚线”→“圆点”；单击“（绘图工具）格式”选项卡→“形状样式”组→“形状填充”按钮→“无填充颜色”。

选中该卡片形状，单击鼠标右键，在快捷菜单中单击“添加文字”，在卡片形状的光标闪动位置输入文字“地球在发烧……”，单击“（绘图工具）格式”选项卡→“文本”组→“文字方向”按钮→“垂直”，设置字体为“黑色”、“楷体”、“四号”；单击“（绘图工具）格式”选项卡→“文本”组→“对齐文本”按钮→“居中”。

用同样的方法，在“卡片”形状下方插入“上凸带形”形状，设置“形状轮廓”→“蓝色”；“形状填充”→“深蓝，文字2，淡色60%”；添加文字“全球气候变化的影响”，设置字体为“白色”、“宋体”、“三号”、“加粗”；文字“中部对齐”。

②插入艺术字。

单击“插入”选项卡→“文本”组→“艺术字”按钮，在下拉列表中单击“填充-橙色，强调文字颜色6，轮廓-强调文字颜色6，发光-强调文字颜色6”样式，在文档的艺术字框中输入“开心一刻”；单击“（绘图工具）格式”选项卡→“艺术字样式”组→“文本效果”按钮→“转换”命令→“停止”；设置字体字号“宋体”、“小初”，将艺术字放置在“卡片”形状的内部靠上位置。

③插入和编辑表格。

单击“插入”选项卡→“表格”组→“表格”按钮→“插入表格”命令，打开“插入表格”对话框，在对话框中输入列数（2）及行数（6），单击“确定”按钮，插入一个6行2列的表格并做适当调整，输入序号、环境影响等信息，设置字体为“黑色”、“仿宋”、“小四”、“加粗”，选中表格，将它拖动至板报右下角区域。

选中表格，单击“（表格工具）设计”选项卡→“表格样式”组→“浅色表格–强调文字颜色1”样式。单击“（表格工具）布局”选项卡→“对齐方式”组→“中部两端对齐”按钮、“单元格大小”组→“分布行”按钮。

板报内容右侧区域的效果如图4–31所示。

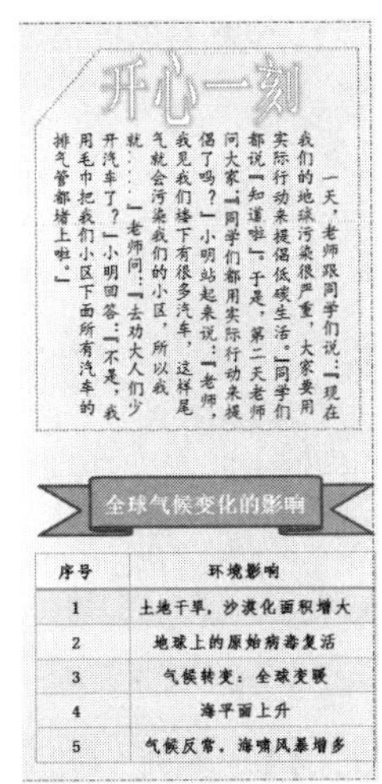

图4–31　板报内容右侧区域的效果

完成以上步骤，一个主题板报就制作完成了，最终效果如前文的图4–20所示。

4.1.3　实例3：制作含目录项的报告书

报告书有很多种，如项目报告书、财务报告书、工作报告书等，不同的报告书对版面格式的要求极其严格，对于内容丰富的报告书在首页设置目录能够直观鲜明地展现整个报告书的内容。

1. 实例说明

本实例以某公司的公开年终财务预算报告（部分文字来源：巨潮资讯www.cninfo.com.cn）为例进行排版介绍，侧重点不是文字的录入与美化，而是如何将制作完成的文档变得更标准规范，这是Word的综合应用，涉及到很多方面的内容，其中包括字符、段落格式的设置，样式的应用，目录的自动生成等。图4–32所示为文档最终编辑效果图。

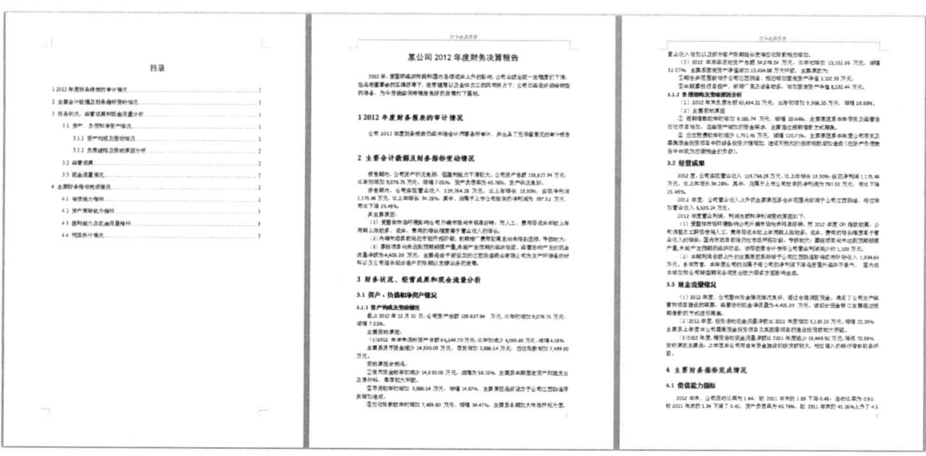

图4–32　文档最终编辑效果

2. 知识点分析

本节所涉及的知识点如下：

①样式和格式。

②样式的修改。

③目录的自动生成。

④页眉和页脚。

⑤插入页码。

⑥分节。

3. 制作步骤

（1）打开初始文档

打开已有的财务决算报告书，初始文档并未排版，如图4–33所示。

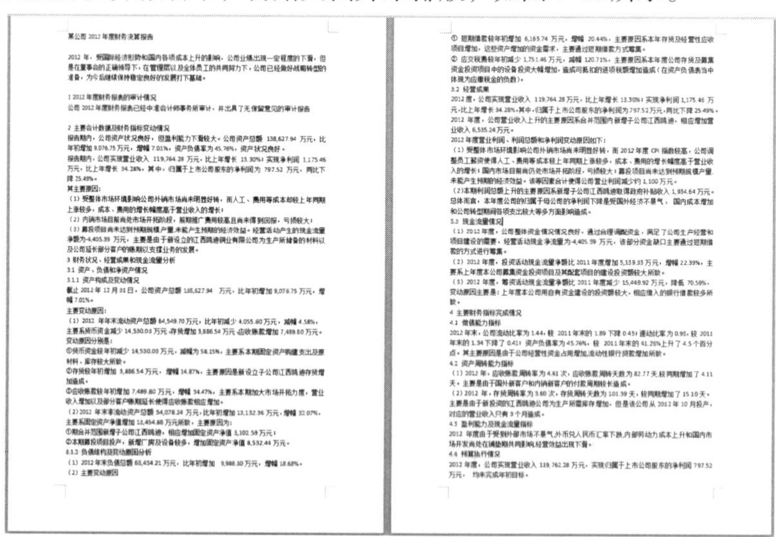

图4–33　初始文档效果

（2）设置和修改文档标题样式

在为文档设置目录之前，需要确定目录项，即设定将被列入目录的标题。可以通过Word 2010提供的样式功能进行快速设置。

将光标定位至标题行“1 2012年度财务报表的审计情况”的任意位置，单击“开始”选项卡→“样式”组→“标题1”按钮，如图4-34所示，则该标题行被设置为“标题1”样式，设置后的标题行效果如图4-35所示。

图4-34 “样式”组

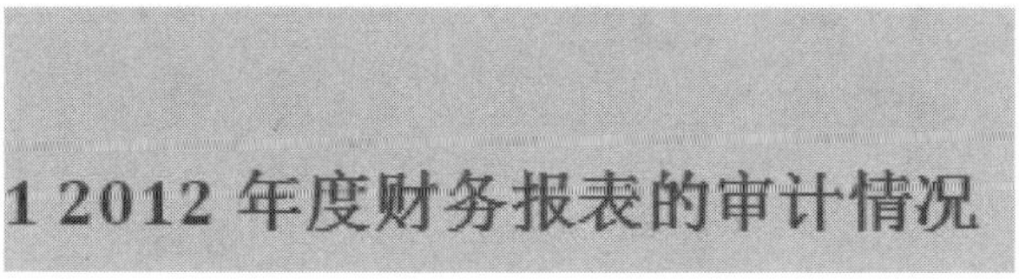

1 2012 年度财务报表的审计情况

图4-35 “标题1”设置效果

若对“标题1”样式效果不满意，可以通过“样式”重新设置其字体、段落等格式。单击“开始”选项卡→“样式”组右下角“显示对话框按钮”，打开“样式”任务窗格，如图4-36所示，鼠标停留在“标题1”上，右侧出现“▼”按钮，单击“▼”按钮，在下拉菜单中选择“修改”命令，打开如图4-37所示的“修改样式”对话框，单击左下方“格式”按钮→“字体”命令，打开“字体”对话框，如图4-38所示，设置字体为“宋体”、“四号”、“加粗”、“黑色”，单击“确定”按钮；回到“修改样式”对话框，单击“格式”按钮→“段落”命令，打开“段落”对话框，如图4-39所示，设置段前段后间距0.5行、1.15倍行间距，单击“确定”按钮；再次回到“修改样式”对话框，单击“确定”按钮完成“标题1”样式的修改。

图4-36 “样式”任务窗格

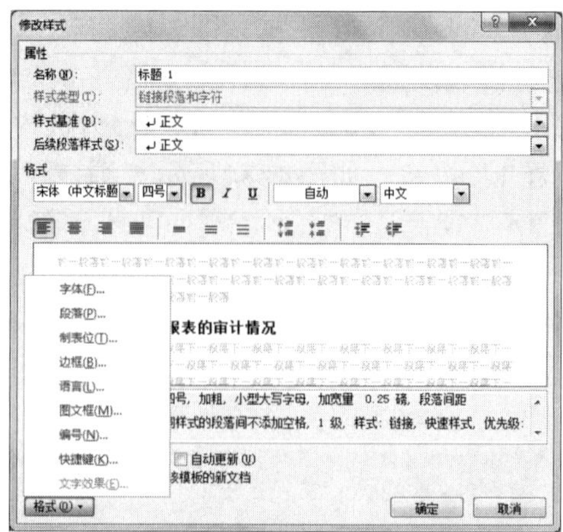

图4–37 “修改样式”对话框

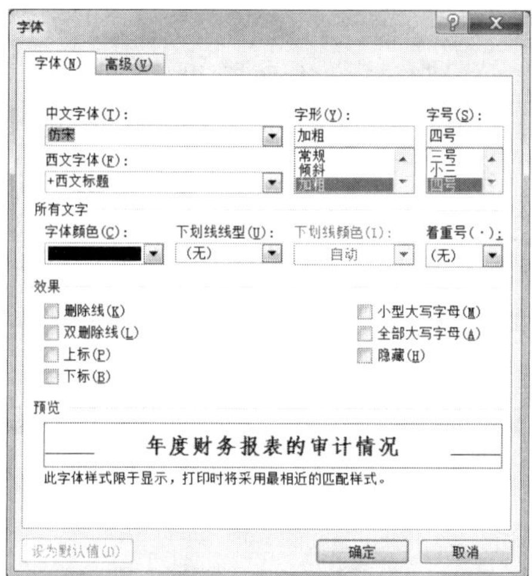

图4–38 “字体”对话框

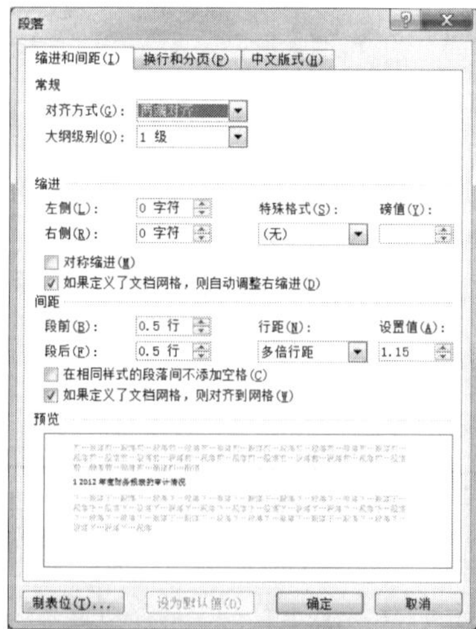

图4–39 “段落”对话框

更改后的“标题1”样式效果如图4–40所示。

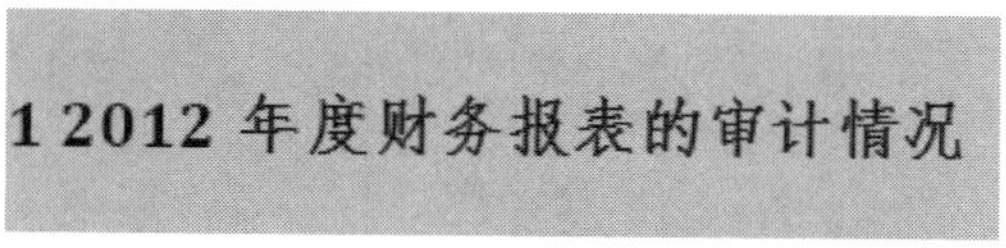

1 2012 年度财务报表的审计情况

图4–40 修改后的“标题1”样式效果

按照上述方法依次操作，将文档中一级标题文字设置为“标题1”，二级标题文字设置为“标题2”，三级标题文字设置为“标题3”。并分别设置“标题2”的字体为“小四”、“宋体”、“加粗”、“黑色”，段前段后空0.5行、单倍行间距；“标题3”的字体为“五号”、“宋体”、“加粗” 、“黑色”，段前段后空0行、单倍行间距。

图4–41同时显示了一级标题（3）、二级标题（3.1）和三级标题（3.1.1）效果。

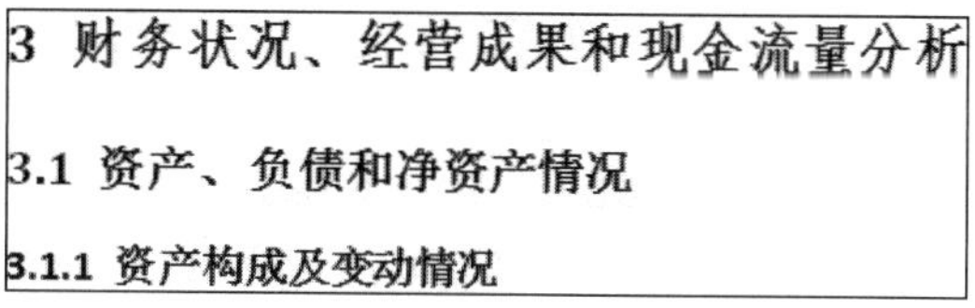

3 财务状况、经营成果和现金流量分析

3.1 资产、负债和净资产情况

3.1.1 资产构成及变动情况

图4–41 三个级别标题的效果

（3）为文档自动生成目录

设置好文档的各级别标题后，将光标移至文档起始处，选择“引用”选项卡→“目录”组→“目录”按钮→“自动目录1”命令，得到如图4–42所示目录。

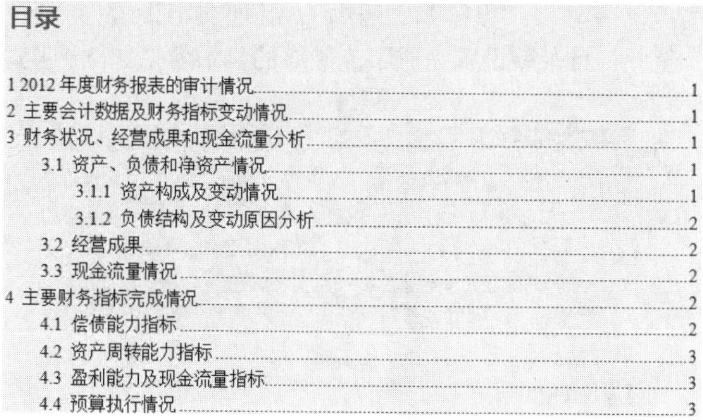

目录

图4–42 自动生成的初始目录效果

（4）更新目录

当文档中标题文字发生了改变，或标题所在页码发生改变时，可以对目录进行更新操作，以保持与文档内容的一致性。操作方法为：将光标移至目录中任何一处，单击鼠标右键，弹出如图4–43所示快捷菜单，单击“更新域”命令，打开“更新目录”对话框，如图4–44所示，如果只是页码发生了改变，选择“只更新页码”选项，如果标题文字发生了改变，单击“更新整个目录”选项，单击“确定”按钮，目录会自动进行更新。

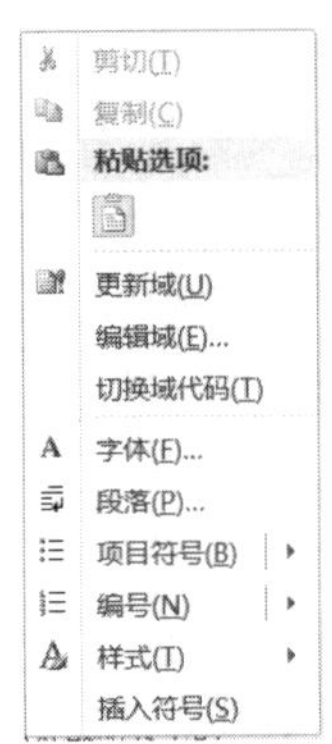

图4-43　目录更新快捷菜单

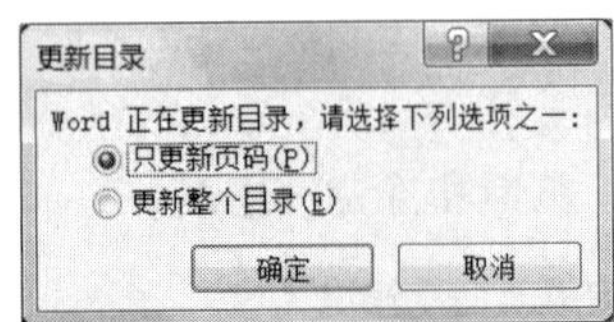

图4-44　“更新目录”对话框

（5）设置目录格式

自动生成的目录效果可能不太美观，还可以对目录的行间距、字体、段落等格式进行相应设置，方法与一般的文字、段落编辑方法相同。选中目录的全部文字即可进行相应操作。将“目录”文字设置为“三号”、“黑体”、“居中”，其他文字设置为“五号”、“宋体”、“1.5倍行间距”的效果，至此，目录就设置完成了，最终的目录效果如图4-45所示。

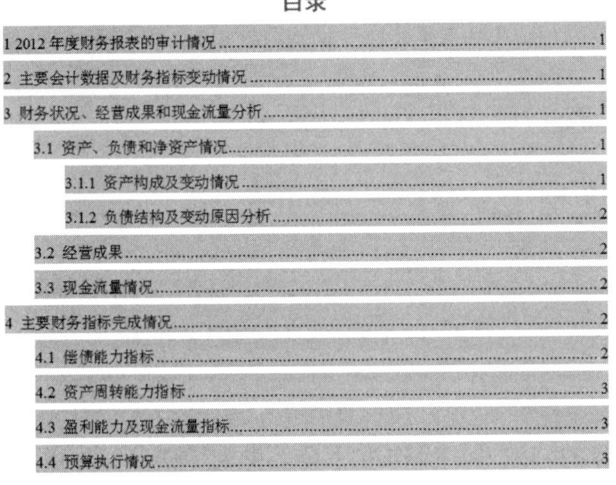
目录

1 2012年度财务报表的审计情况 1
2 主要会计数据及财务指标变动情况 1
3 财务状况、经营成果和现金流量分析 1
3.1 资产、负债和净资产情况 1
3.1.1 资产构成及变动情况 1
3.1.2 负债结构及变动原因分析 2
3.2 经营成果 2
3.3 现金流量情况 2
4 主要财务指标完成情况 2
4.1 偿债能力指标 2
4.2 资产周转能力指标 3
4.3 盈利能力及现金流量指标 3
4.4 预算执行情况 3

图4-45　最终的目录效果

（6）设置页眉和页脚

①插入分节符。

将光标定位在文档标题的某字前，单击“页面布局”选项卡→“页面设置”组→“分隔符”按钮→“下一页”命令，在目录后插入一个分节符，将目录页单独放在一个页面上。

②添加页眉。

单击“插入”选项卡→“页眉和页脚”组→“页眉”按钮→“编辑页眉”命令，单击“（页眉和页脚工具）设计”选项卡→“导航”组→“链接到前一条页眉”按钮，在文档的“第2节”页眉位置输入“财务决算报告”，设置页眉字体为“宋体”、“小五”、“居中”。单击“（页眉和页脚工具）设计”选项卡→“关闭”组→“关闭页眉和页脚”按钮，第2节的页眉效果如图4-46所示。

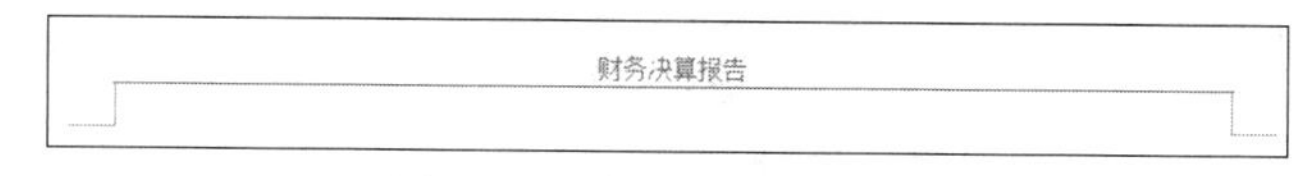

图4-46 第2节的页眉效果

③插入页码。

单击文档标题所在页面，单击“插入”选项卡→“页眉和页脚”组→“页码”按钮→“页面底端”命令→“普通数字3”，即在文档第2节中的页面右下角插入了页码，单击“（页眉和页脚工具）设计”选项卡→“页眉和页脚”组→“页码”按钮→“设置页码格式”命令，打开“页码格式”对话框，如图4-47所示，选择“页码编号”方式为“起始页码”，设置“起始页码”为1。双击文档内容，关闭页眉和页脚编辑界面。

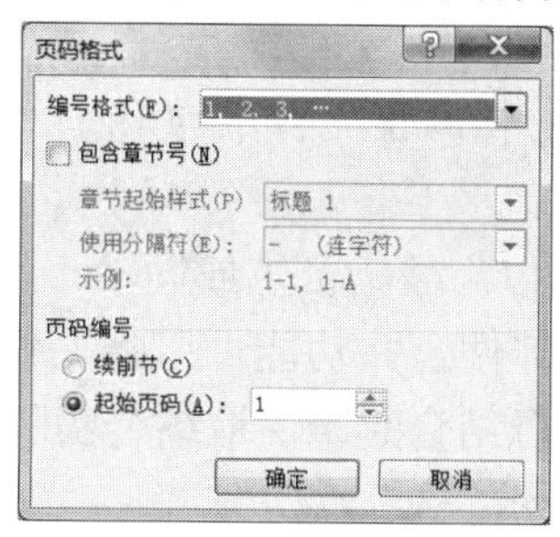

图4-47 “页码格式”对话框

（7）文档其他格式排版

将文档所有段落设置为首行缩进2字符，文档标题文字设置为“黑体”、“三号”、“居中”，文档的最终编辑效果如图4-32所示。

4.1.4 上机练习

1. 公司简报的制作

公司简报是公司内部发行的刊物，它向内部人员传达了公司最近的时事新闻、某个工作人员的成功事迹等，是提高企业形象，加强企业文化的重要表现之一。

请根据所学文本框、艺术字和自选图形等知识，结合实际制作一份公司简报。要求版面合理，图文并茂，条理清楚。示例效果如图4-48所示。

中国水电 SINOHYDRO 三公司简报
2009年5月14日
总第六十期
星期四
中国水电十五局三公司党委工作部主办
网 址：http://www.sinohydro15j3gs.com

我公司南水北调中线工程合同签字仪式在京举行

集团公司安全生产第九督查组检查指导三公司陕西城镇供水工程

图4–48 公司简报示例

2. 获奖证书的制作

在日常工作学习中，公司或学校为鼓励员工或同学，经常要为各种比赛制作获奖证书或荣誉证书，使用Word 2010提供的邮件合并功能可以将一份制作好的获奖证书与已经在数据库中保存的包含有获奖信息的数据源结合起来。请结合实际，使用Excel数据源制作一份公司颁发的获奖证书，示例如图4–49所示。

图4–49 获奖证书示例

3. 论文或书籍的编辑排版

各类论文和书籍的编写都要求格式规范、外表美观。要求利用所学的字体、段落样式，自动生成目录等知识，按图4–50所示对论文或书籍进行排版。

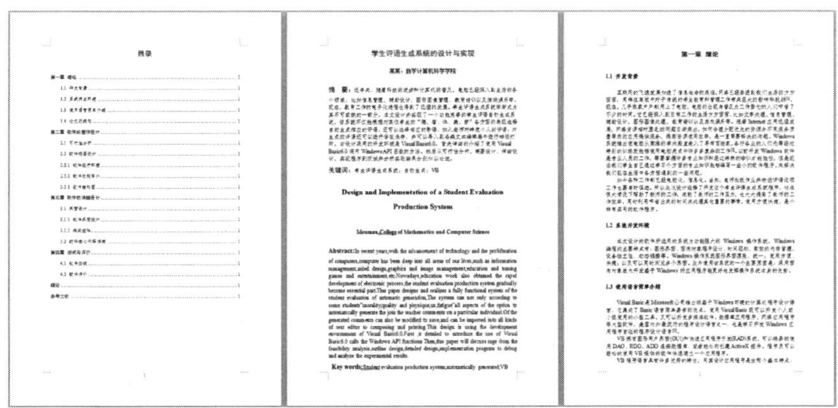

图4-50　论文示例

4.2　Excel 2010应用实例

Excel 2010表格处理软件是一款非常出色的电子表格软件。本节着重通过实例介绍Excel 2010的基本操作，包括一些常用的操作方法和操作技巧，使读者能够快速掌握Excel 2010的基本使用方法。

4.2.1　实例1：2013—14赛季多伦多猛龙球员名单表

1. 实例说明

Excel 2010是一款功能强大的电子表格制作软件，它广泛应用于企业的管理中，它所具有的数据管理、统计、计算、分析功能是经常使用的功能。本例使用Excel创建“2013—14赛季多伦多猛龙球员名单表”，效果图如图4-51所示。

2013-14赛季多伦多猛龙球员名单

序号	号码	球员姓名	位置	身高	体重	年龄	生涯	毕业大学	年薪
8	2	兰德里·菲尔兹	锋卫摇摆人	2.01	98	25	3	斯坦福大学	$5,220,000
15	3	南多·德克罗	双能卫	1.96	84	26	1		$1,460,000
7	7	凯尔·洛里	控球后卫	1.83	93	27	7	维拉诺瓦大学	$6,210,000
3	10	德玛尔·德罗赞	锋卫摇摆人	2.01	100	24	4	南加州大学	$9,500,000
11	13	德怀特·拜克斯	双能卫	1.91	86	24	0	马凯特大学	$700,000
4	15	阿米尔·约翰逊	前锋/中锋	2.06	95	26	8		$6,500,000
1	16	史蒂夫·诺瓦尔	前锋	2.08	100	30	7	马奎特大学	$3,750,000
12	17	尤纳斯·瓦兰斯尤纳斯	中锋	2.13	105	21	1		$3,520,000
9	21	格雷维斯·瓦斯奎兹	双能卫	1.98	91	27	3	马里兰大学	$2,150,000
5	25	约翰·萨尔蒙斯	锋卫摇摆人	1.98	94	34	11	迈阿密大学	$7,580,000
14	31	特伦斯·罗斯	锋卫摇摆人	1.98	86	23	1	华盛顿大学	$2,670,000
6	44	查克·海耶斯	前锋/中锋	1.98	108	30	8	肯塔基大学	$5,720,000
2	50	泰勒·汉斯布鲁	前锋/中锋	2.06	113	28	4	北卡罗来纳大学	$3,180,000
10	54	帕特里克·帕特森	前锋/中锋	2.06	107	24	3	肯塔基大学	$3,100,000
13	77	朱利安·斯通	锋卫摇摆人	2.01	91	25	2	德州大学艾尔帕索分校	$880,000

图4-51　“2013—14赛季多伦多猛龙球员名单表”效果图

2. 知识点分析

本小节通过制作“2013—14赛季多伦多猛龙球员名单”，熟悉Excel 2010的基本功能。这个工作表在制作时涉及的知识点如下：

①Excel 2010工作薄的建立、打开和保存。

②工作表中对行、列和单元格的调整。

③数据的输入和修改。

④单元格格式化操作。

⑤数据自动填充。

⑥文本替换功能。

⑦插入行、列。

⑧数据排序与筛选。

3. 操作步骤

本例是制作“2013—14赛季多伦多猛龙球员名单表”。

（1）建立一个新工作簿

启动Excel 2010后，出现了一个空白工作簿。

（2）输入数据并进行格式化操作

①在A1到I16单元格输入如表4–1所示的内容，工作表如图4–52所示。

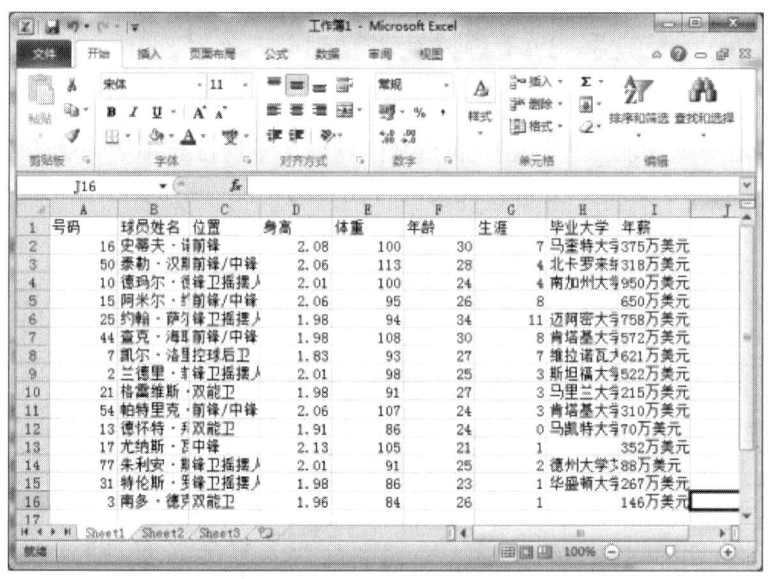

图4–52　输入数据后的工作表窗口

表4–1 工作表的输入内容

号码	球员姓名	位置	身高	体重	年龄	生涯	毕业大学	年薪
16	史蒂夫·诺瓦克	前锋	2.08	100	30	7	马奎特大学	375万美元
50	泰勒·汉斯布鲁	前锋/中锋	2.06	113	28	4	北卡罗来纳大学	318万美元
10	德玛尔·德罗赞	锋卫摇摆人	2.01	100	24	4	南加州大学	950万美元
15	阿米尔·约翰逊	前锋/中锋	2.06	95	26	8		650万美元

续表：

号码	球员姓名	位置	身高	体重	年龄	生涯	毕业大学	年薪
25	约翰·萨尔蒙斯	锋卫摇摆人	1.98	94	34	11	迈阿密大学	758万美元
44	查克·海耶斯	前锋/中锋	1.98	108	30	8	肯塔基大学	572万美元
7	凯尔·洛里	控球后卫	1.83	93	27	7	维拉诺瓦大学	621万美元
2	兰德里·菲尔兹	锋卫摇摆人	2.01	98	25	3	斯坦福大学	522万美元
21	格雷维斯·瓦斯奎兹	双能卫	1.98	91	27	3	马里兰大学	215万美元
54	帕特里克·帕特森	前锋/中锋	2.06	107	24	3	肯塔基大学	310万美元
13	德怀特·拜克斯	双能卫	1.91	86	24	0	马凯特大学	70万美元
17	尤纳斯·瓦兰斯尤纳斯	中锋	2.13	105	21	1		352万美元
77	朱利安·斯通	锋卫摇摆人	2.01	91	25	2	德州大学艾尔帕索分校	88万美元
31	特伦斯·罗斯	锋卫摇摆人	1.98	86	23	1	华盛顿大学	267万美元
3	南多·德克罗	双能卫	1.96	84	26	1		146万美元

②调整列宽。

图4–52中数据表格的列宽是默认的宽度，但是有些列，例如，“球员姓名”、“毕业大学”的列宽太窄，而有些列的宽度又稍宽，因此应调整表格的列宽，使表格整体美观。具体调整方法如下：

把光标移动到A和B的列标之间，然后按住鼠标左键不放进行拖动，就可以改变列宽。或者选中B列任意单元格，单击“开始”选项卡→“单元格”选项组→“格式▼”按钮（出现图4–53所示的下拉菜单）→“列宽...”菜单项，打开如图4–54所示的对话框，设置列宽为20。或者还可以自动调整列款，操作方法是选中C列列标，单击“开始”选项卡→“单元格”选项组→“格式▼”按钮→“自动调整列宽”菜单项。使用这三种方法调整各列的列宽，使表格的列宽合适，不会过宽或过窄。

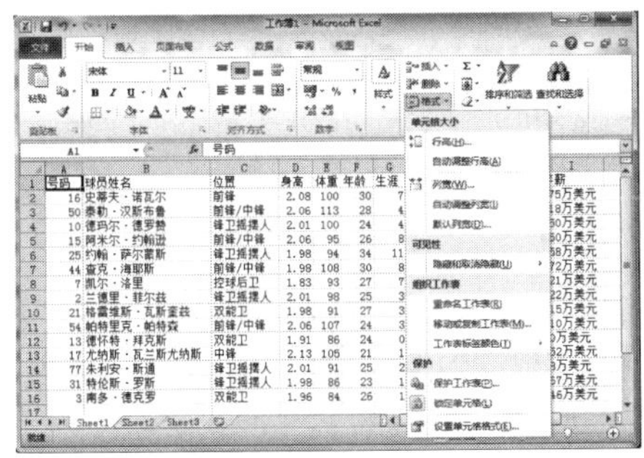

图4–53 “单元格格式”下拉菜单

图4–54 “列宽”对话框

③插入列。

在A列左侧插入一空白列，操作方法是：选定A列的任一单元格，单击“开始”选项卡→“单元格”选项组→“插入▼”按钮（出现图4–55所示的下拉菜单）→“插入工作表列”，此时就会在选定单元格的左侧插入一个空白列。在A1单元格中输入“序号”，结果如图4–56所示。

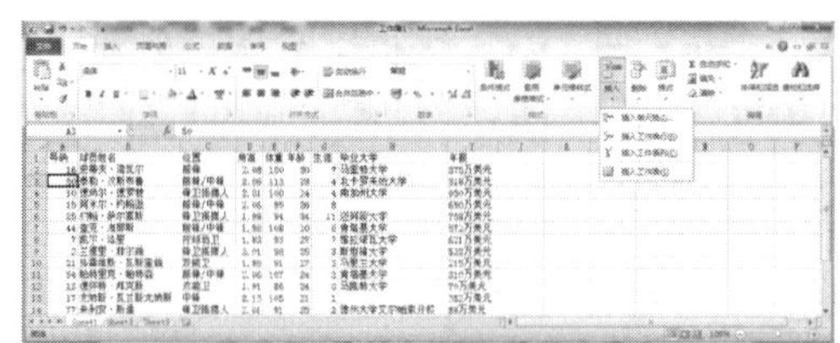

图4–55 “单元格插入”下拉菜单

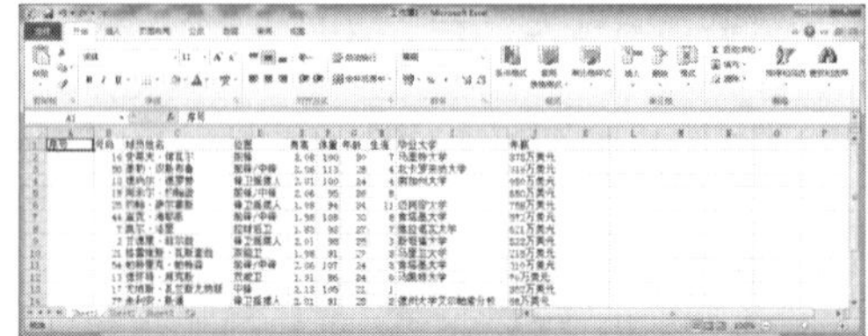

图4–56 插入列后的工作表

④数据自动填充。

在A2:A16单元格区域中填入序号1、2、3…，此处使用如下的自动填充的方法：

方法一：在A2单元格内输入1，再选定A2:A16，单击“开始”选项卡→“编辑”选项组→“填充▼”按钮（出现图4–57所示的填充下拉菜单）→“序列...”菜单项，出现图4–58所示的“序列”对话框。

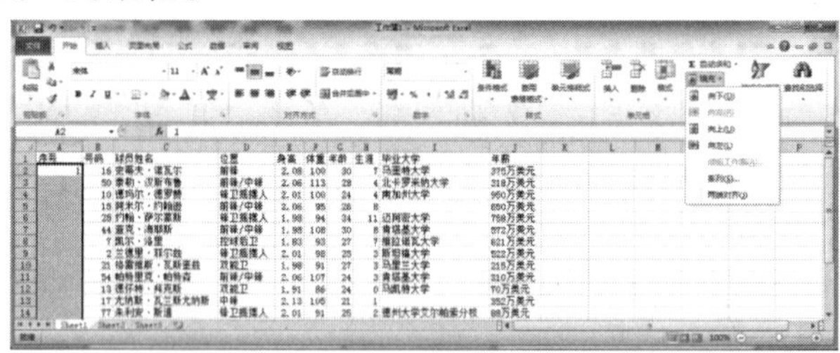

图4–57 “填充”下拉菜单图

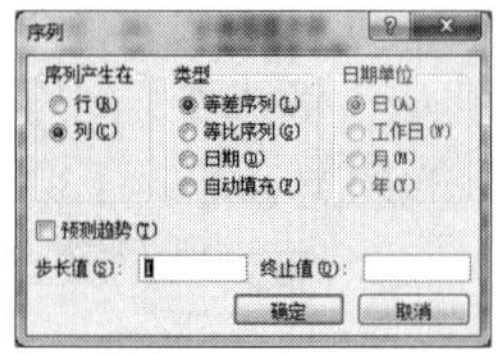

4–58 “序列”对话框

在对话框中设置：序列产生在列，类型是等差序列，步长值为1，这样就完成了数据的自动填充。

方法二：在A2和A3单元格内分别输入1和2，再选定A2:A3，此时，鼠标指向所选区域右下方的填充柄“■”，鼠标指针变成细十字状“+”，按下鼠标左键拖拽至单元格A16，此时也就完成了等差序列的填充。

⑤插入行。

在当前第一行的上方插入一空白行，操作方法如下：选定第1行的任一单元格，单击“开始”选项卡→“单元格”选项组→“插入▼”按钮（出现图4–55所示的下拉菜单）→“插入工作表行”，此时就会在选定单元格的上方插入一个空白行。在A1单元格中输入“2013—14赛季多伦多猛龙球员名单”，结果如图4–59所示。

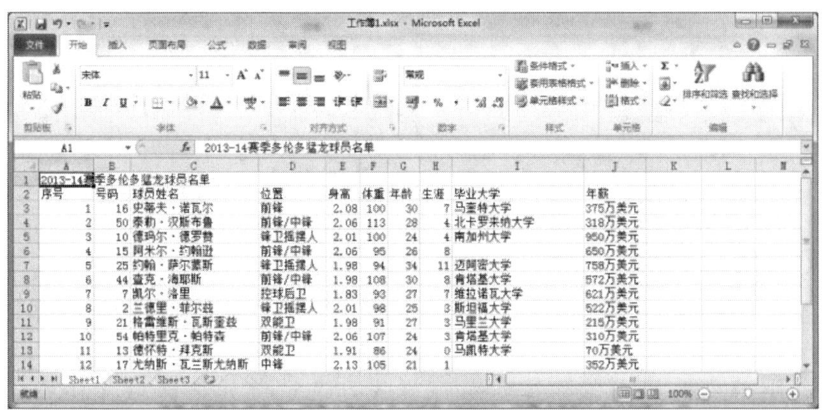

图4-59　插入空白行并输入的效果图

⑥合并单元格。

要求将标题行所在单元格区域A1:J1合并后居中。具体操作方法如下：选定单元格区域A1:J1，选择“开始”选项卡→“对齐方式”选项组→“ ”按钮右侧的“▼”按钮，出现如图4-60所示的下拉菜单，选择“合并后居中”菜单项。

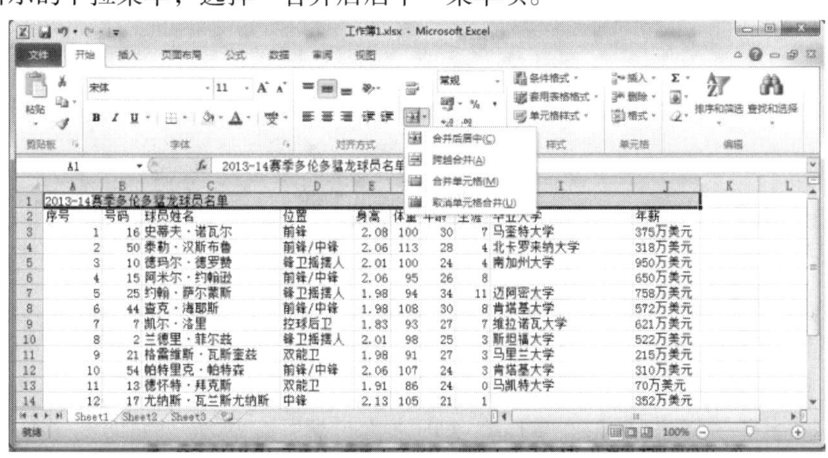

图4-60　“合并后居中”的下拉菜单

⑦设置单元格格式。

选定单元格区域A2:J2，再选择选择“开始”选项卡→“字体”选项组右下方按钮“ ”，或者选择“开始”选项卡→“单元格”选项组→“格式▼”按钮（出现单元格格式下拉菜单）→“设置单元格格式”菜单项，出现“设置单元格格式”对话框，在如图4-61所示的“字体”选项卡内设置：字体为“仿宋”，字形为“加粗”，字号为12；在如图4-62所示的“对齐”选项卡内设置：水平对齐方式为“居中”，垂直对齐方式为“居中”。

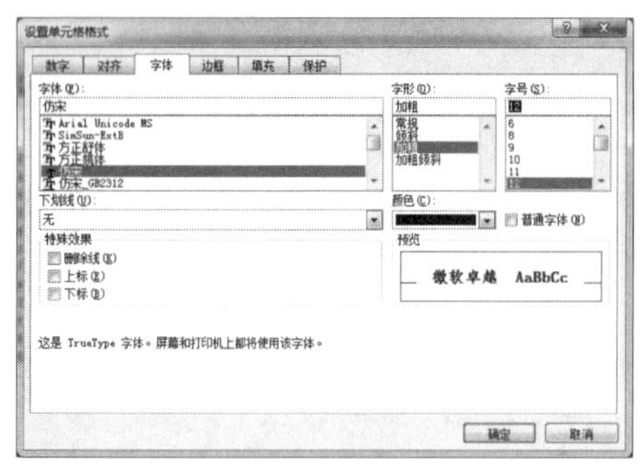

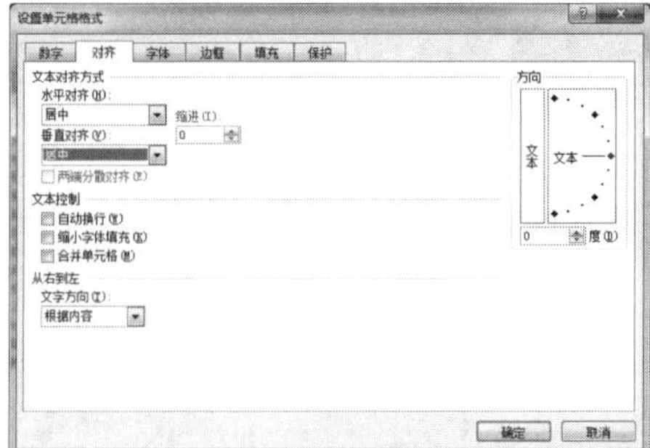

图4-61 “字体”选项卡图 4-62 “对齐”选项卡

以下是利用工具按钮设置字体和对齐方式。选定单元格区域A3:B17，按住键盘上“Ctrl”键，再选定单元格区域E3:H17，即选中两个非连续的单元格区域A3:B17和E3:H17后，在“开始”选项卡→“字体”选项组中设置：字体下拉列表框中选择字体“Times New Roman”，字号为11。选定两个非连续的单元格区域A3:B17和E3:H17后，在“开始”选项卡→“对齐方式”选项组中设置：垂直居中和水平居中，即“垂直居中”按钮和“居中”按钮，背景色为黄色。设置完成后，“开始”选项卡中的“字体”和“对齐方式”选项组中的状态如图4-63所示。

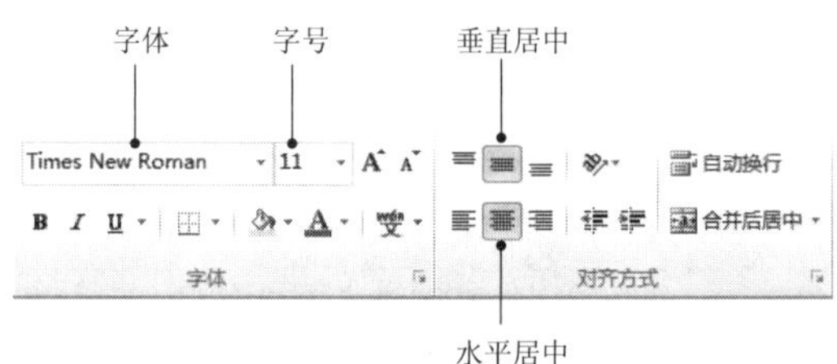

图4-63 “开始”选项卡中“字体”和“对齐方式”组中工具按钮

选定两个非连续的单元格区域C3:D17和I3:J17后，选择“开始”选项卡→“单元格”选项组→“格式▼”按钮（出现单元格格式下拉菜单）→“设置单元格格式”菜单项，出现“设置单元格格式”对话框，在“字体”选项卡内设置：字体为“宋体”，字形为“常规”，字号为11；在“对齐”选项卡内设置：水平对齐方式为“两端对齐”，垂直对齐方式为“居中”。

现欲将所有年薪单元格中的文本改为数字，例如，“375万美元”改为“3750000”。读者可以直接双击含“美元”二字的单元格，然后在单元格内直接进行修改，再按键盘上的“Enter”键。此处采用替换的方法操作，具体操作方法如下：单击“开始”选项卡→“编辑”选项组→“查找和选择▼”按钮，在出现的下拉菜单中选择“替换...”菜单项，出现图4-64所示的“查找和替换”对话框，在对话框中选择“替换”选项卡。在此选项卡中设置：查找内容为“万美元”，替换为文本框内输入“0000”，最后单击“全部替换”按钮。当替换成功后，关闭此对话框。

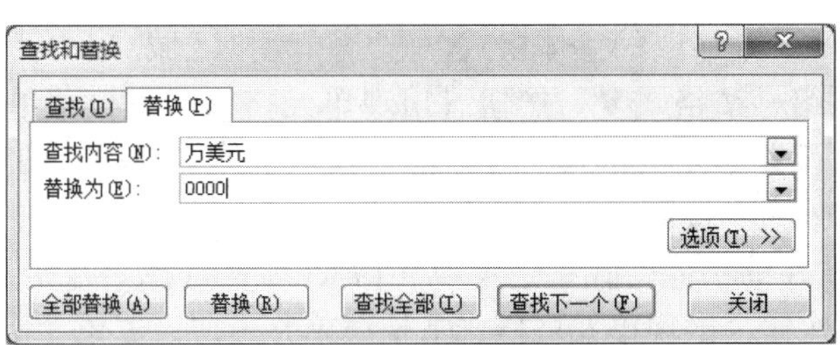

图4-64　“查找和替换”对话框

现在为单元格区域J3:J17添加美元“$”符号，具体操作方法如下：首先选定单元格区域J3:J17，选择“开始”选项卡→“数字”选项组右下方按钮“ ”，或者选择“开始”选项卡→“单元格”选项组→“格式▼”按钮（出现单元格格式下拉菜单）→“设置单元格格式”菜单项，出现“设置单元格格式”对话框，在如图4-65所示的“数字”选项卡内设置：分类列表框中选择“货币”，小数位数为0位，货币符号为“$”，最后单击“确定”按钮。

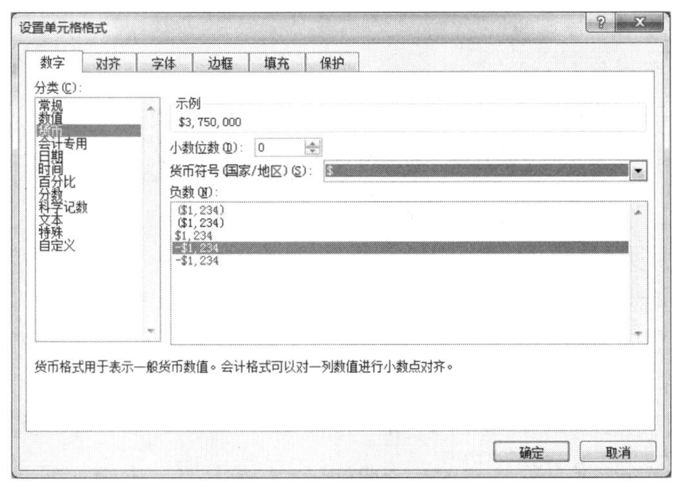

图4-65　“数字”选项卡

这时，工作表J列中部分单元格出现“#”，如图4-66所示，原因是J列列宽不够，请调整J列列宽，可以将鼠标指向列标J和K之间，按住鼠标左键拖拽至J列数据显示为止。

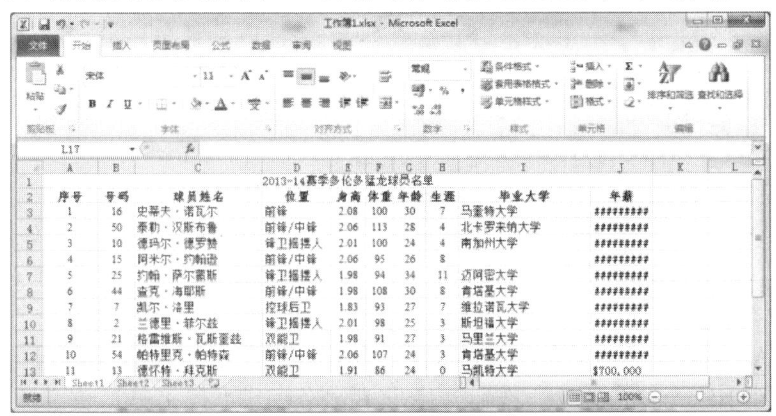

图4-66　工作表J列列宽过小

现欲设置单元格区域J3:J17的字体格式。选定单元格区域J3:J17后，选择“开始”选项卡→“单元格”选项组→“格式▼”按钮（出现单元格格式下拉菜单）→“设置单元格格式”菜单项，出现“设置单元格格式”对话框，在“字体”选项卡内设置：字体为“Times New Roman”，单击“确定”按钮。

现欲设置单元格A1的字体格式。选定单元格A1后，选择“开始”选项卡→“单元格”选项组→“格式 ”按钮（出现单元格格式下拉菜单）→“设置单元格格式”菜单项，出现“设置单元格格式”对话框，在“字体”选项卡内设置：字体为“黑体”，字号为“14”，字形为“加粗”，单击“确定”按钮。

经过上述操作后，工作表效果图如图4-67所示。

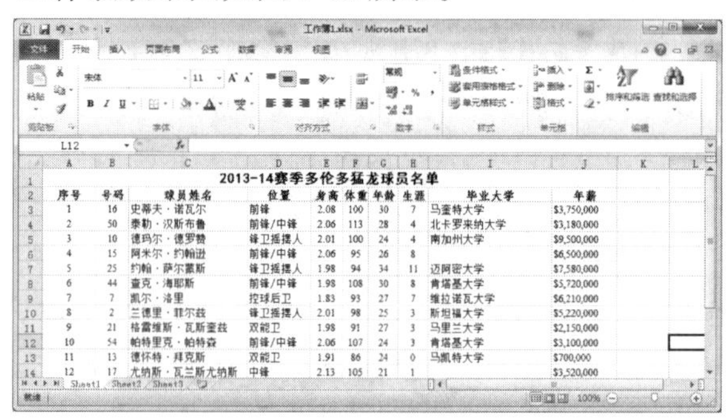

图4-67　输入数据、设置单元格格式效果图

（3）为表格添加边框和底纹

Excel工作表中默认的网格是表格编辑时可见的，但是在表格打印预览和打印时无法显示出来，所以如果希望表格打印时有网格线，则须为表格添加边框。现为数据表中的单元格区域A2:J17添加外边框和内框线，操作步骤如下：

选定单元格区域A2:J17，选择“开始”选项卡→“单元格”选项组→“格式▼”按钮（出现单元格格式下拉菜单）→“设置单元格格式”菜单项，出现“设置单元格格式”对话框，在“边框”选项卡内设置：颜色为“蓝色”，样式为较粗的单直线，预置选择“外边框”按钮；再设置颜色为“黑色”，样式为最细的单直线，预置选择“内部”按钮。最后单击“确定”按钮。“边框”选项卡设置如图4-68所示。

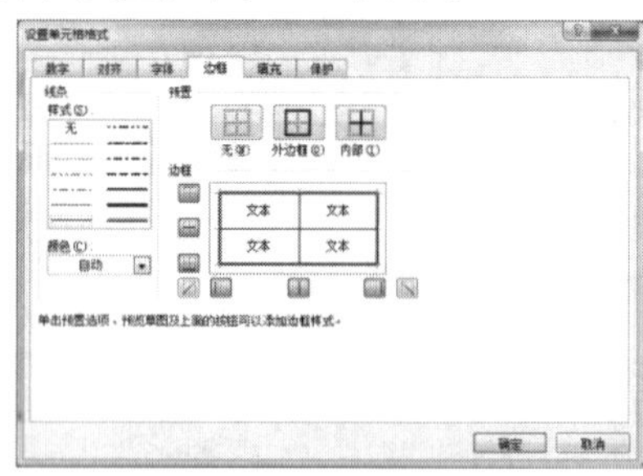

图4-68　“边框”选项卡

现欲设置A2:J2的下边框，具体操作如下：选定单元格区域A2:J2，选择“开始”选项卡→“单元格”选项组→“格式▼”按钮（出现单元格格式下拉菜单）→“设置单元格格式”菜单项，出现“设置单元格格式”对话框，在“边框”选项卡内设置：颜色为“红色”，样

式为双直线，边框中选择“下边框”按钮。最后单击“确定”按钮。

经过边框设置后，工作表如图4–69所示。

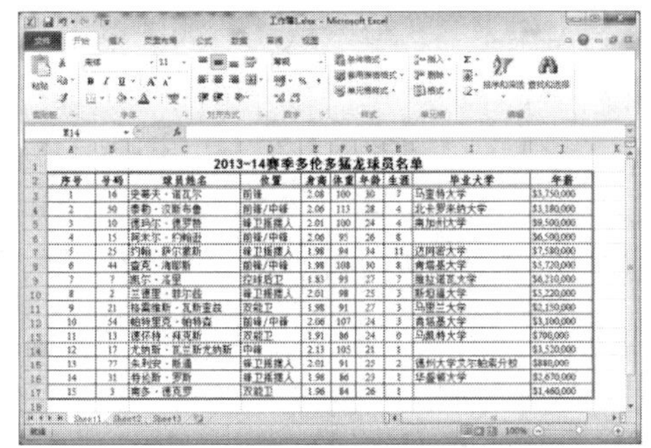

图4–69　边框设置后工作表的效果图

现欲设置单元格的底纹，具体操作如下：选中单元格区域A2:J2和A4:J4，选择“开始”选项卡→“单元格”选项组→“格式▼”按钮（出现单元格格式下拉菜单）→“设置单元格格式”菜单项，出现“设置单元格格式”对话框，此处设置图案填充，在“填充”选项卡如图4–70所示内设置：图案颜色为“蓝色，强调文字颜色1，淡色40%”，图案样式为“50%灰色”，最后单击“确定”按钮。

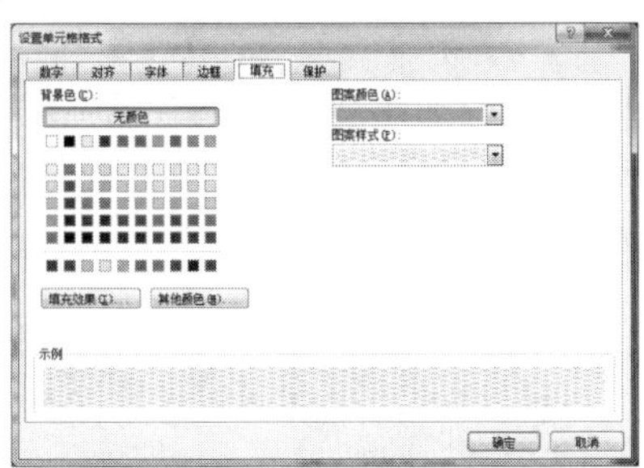

图4–70　“填充”选项卡

以下采用格式复制的方法，完成数据表中偶数行的底纹设置，操作方法如下：选定单元格区域A4:J4，然后双击“开始”选项卡→“剪贴板”选项组→“ ”格式刷按钮，再鼠标拖拽选定区域A6:J6，A8:J8，A10:J10，A12:J12，A14:J14，A16:J16。加上底纹后效果如图4–71所示。

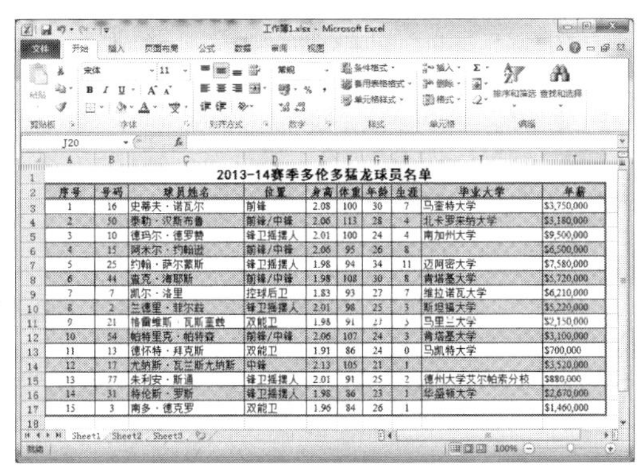

图4–71　添加底纹的效果图

(4)修改工作表名称

双击工作表标签“Sheet1”，再将“Sheet1”文字删除，再输入新的工作表名称“球员名单”，按键盘上的“Enter”键。工作表名称修改成功，如图4–72所示。

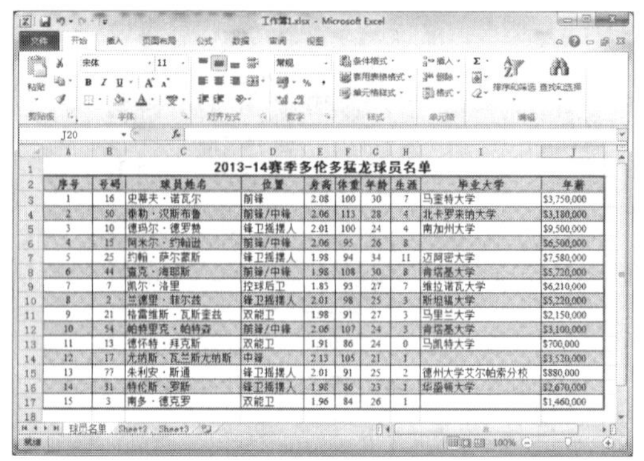

图4–72　工作表名称修改后的效果图

(5)保存工作簿

选择“文件”选项卡→“保存”菜单项，打开“另存为”对话框，在“保存位置”选择存储位置，在“文件名”输入“2013—14赛季多伦多猛龙球员名单表.xlsx”。

(6)排序和筛选

现欲按“号码”字段对数据表进行递增排序，具体操作方法如下：选定单元格区域A2:J17，“数据”选项卡→“排序和筛选”选项组→“排序”按钮，出现图4–73所示的对话框，设置如下：主要关键字为“号码”，排序依据为“数值”，次序为“升序”，再单击“确定”按钮。排序后的效果图如图4–74所示。

图4–73　“排序”对话框

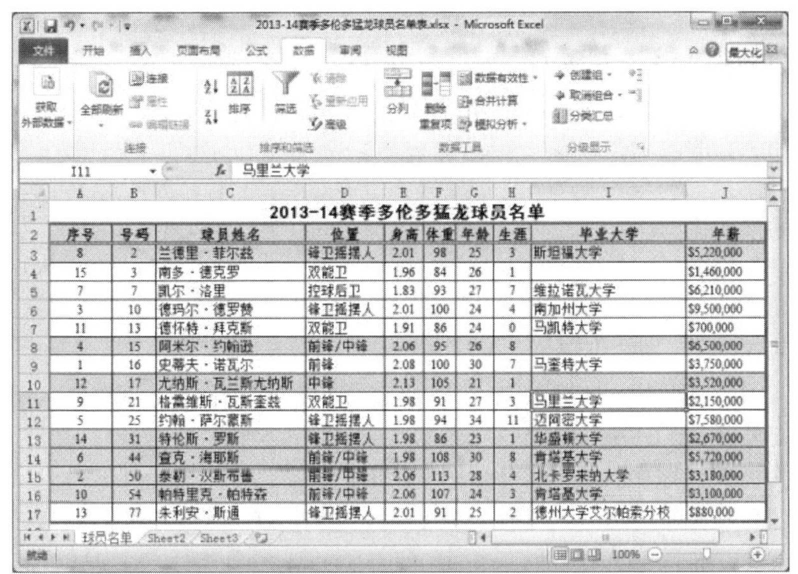

序号	号码	球员姓名	位置	身高	体重	年龄	生涯	毕业大学	年薪
8	2	兰德里·菲尔兹	锋卫摇摆人	2.01	98	25	3	斯坦福大学	$5,220,000
15	3	南多·德克罗	双能卫	1.96	84	26	1		$1,460,000
7	7	凯尔·洛里	控球后卫	1.83	93	27	7	维拉诺瓦大学	$6,210,000
3	10	德玛尔·德罗赞	锋卫摇摆人	2.01	100	24	4	南加州大学	$9,500,000
11	13	德怀特·拜克斯	双能卫	1.91	86	24	0	马凯特大学	$700,000
4	15	阿米尔·约翰逊	前锋/中锋	2.06	95	26	8		$6,500,000
1	16	史蒂夫·诺瓦尔	前锋	2.08	100	30	7	马奎特大学	$3,750,000
12	17	尤纳斯·瓦兰斯尤纳斯	中锋	2.13	105	21	1		$3,520,000
9	21	格雷维斯·瓦斯奎兹	双能卫	1.98	91	27	3	马里兰大学	$2,150,000
5	25	约翰·萨尔蒙斯	锋卫摇摆人	1.98	94	34	11	迈阿密大学	$7,580,000
14	31	特伦斯·罗斯	锋卫摇摆人	1.98	86	23	1	华盛顿大学	$2,670,000
6	44	查克·海耶斯	前锋/中锋	1.98	108	30	8	肯塔基大学	$5,720,000
2	50	泰勒·汉斯布鲁	前锋/中锋	2.06	113	28	4	北卡罗来纳大学	$3,180,000
10	54	帕特里克·帕特森	前锋/中锋	2.06	107	24	3	肯塔基大学	$3,100,000
13	77	朱利安·斯通	锋卫摇摆人	2.01	91	25	2	德州大学艾尔帕索分校	$880,000

图4-74　排序后的效果图

现欲对数据表进行筛选操作，具体操作方法如下：选定单元格区域A2:J17，“数据”选项卡→“排序和筛选”选项组→“筛选”按钮，现要求筛选“生涯>=3”的数据记录，操作如下：单击“生涯”右侧的“▼”按钮，在下拉菜单中选择“数字筛选”菜单项→“大于或等于...”菜单项，出现图4-75所示的对话框，设置如下：“大于等于”后的下拉列标组合框内输入“3”。筛选后的效果图如图4-76所示。

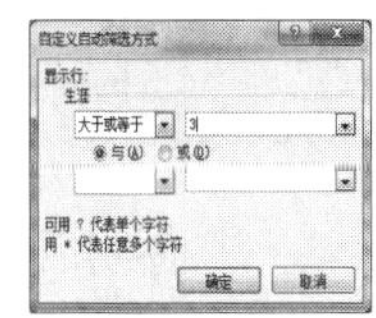

图4-75　“自定义筛选方式”对话框

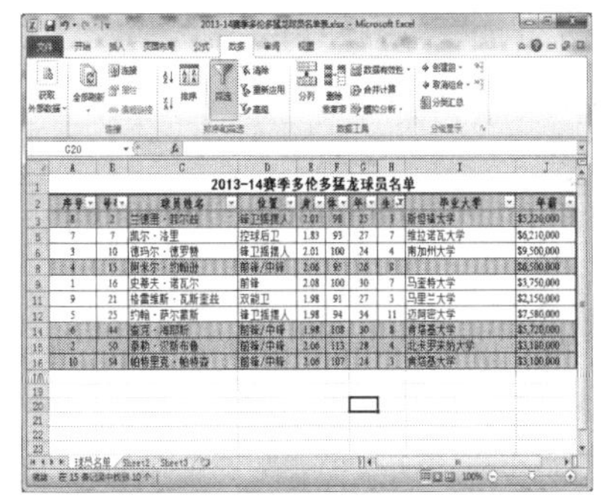

图4-76　筛选后的效果图

本例涉及了如何建立Excel 2010工作簿，插入行、列，替换功能，设置单元格格式，设置文字格式，设置行高列宽，保存工作簿等内容。可以帮助初学Excel的读者熟悉Excel的操作。

4.2.2　实例2：XX公司2011—2012年资产构成数据统计表

1. 实例说明

Excel作为功能强大的数据表格处理工具，为用户提供了强大的数据分析功能。通过这些功能，用户可以方便地实现日常工作、生活所需要进行的各类数据分析的工作。本例制作一个“XX公司2011—2012年资产构成数据统计表”，统计资产构成及其变动的情况。

2. 知识点分析

本小节通过制作"XX公司2011—2012年资产构成数据统计表"，熟悉Excel 2010的数据分析功能。这个工作表在制作时涉及的知识点如下：

（1）公式和函数的使用；

（2）图表制作；

（3）表格的格式化操作；

（4）合并单元格；

（5）调整列宽。

3. 操作步骤

打开Excel 2010，创建一个空白工作簿，再进行如下的操作。

（1）在工作表Sheet1中输入数据

在A1:F13单元格区域中，输入表4-2中所示的内容。

表4-2　XX公司2011—2012年资产构成数据统计表的内容

项目	2012年12月31日		2011年12月31日		同比变动
	金额(万元)	比例	金额(万元)	比例	
流动资产合计					
其中:货币资金	10455.06		24985.09		
应收账款	29220.04		21730.24		
预付款项	8706.76		6707.30		
其他应收款	5193.85		7017.31		
存货	30032.07		26145.53		
非流动资产合计					
其中:固定资产	37638.43		24183.55		
无形资产	11029.18		7266.89		
递延所得税资产	1243.11		670.80		
资产总计					

（2）调整列宽

操作方法如下：单击列标A列，再按住键盘上"Shift"键，单击列标F列，即选定A列至F列；单击"开始"选项卡→"单元格"选项组→"格式▼"按钮 →"自动调整列宽"菜单项。

（3）合并单元格

现欲将单元格区域A1:A2合并。具体操作方法如下：选定单元格区域A1:A2，选择"开始"选项卡→"对齐方式"选项组→" "按钮右侧的"▼"按钮→"合并后居中"菜单项。

按上述方法将单元格区域B1:C1合并，将单元格区域D1:E1合并，将单元格区域F1:F2合并。进行上述操作后的工作表效果图如图4-77所示。

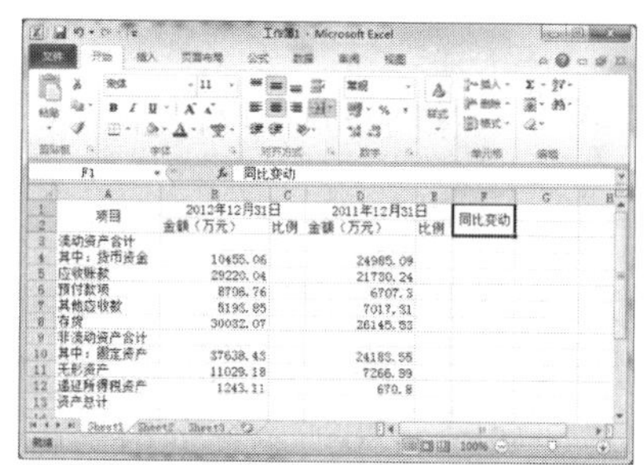

图4-77　输入数据和合并单元格的效果图

（4）快速设置单元格格式

以下使用单元格样式快速的设置单元格区域A3:F3，A9:F9和A13:F13的单元格的格式，具体操作方法如下：选定单元格区域A3:F3后，按住Ctrl键，再选定单元格区域A9:F9和A13:F13，即选定非连续区域；选择“开始”选项卡→“样式”选项组→“单元格样式▼”按钮（出现如图4-78“单元格样式”的下拉菜单）→“强调文字颜色1”菜单项。注意：此操作中需要鼠标指向“单元格样式”的下拉菜单中某个菜单项静止会儿，菜单项下方会出现菜单项的说明文字。

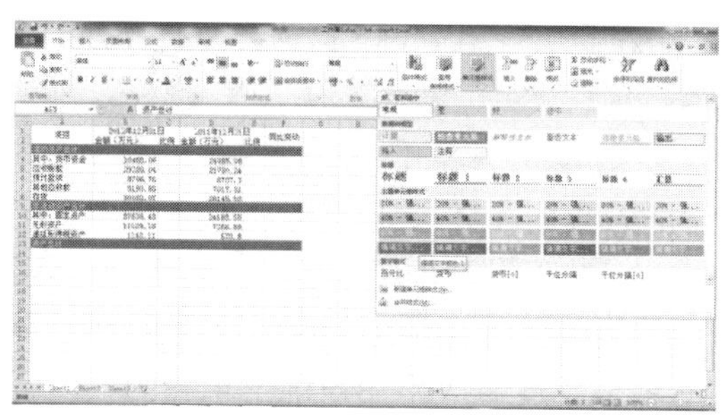

图4-78　“单元格样式”的下拉菜单

（5）设置表格边框

选定单元格区域A1:F13，选择“开始”选项卡→“单元格”选项组→“格式▼”按钮（出现单元格格式下拉菜单）→“设置单元格格式”菜单项，出现“设置单元格格式”对话框，在“边框”选项卡内设置：颜色为“黑色”，样式为细单直线，预置中依次选择“外边框”按钮和“内部”按钮。最后单击“确定”按钮。此时，工作表的效果图如图4-79所示。

项目	2012年12月31日		2011年12月31日		同比变动
	金额（万元）	比例	金额（万元）	比例	
流动资产合计					
其中：货币资金	10455.06		24985.09		
应收账款	29220.04		21730.24		
预付款项	8706.76		6707.3		
其他应收款	5193.85		7017.31		
存货	30032.07		26145.53		
非流动资产合计					
其中：固定资产	37638.43		24183.55		
无形资产	11029.18		7266.89		
递延所得税资产	1243.11		670.8		
资产总计					

图4-79　设置边框后的效果图

（6）利用公式和函数计算

首先务必注意：Excel中公式输入的运算符、小括号等必须是在标点符号为英文状态下输入。

①求和运算。

现欲计算B4:B8单元格的数据和并填入B3单元格，具体操作方法如下：选定B3单元格，选择“公式”选项卡→“函数库”选项组→“∑自动求和”按钮右侧的“▼”（出现函数下拉菜单）→“求和”菜单项，出现如图4-80所示，此时等待用户确定求和的数据区域，这时，用鼠标选定工作表中的单元格区域B4:B8，再按下键盘上“Enter”键。

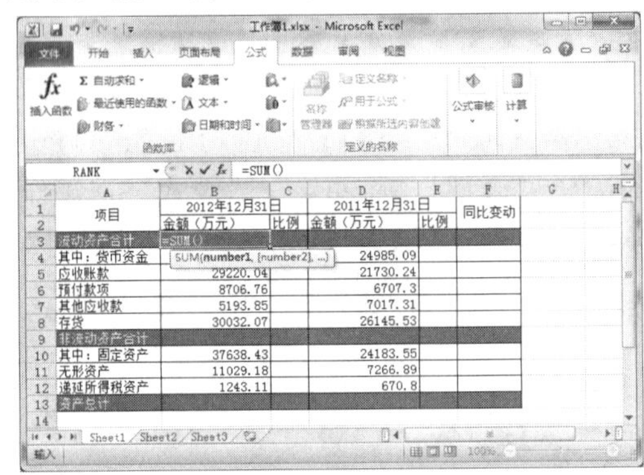

图4-80　等待用户确定求和数据区域

现欲计算B10:B12单元格的数据和并填入B9单元格，具体操作方法如下：选定B9单元格，选择“公式”选项卡→“函数库”选项组→“fx插入函数”按钮，出现如图4-81所示的对话框，在对话框中选择“常用函数”类别中的“SUM”函数，单击“确定”按钮。出现图4-82所示的“函数参数”对话框，此时等待用户确定求和的数据区域，现将Number1文本框中的内容删除，再用鼠标选定工作表中的单元格区域B10:B12，再单击“函数参数”对话框中的“确定”按钮。

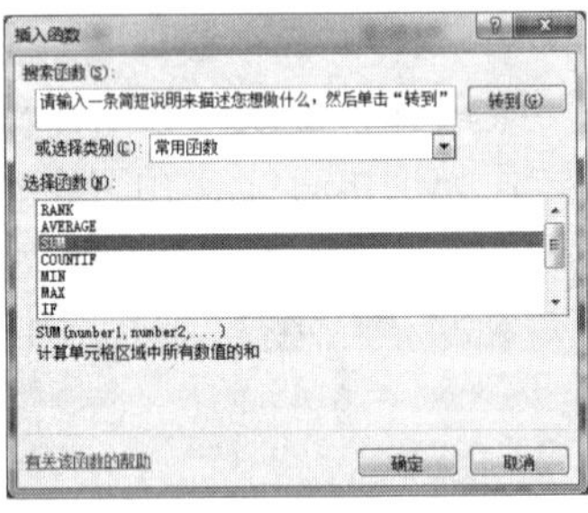

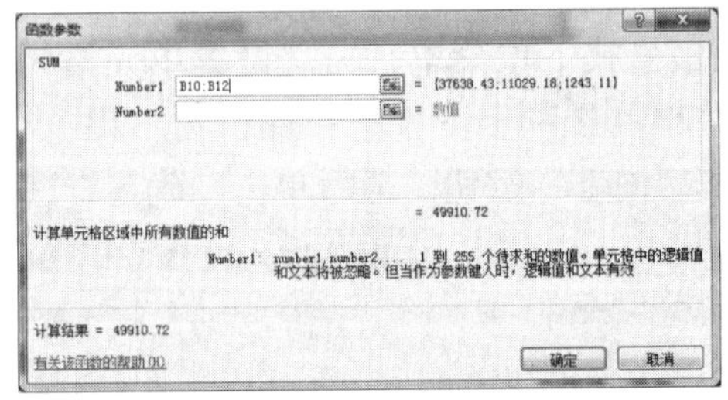

图4-81 “插入函数”对话框　　　　图4-82 “函数参数”对话框

以下是采用公式复制的方法完成计算D4:D8单元格的数据和并填入D3单元格，因为D3单元格的计算公式与B3中的公式类似，只有列标的区别。具体操作方法如下：选定B3单元格，选择“开始”选项卡→“剪贴板”选项组→“复制”按钮右侧的“▼”（出现复制下拉菜单）→“复制”菜单项；再选定D3单元格，选择“开始”选项卡→“剪贴板”选项组→“粘贴”按钮右侧的“▼”（出现粘贴下拉菜单）→“fx粘贴公式”菜单项。此时，D3就出现了求和数据。用此方法在D9单元格内填入单元格区域D10:D12的和，注意：此处复制的源单元格是B9单元格，目标单元格是D9单元格。

在单元格B13和D13分别填入对应年份的流动资产与非流动资产的和。以下采用公式计算的方法，具体操作方法如下：选定B13单元格，输入“=”，再用鼠标选定单元格B3，再输入“+”，再用鼠标选定单元格B9，最后按键盘上“Enter”键；选定D13单元格，输入“=D3+D9”，最后按键盘上“Enter”键。

完成上述求和运算后，数据表的运算结果如图4-83所示。

工作簿1.xlsx - Microsoft Excel

B13 =B3+B9

	A	B	C	D	E	F
1	项目	2012年12月31日		2011年12月31日		同比变动
2		金额（万元）	比例	金额（万元）	比例	
3	流动资产合计	83607.78		86585.47		
4	其中：货币资金	10455.06		24985.09		
5	应收账款	29220.04		21730.24		
6	预付款项	8706.76		6707.3		
7	其他应收款	5193.85		7017.31		
8	存货	30032.07		26145.53		
9	非流动资产合计	49910.72		32121.24		
10	其中：固定资产	37638.43		24183.55		
11	无形资产	11029.18		7266.89		
12	递延所得税资产	1243.11		670.8		
13	资产总计	133518.5		118706.71		

图4-83 求和完成后的效果图

②比例计算。

现欲计算比例值，比例值计算的公式是“当前项目值/总资产”。为了能完成公式复制操作，此处的比例值计算公式中用的都是数据所在的单元格地址。注意：此处公式中的总资产是始终不变的，例如，2012年12月31日的总资产是单元格B13内的数据，因此在公式中单元格B13的引用应该是绝对引用，即为$B$13。

比例计算的具体操作如下：首先，选定单元格C3，即计算2012年12月31日的流动资产合计项目的比例值；因为当前项目值就是C3单元格内的数据，所以从键盘上输入公式“=C3/$B$13”，按“Enter”键，结束公式输入。

单元格区域C4:C13进行公式计算时，与C3的公式类似，区别在于当前项目值的单元格引用的行号为当前计算结果的所在行，因此，采用公式复制的功能，完成单元格区域C4:C13的公式计算。具体操作如下：选定C3单元格，鼠标指针指向C3单元格右下方的填充柄上，鼠标指针变为“+”形状时，按住鼠标左键向下拖拽至单元格C13。注意：此处不但复制了公式，还复制了单元格格式。

图4-84显示的是单元格区域C3:C13的运算结果图，图中编辑栏内显示的是C13单元格的公式，运算的结果显示在单元格内。

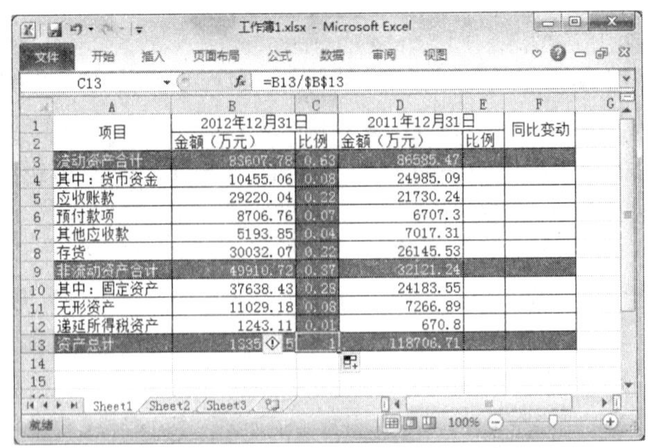

图4-84　单元格区域C3:C13完成比例计算的结果图

现欲完成单元格区域E3:E13的比例计算。具体操作如下：首先，选定单元格E3，即计算2011年12月31日的流动资产合计项目即D3的比例值；从键盘上输入“=”，再用鼠标单击单元格D3，再从键盘上输入“/”，再用鼠标单击单元格D13，此时单元格的插入符在“D13”的“3”字后，再按键盘上的“F4”键，这时读者会发现单元格引用“D13”变成“$D$13”，最后在键盘上按“Enter”键，结束公式输入。此时，再次选定D3单元格，注意编辑栏中的内容为“=D3/$D$13”。

现使用公式复制的方法将E3单元格中的公式复制到E4:E13，具体操作方法如下：首先选定单元格区域E3:E13，再选择“开始”选项卡→“编辑”选项组→“填充▼”（出现复制下拉菜单）→“向下”菜单项。这时填充的结果如图4-85所示，选定E13单元格后，编辑栏内显示的公式为“=D13/$D$13”，这表明公式复制是成功的。

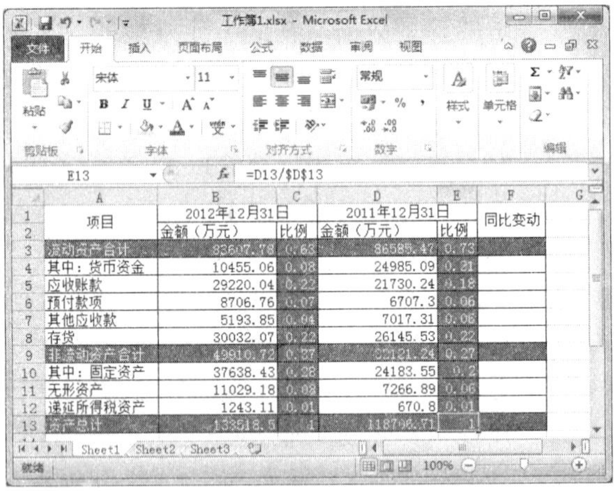

图4-85　单元格区域E3:E13完成比例计算的结果图

③同比变动计算。

同比变动计算的公式是“（2012年12月31日的金额-2011年12月31日的金额）/ 2011年12月31日的金额”。

先计算F3内的值，具体操作方法如下：先选定F3单元格，第二步从键盘输入“=（”，第三步用鼠标选定单元格B3，第四步从键盘输入“-”，第五步用鼠标选定单元格D3，第六步从键盘输入“）/”，第七步用鼠标选定单元格D3，最后按“Enter”键。

使用公式复制的方法将F3单元格中的公式复制到F4:F13，具体操作方法如下：首先选定单元格区域F3:F13，再选择“开始”选项卡→“编辑”选项组→“填充▼”（出现复制下拉菜单）→“向下”菜单项。这时填充的结果如图4-86所示。

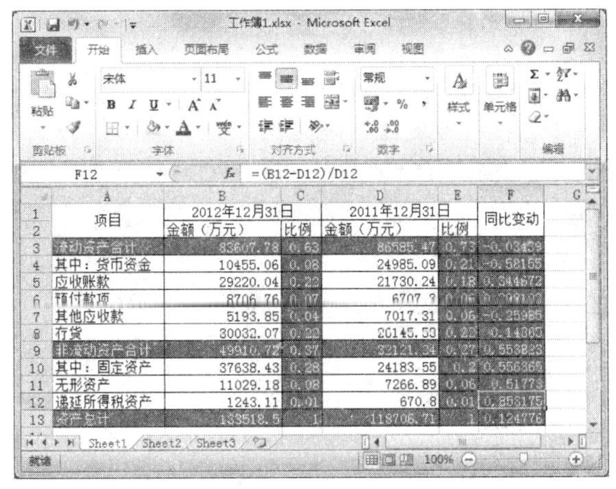

图4-86 单元格区域F3:F13完成同比变动计算的结果图

（7）设置百分比格式

现欲将单元格区域C3:C13、E3:F13的数据设置为百分比的显示格式。具体操作方法如下：首先，选定单元格区域C3:C13，按住键盘上Ctrl键的同时，选定单元格区域E3:F13，即选定非连续的区域；选择“开始”选项卡→“数字”选项组→“ ”按钮（选项组右下方处），出现“设置单元格格式”对话框，在图4-87所示的“数字”选项卡内作如下设置：分类列表框中选择“百分比”，小数位数为1位。最后单击“确定”按钮。

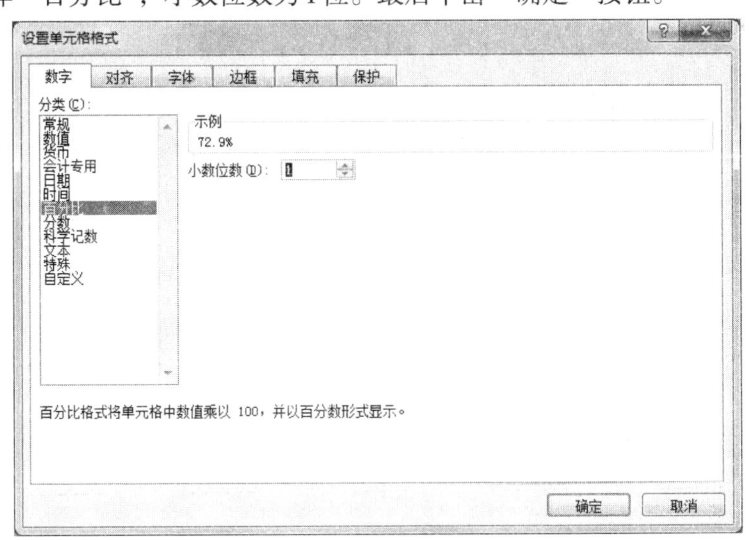

图4-87 “设置单元格格式”对话框的“数字”选项卡

完成上述设置后，会发现有些列中出现“#”字符，表明该列列宽过小，请调整列宽。调整的方法可以用前面介绍的调整列宽的方法。调整过后数据表设置百分比的效果图如图4-

88所示。

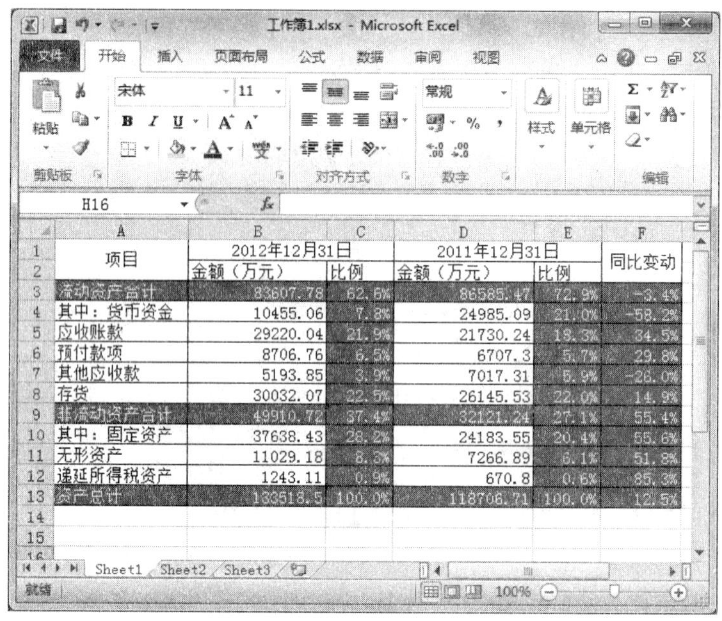

图4-88 设置百分比的效果图

（8）取消单元格底纹

现欲将单元格区域C4:C8、C10:C12、E4:F8和E10:F12的底纹取消，具体操作步骤如下：首先，选定单元格区域C4:C8；选择“开始”选项卡→“单元格”选项组→“格式▼”（出现单元格格式下拉菜单）→“设置单元格格式...”菜单项，出现“设置单元格格式”对话框，发现“填充”选项卡内此处填充是背景色填充，而不是图案填充，因此，在图4-89所示的“填充”选项卡内进行如下设置：背景色中选择“无颜色”；再在“设置单元格格式”对话框中，选择“字体”选项卡，在“字体”选项卡中设置字体颜色为黑色；最后单击对话框中的“确定”按钮。

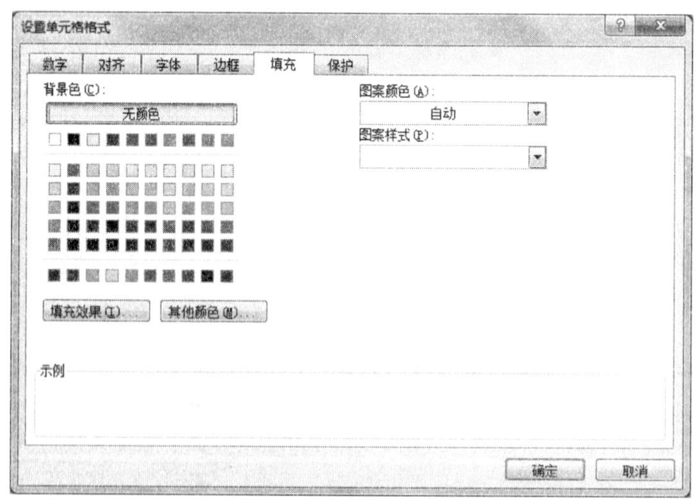

图4-89 “设置单元格格式”对话框的“填充”选项卡

现欲使用格式刷，将单元格区域C10:C12、E4:F8和E10:F12的底纹取消，具体操作步骤如下：选定已设置格式的单元格C4；双击“开始”选项卡→“剪贴板”选项组→“格式刷 ”按钮；再按住鼠标左键拖拽选择单元格区域C10:C12，再拖拽选择区域E4:F8和E10:F12。

指定单元格区域取消单元格底纹后的效果如图4-90所示。

项目	2012年12月31日		2011年12月31日		同比变动
	金额（万元）	比例	金额（万元）	比例	
流动资产合计	83607.78	62.6%	86585.47	72.9%	-3.4%
其中：货币资金	10455.06	7.8%	24985.09	21.0%	-58.2%
应收账款	29220.04	21.9%	21730.24	18.3%	34.5%
预付款项	8706.76	6.5%	6707.3	5.7%	29.8%
其他应收款	5193.85	3.9%	7017.31	5.9%	-26.0%
存货	30032.07	22.5%	26145.53	22.0%	14.9%
非流动资产合计	49910.72	37.4%	32121.24	27.1%	55.4%
其中：固定资产	37638.43	28.2%	24183.55	20.4%	55.6%
无形资产	11029.18	8.3%	7266.89	6.1%	51.8%
递延所得税资产	1243.11	0.9%	670.8	0.6%	85.3%
资产总计	133518.5	100.0%	118706.71	100.0%	12.5%

图4-90　取消指定区域的单元格底纹后的效果图

（9）制作图表

因为数据表A1:F13的标题行A1:F2过于复杂，所以为了便于制作图表，现准备重新准备一张格式简单的数据表，数据内容仍是A3:F13。操作方法如下：先选定单元格区域A3:F13；在选定区域上右键单击，在出现的快捷菜单上选择“复制”菜单项；再选定Sheet2工作表，在Sheet2工作表中，单击单元格A2；选择“开始”选项卡→“剪贴板”选项组→“粘贴▼”（出现粘贴下拉菜单）→“ ”菜单项，该菜单项是只粘贴值和数字格式。

再在A1至F1单元格中，依次输入“项目”、“2012年金额”、“2012年比例”、“2011年金额”、“2011年比例”、“同比变动”。调整表格的列宽后，Sheet2工作表如图4-91所示。

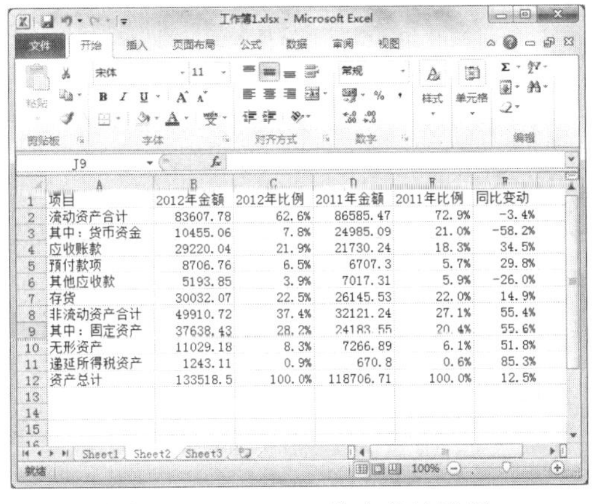

项目	2012年金额	2012年比例	2011年金额	2011年比例	同比变动
流动资产合计	83607.78	62.6%	86585.47	72.9%	-3.4%
其中：货币资金	10455.06	7.8%	24985.09	21.0%	-58.2%
应收账款	29220.04	21.9%	21730.24	18.3%	34.5%
预付款项	8706.76	6.5%	6707.3	5.7%	29.8%
其他应收款	5193.85	3.9%	7017.31	5.9%	-26.0%
存货	30032.07	22.5%	26145.53	22.0%	14.9%
非流动资产合计	49910.72	37.4%	32121.24	27.1%	55.4%
其中：固定资产	37638.43	28.2%	24183.55	20.4%	55.6%
无形资产	11029.18	8.3%	7266.89	6.1%	51.8%
递延所得税资产	1243.11	0.9%	670.8	0.6%	85.3%
资产总计	133518.5	100.0%	118706.71	100.0%	12.5%

图4-91　Sheet2工作表的效果图

以下创建图表的数据源都是Sheet2工作表的数据。

①创建簇状柱形图表。

待创建的图表主要以图形的形式显示2012年与2011年各项项目（除资产总计外）的金额，具体操作方法如下：选定非连续的单元格区域，先选定单元格区域A1:B11，再按住Ctrl键的同时，选定单元格区域D1:D11；选择“插入”选项卡→“图表”选项组→“ ”按钮（选项组右下方处），出现图4-92所示的“插入图表”对话框；在对话框的左侧列表框中选择“柱形图”，在右侧列表框中列出了许多类型的图表，现在将鼠标指向右侧列表框中每种类型图上稍微静止一下，下方会出现图的文字说明，现在选择“簇状柱形图”，再单击“确定”按钮。

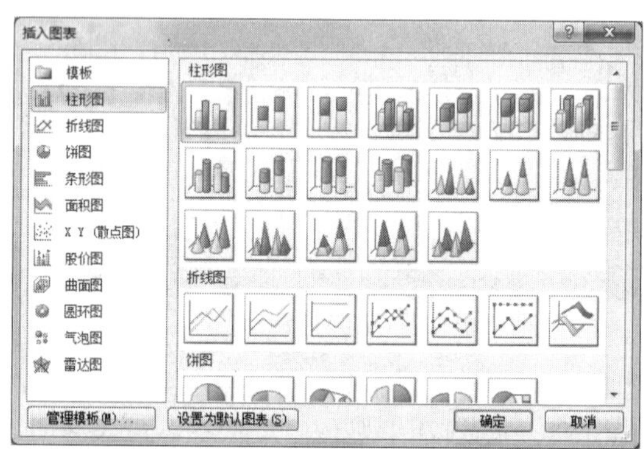

图4-92　“插入图表”对话框

添加图表后的工作表Sheet2如图4-93所示。

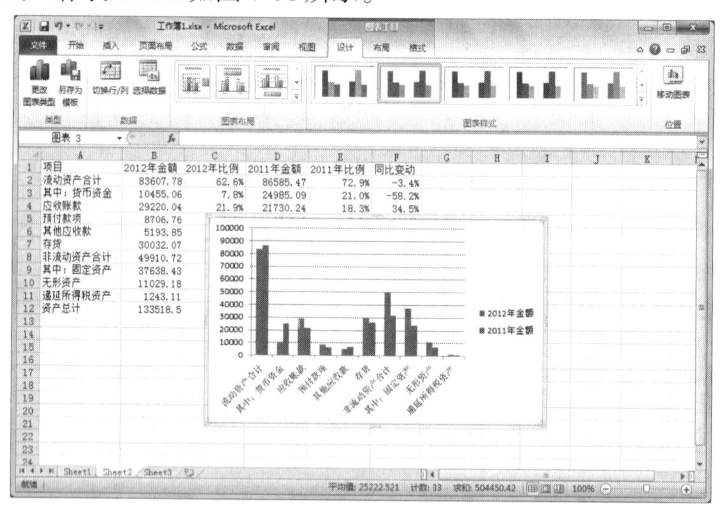

	A	B	C	D	E	F
1	项目	2012年金额	2012年比例	2011年金额	2011年比例	同比变动
2	流动资产合计	83607.78	62.6%	86585.47	72.9%	-3.4%
3	其中：货币资金	10455.06	7.8%	24985.09	21.0%	-58.2%
4	应收账款	29220.04	21.9%	21730.24	18.3%	34.5%
5	预付款项	8706.76				
6	其他应收款	5193.85				
7	存货	30032.07				
8	非流动资产合计	49910.72				
9	其中：固定资产	37638.43				
10	无形资产	11029.18				
11	递延所得税资产	1243.11				
12	资产总计	133518.5				

图4-93　插入图表后的Sheet2

在图4-93所示的工作表中，数据表中的数据部分被图表遮挡了，所以，现在准备将图表移动并调整到单元格区域A13:E28内。

移动图表操作方法如下：先用鼠标左键指向图表的空白处；按住鼠标左键将图表拖拽至图表左上角位于A13单元格内。

调整图表大小的操作如下：先用鼠标左键单击图表的空白处，即选定图表；鼠标指向图表的右下角，鼠标指针变成双向箭头状后，按住鼠标左键拖拽图表的右下角至单元格E28内。

移动并调整图表后的效果图如图4–94所示。

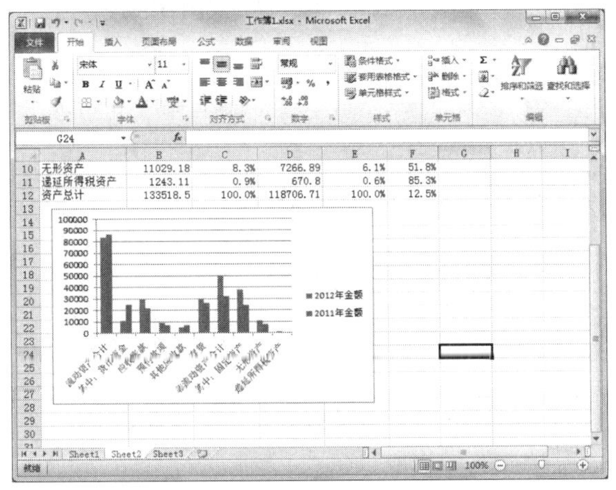

图4–94　移动并调整图表的效果图

现在准备为图表添加图表标题“2011年与2012年资产项目图表”，具体操作方法如下：先用鼠标左键单击图表的空白处，即选定图表；选择“图表工具布局”选项卡→“标签”选项组→“图表标题▼”（出现图表标题下拉菜单）→“图表上方”按钮，图表如图4–95所示。

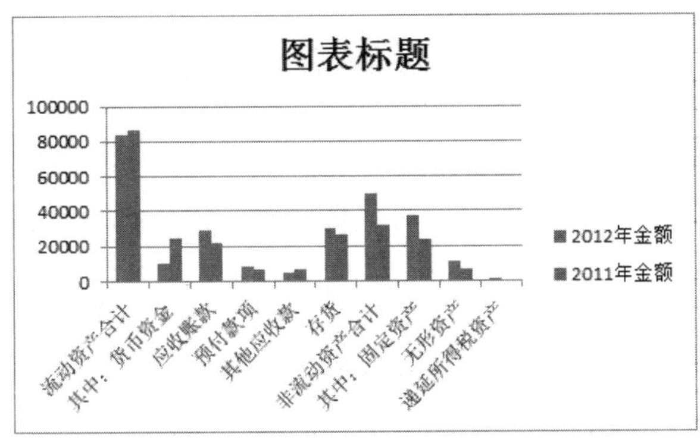

图4–95　插入图表标题后的图表

修改图表标题的方法如下：先选定图表；再用鼠标左键单击图表内的“图表标题”文字框；用鼠标左键拖拽选定标题框内的字符，从键盘上输入“2011年与2012年资产项目图表”。

设置图表标题文字的格式：先选定图表；再用鼠标左键单击图表内的“图表标题”文字框；再在“开始”选项卡→“字体”选项组中设置：字号为14，字体为“黑体”。

在纵向坐标轴上方添加文本框，文本框内文字为“单位：万元”，具体操作如下：先选定图表；选择“图表工具布局”选项卡→“插入”选项组→“文本框”按钮下方的“▼”按钮（出现下拉菜单）→“横排文本框”按钮；在纵坐标轴上方单击鼠标左键，出现文本框，文本框内出现插入符，输入文字“单位：万元”；拖拽文本框的调整柄，即文本框边框上的“○”和“□”按钮，调整文本框的大小；再用鼠标左键指向文本框的边框，鼠标指针呈带箭头的十字状后，拖拽文本框至合适的位置；再单击文本框内的文字，拖拽选定文本框内的所有文字，在“开始”选项卡→“字体”选项组中设置：字号为10。

所有设置完成后，图表的效果图如图4-96所示。

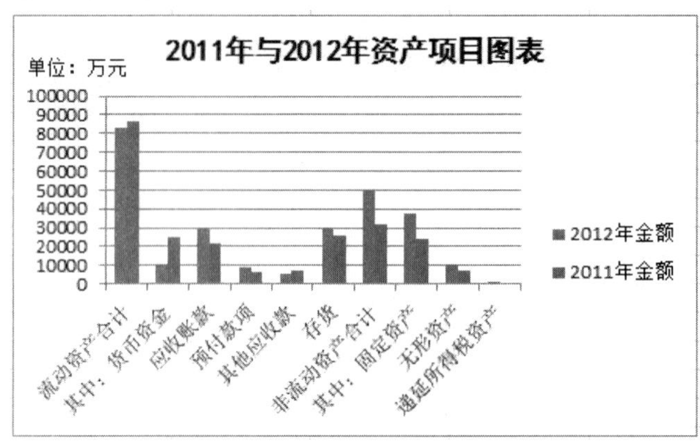

图4-96　图表设置后的效果图

②创建饼图。

待创建的图表主要以图形的形式显示2012年各项项目（除合计和总计项目外）所占的比例，具体操作方法如下：选定非连续的单元格区域A1，A3:A7，A9:A11，C1，C3:C7，C9:C11；选择“插入”选项卡→“图表”选项组→“饼图▼”按钮（出现下拉菜单）→“分离型饼图”按钮。出现了标题为“2012年比例”的饼图图表。

选定饼图图表，即单击图表的空白处，单击标题“2012年比例”文本框，即选定标题文本框后，再次单击标题文本框，使得标题文本框获得插入符，修改标题文字为“2012年资产项目比例图表”。

现在准备为此图表添加数字标签，操作方法如下：先选定饼图图表，即单击图表的空白处；选择“图表工具布局”选项卡→“标签”选项组→“数据标签▼”（出现数据标签下拉菜单）→“数据标签外”菜单项。

移动图表到新建的工作表中，操作方法如下：先选定饼图图表，即单击图表的空白处；选择“图表工具设计”选项卡→“位置”选项组→“移动图表”按钮，出现图4-97所示的“移动图表”对话框，在对话框中选择新工作表Chart1。

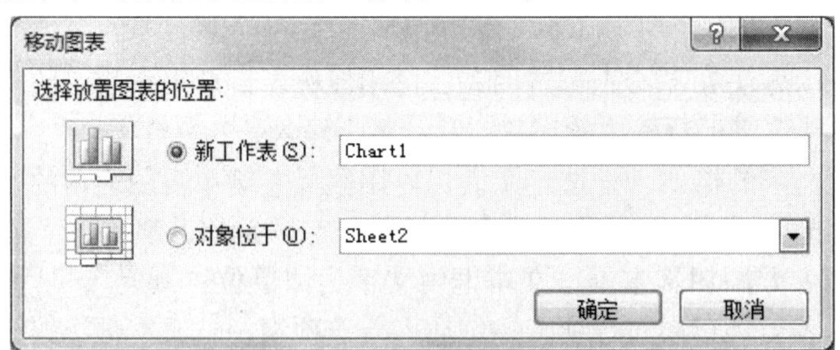

图4-97　“移动图表”对话框

在工作簿中出现工作表Chart1，如图4-98所示，在Chart1工作表中只有一张名为“2012年资产项目比例图表”的图表。

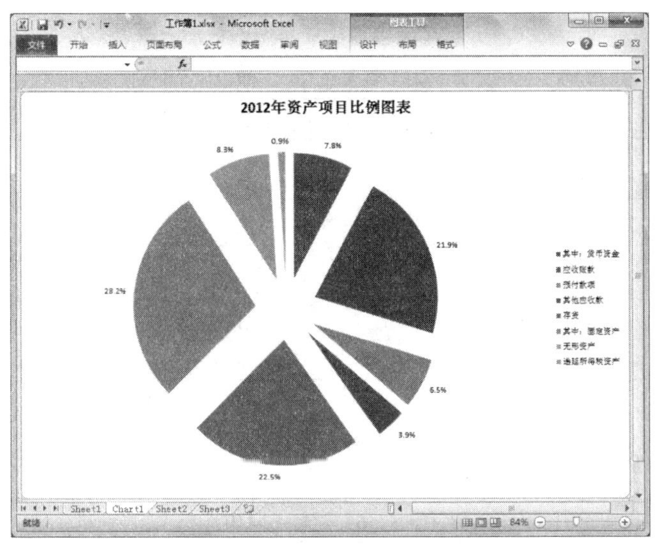

图4-98 新建的Chart1工作表

最后，完成保存工作簿的操作，文件名为“资产项目分析表.xlsx”

在本例制作的过程中，运用了“公式”和“函数”对数据进行计算，并依据数据源制作了图表。本例是对Excel 2010电子表格应用的进一步提高，读者在第一个例子的基础上，进一步熟悉和掌握Excel 2010的强大数据处理功能。

4.2.3 实例3：产品销售统计表

1. 实例分析

Excel 2010提供了强大的数据处理和分析功能，在Excel中不必进行编程就可以利用系统提供的函数完成各种数据的分析，可以很快速地对工作表中的数据进行检索、分类、排序、筛选等操作。

2. 知识点分析

本例制作一个“产品销售统计表”，利用Excel中的公式、排序、筛选、数据透视表等功能对产品销售统计表处理。所涉及的知识点如下：

①表格的格式化操作。

②数据的排序、筛选。

③分类汇总。

④数据透视表的建立。

⑤公式和函数的使用。

3. 操作步骤

打开Excel 2010，创建一个空白工作簿。

（1）在Sheet1工作表中输入数据

在单元格区域A1:G14中输入表4-3中的内容。

表4-3　产品销售统计表中的表格内容

月份	日期	产品	数量	单价	销售额	销售名次
1月份	11	产品B	5	900		
1月份	15	产品C	5	1100		
1月份	3	产品A	6	1050		
1月份	26	产品E	7	1500		
2月份	3	产品A	4	1050		
2月份	15	产品C	8	1100		
2月份	21	产品D	8	1200		
2月份	27	产品E	9	1500		
2月份	9	产品B	7	900		
3月份	9	产品B	9	900		
3月份	15	产品C	6	1100		
3月份	27	产品E	8	1500		
3月份	21	产品D	7	1200		

在工作表的第1行上方插入一个空白行，具体操作如下：选定行号数字“1”，在选定的行号上右键单击，弹出快捷菜单，在快捷菜单中选择“插入”菜单项，即完成操作。

选定A1单元格，从键盘上输入“产品销售统计表”，再按“Enter”键。此时，工作表如图4-99所示。

图4-99　工作表Sheet1输入数据后的效果图

（2）使用公式计算销售额

销售额的计算公式为“=单价*数量”，也就是说，数据表中F列要填写销售额数值，都是用当前行的数量所在单元格的数值与当前行的单价所在单元格的数值相乘。注意：在Excel中，若需使用单元格内容时，使用的都是单元格引用即单元格地址。因此，此处只需用公式计算一个销售额的值，再使用公式复制即可。

输入公式的操作如下：选定F3单元格；从键盘上输入“=”，用鼠标左键单击单元格D3，再从键盘输入“*”，再用鼠标左键单击单元格E3，按下“Enter”键。

公式复制的操作如下：选定单元格区域F3:F15；选择“开始”选项卡→“编辑”选项组→“填充▼”按钮（出现填充下拉菜单）→“向下”菜单项。

（3）使用函数计算销售名次

销售名次即排名需要使用rank函数完成计算。函数rank（number，ref，order），它的功能是返回某数字number在一组数ref中的大小排位位置，order表示排位方式是升序或是降序。对当前工作表分析，在数据表G列中要填入的名次值就是当前销售额值在所有销售额值（即F3:F15）中的排位位置，在分析中发现不管是求哪一个销售额的排名，函数中第2个参量ref始终不变，因此F3:F15为绝对引用$F$3:$F$15。

输入函数的操作如下：选定G3单元格，单击编辑栏左侧的“fx”按钮，出现图4-100所示的“插入函数”对话框，在对话框中进行如下设置：选择类别中选择“全部”，选择函数列表框中选择“RANK”，再单击“确定”按钮。这时，出现图4-101所示的“函数参数”对话框。其中，Number文本框中要求输入待排序的数，Ref文本框中要求输入一组数，Order文本框中若升序排位则输入非0值，若降序排位则输入0或不输入。

在“函数参数”对话框中进行如下操作：先用鼠标单击Number文本框，确认Number文本框内有插入符，且文本框内是空的，再用鼠标左键单击F3，Number文本框输入完成；用鼠标单击Ref文本框，确认Ref文本框内有插入符，且文本框内是空的，再用鼠标选定F3:F15，此时文本框内为“F3:F15”，注意此处要求是绝对引用，因此，用鼠标选定Ref文本框内的所有文字“F3:F15”，按下“F4”功能键，此时，Ref文本框内显示的是“$F$3:$F$15”，Order文本框内输入数字0。

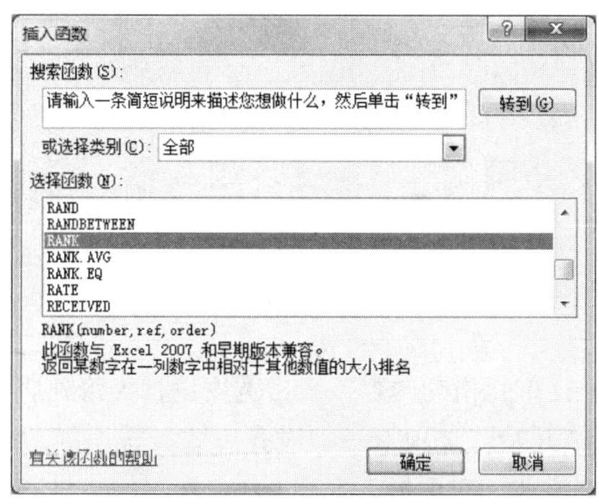

图4-100 “插入函数”对话框

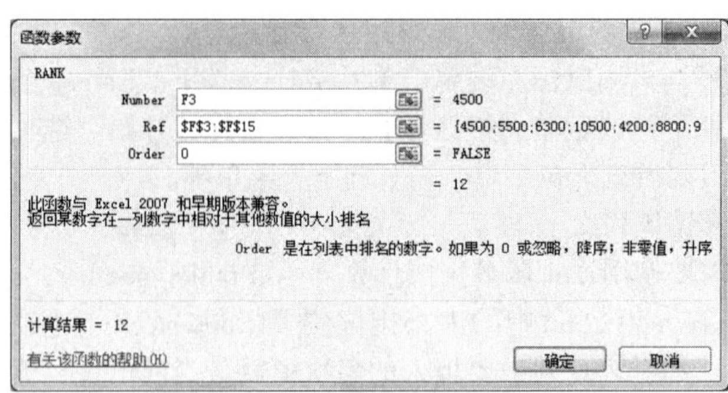

图4-101　“函数参数”对话框

公式复制的操作如下：选定单元格区域G3:G15；选择“开始”选项卡→“编辑”选项组→“填充▼”按钮（出现填充下拉菜单）→“向下”菜单项。

完成销售额和销售名次计算的工作表如图4-102所示。

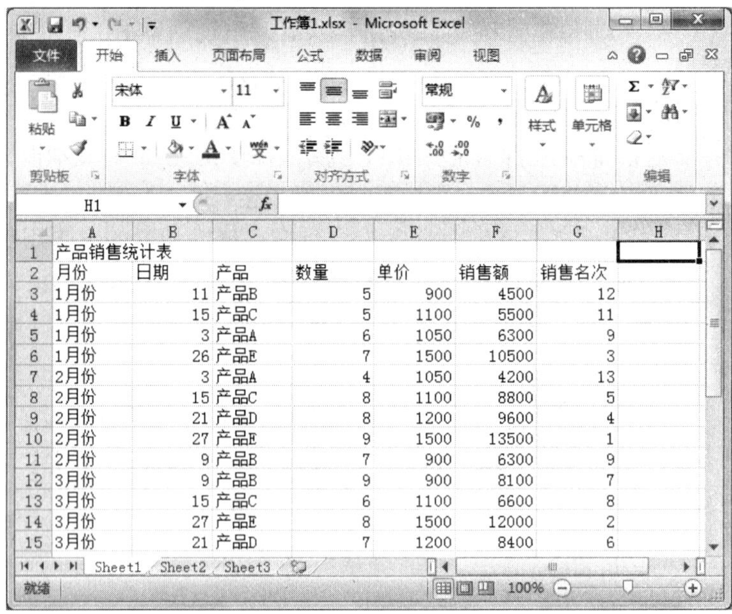

	A	B	C	D	E	F	G	H
1	产品销售统计表							
2	月份	日期	产品	数量	单价	销售额	销售名次	
3	1月份	11	产品B	5	900	4500	12	
4	1月份	15	产品C	5	1100	5500	11	
5	1月份	3	产品A	6	1050	6300	9	
6	1月份	26	产品E	7	1500	10500	3	
7	2月份	3	产品A	4	1050	4200	13	
8	2月份	15	产品C	8	1100	8800	5	
9	2月份	21	产品D	8	1200	9600	4	
10	2月份	27	产品E	9	1500	13500	1	
11	2月份	9	产品B	7	900	6300	9	
12	3月份	9	产品B	9	900	8100	7	
13	3月份	15	产品C	6	1100	6600	8	
14	3月份	27	产品E	8	1500	12000	2	
15	3月份	21	产品D	7	1200	8400	6	

图4-102　完成销售额和销售名次计算的工作表

（4）表格的格式化

现在准备将表格标题A1单元格的内容按表格宽度设置为跨列居中，操作方法如下：选定单元格区域A1:G1；选择“开始”选项卡→“对齐方式”选项组→“ ”按钮（最右下方的按钮），出现“设置单元格格式”对话框，在图4-103所示的“对齐”选项卡内设置如下：水平对齐选择“跨列居中”，单击“确定”按钮。

图4-103 “设置单元格格式”对话框中“对齐”选项卡

现在准备为数据表A2:G15添加表格框线，操作方法如下：选定单元格区域A2:G15；选择“开始”选项卡→“字体”选项组→“ ”按钮中的“▼”按钮（出现“边框”下拉菜单）→“所有框线”菜单项。经过表格的格式化设置后，工作表如图4-104所示。

G15 =RANK(F15,$F$3:$F$15,0)

产品销售统计表						
月份	日期	产品	数量	单价	销售额	销售名次
1月份	11	产品B	5	900	4500	12
1月份	15	产品C	5	1100	5500	11
1月份	3	产品A	6	1050	6300	9
1月份	26	产品E	7	1500	10500	3
2月份	3	产品A	4	1050	4200	13
2月份	15	产品C	8	1100	8800	5
2月份	21	产品D	8	1200	9600	4
2月份	27	产品E	9	1500	13500	1
2月份	9	产品B	7	900	6300	9
3月份	9	产品B	9	900	8100	7
3月份	15	产品C	6	1100	6600	8
3月份	27	产品E	8	1500	12000	2
3月份	21	产品D	7	1200	8400	6

图4-104 表格格式化设置后的工作表

（5）排序操作

现在准备将表格中的数据按销售日期进行升序排序，对这张数据表进行分析，此数据表中有两列“月份”、“日期”都与日期有关，因此这个排序是多关键字排序。要求先按主要关键字“月份”排序，当主要关键字相同时，再按次要关键字“日期”排序。

排序的具体操作如下：选定单元格区域A2:G15，选择“开始”选项卡→“编辑”选项组→“排序和筛选▼”按钮（出现下拉菜单）→“自定义排序...”菜单项，出现图4-105所示的“排序”对话框。在对话框中设置主要关键字为月份，排序依据为“数值”，次序为“升序”，再单击“添加条件”按钮后，设置次要关键字为日期，排序依据为“数值”，次序为“升序”。

图4-105 “排序”对话框

排序结果如图4-106所示。

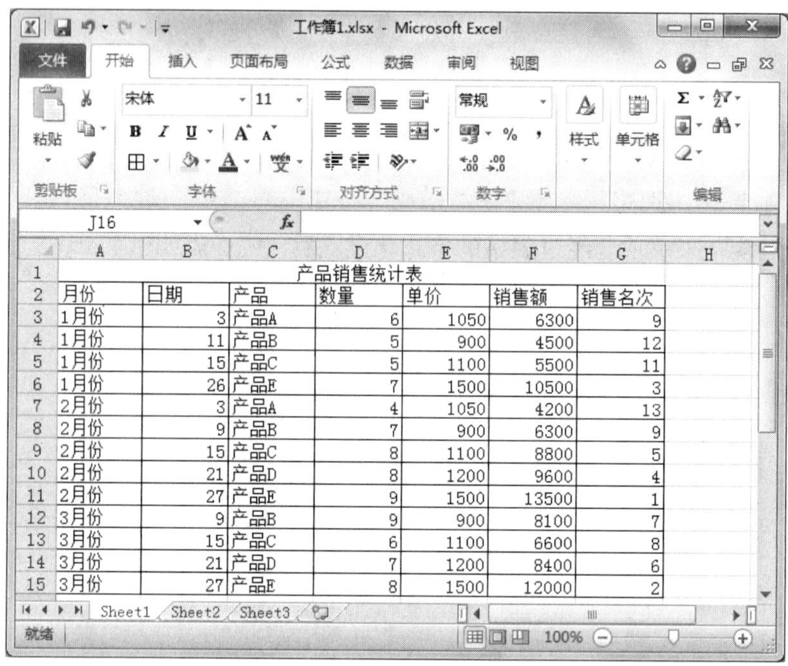

月份	日期	产品	数量	单价	销售额	销售名次
1月份	3	产品A	6	1050	6300	9
1月份	11	产品B	5	900	4500	12
1月份	15	产品C	5	1100	5500	11
1月份	26	产品E	7	1500	10500	3
2月份	3	产品A	4	1050	4200	13
2月份	9	产品B	7	900	6300	9
2月份	15	产品C	8	1100	8800	5
2月份	21	产品D	8	1200	9600	4
2月份	27	产品E	9	1500	13500	1
3月份	9	产品B	9	900	8100	7
3月份	15	产品C	6	1100	6600	8
3月份	21	产品D	7	1200	8400	6
3月份	27	产品E	8	1500	12000	2

图4-106 按月份和日期排序后的工作表

（6）筛选操作

数据筛选多是针对数据表的操作，数据表是含有标题行的，数据表中不允许空行。

筛选操作的具体操作如下：首先，选定数据表，即单元格区域A2:G15；选择“开始”选项卡→“编辑”选项组→“排序和筛选▼”按钮（出现下拉菜单）→“筛选”菜单项，此时工作表如图4-107所示，标题行中每个列标题名后出现下拉菜单“▼”。

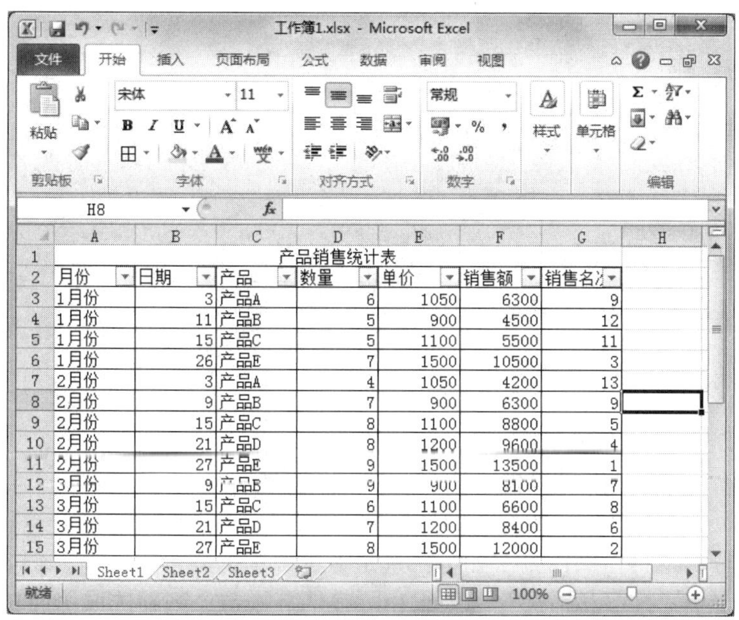

	A	B	C	D	E	F	G
1	产品销售统计表						
2	月份	日期	产品	数量	单价	销售额	销售名次
3	1月份	3	产品A	6	1050	6300	9
4	1月份	11	产品B	5	900	4500	12
5	1月份	15	产品C	5	1100	5500	11
6	1月份	26	产品E	7	1500	10500	3
7	2月份	3	产品A	4	1050	4200	13
8	2月份	9	产品B	7	900	6300	9
9	2月份	15	产品C	8	1100	8800	5
10	2月份	21	产品D	8	1200	9600	4
11	2月份	27	产品E	9	1500	13500	1
12	3月份	9	产品B	9	900	8100	7
13	3月份	15	产品C	6	1100	6600	8
14	3月份	21	产品D	7	1200	8400	6
15	3月份	27	产品E	8	1500	12000	2

图4–107 设置筛选后的工作表

现在准备让工作表只显示符合如下条件的数据：1月份和2月份产品A的销售情况，因此需要筛选月份和产品。月份筛选条件设置的具体操作如下：单击“月份”后的下拉按钮“▼”，在出现的下拉菜单中选择“文本筛选”级联菜单中的“等于...”菜单项，出现图4–108所示的“自定义自动筛选方式”对话框，设置月份的筛选条件：“等于1月份或等于2月份”，表示月份等于1月份或者等于2月份。若筛选条件为“等于1月份与等于2月份”，表示月份等于1月份并且月份等于2月份。此处，依据要求筛选条件为“等于1月份或等于2月份”。最后，单击对话框中的“确定”按钮。

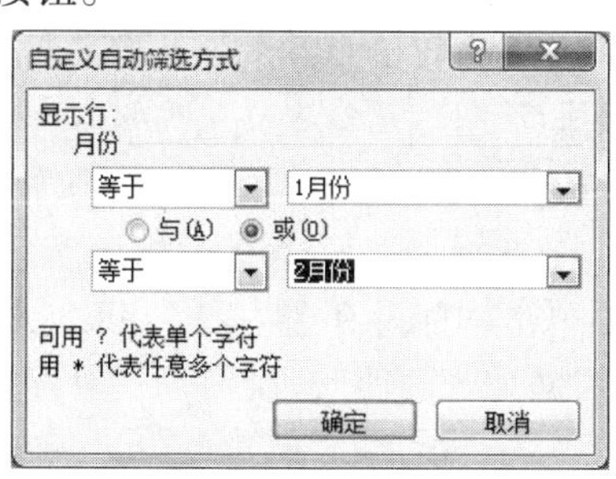

图4–108 设置月份筛选条件的“自定义自动筛选方式”的对话框

产品筛选条件设置的具体操作如下：单击“产品”后的下拉按钮“▼”，在出现的下拉菜单中选择“文本筛选”级联菜单中的“等于...”菜单项，在出现的“自定义自动筛选方式”对话框，设置产品的筛选条件：“等于产品A”，单击“确定”按钮。

筛选条件设置后，工作表如图4–109所示。

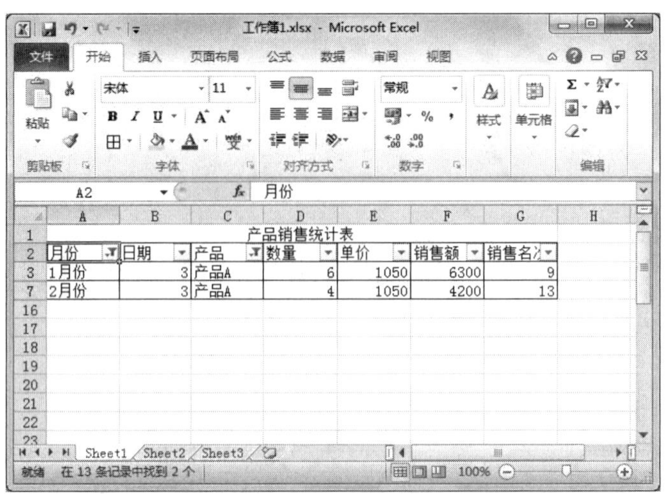

图4-109 筛选1月份和2月份产品A的结果图

若要取消筛选，则具体操作方法如下：选定数据表中的某个单元格，例如单元格A2；选择“数据”选项卡→“排序和筛选”选项组→“筛选”按钮，则筛选取消成功。

(7) 分类汇总操作

分类汇总就是对数据表先按一个字段（即某列数据）进行分类，再对其他数据进行汇总，汇总方式有求和、求平均值等。

现在准备对数据表A2:G15，汇总每个产品的数量总和与销售额总和。按照要求进行分析：因为是按照每个产品进行汇总，所以分类字段是“产品”；要求汇总的字段是“数量”和“销售额”；汇总的方式是求和。

注意：分类汇总操作要求先按分类字段排序，再进行分类汇总操作。对于本例，工作表先取消筛选。

对数据表A2:G15，汇总每个产品的数量总和与销售额总和的具体操作如下：

①按分类字段“产品”升序排序。

选定单元格区域A2:G15；选择“数据”选项卡→“排序和筛选”选项组→“排序”按钮，在出现的排序对话框如图4-105所示，已经有了排序字段，先单击“删除条件”按钮，删除所有的排序关键字，此处要单击“删除条件”按钮两次。再单击“添加条件”按钮，设置主要关键字为“产品”，排序依据为“数值”，次序为“升序”。排序设置如图4-110所示。

图4-110 设置分类字段“产品”升序排序

②分类汇总。

选定单元格区域A2:G15；选择“数据”选项卡→“分级显示”选项组→“分类汇总”按钮，出现图4-111所示的“分类汇总”对话框。在对话框中设置分类字段为“产品”，汇总方式为“求和”，汇总项为“数量”和“销售额”，单击“确定”按钮。

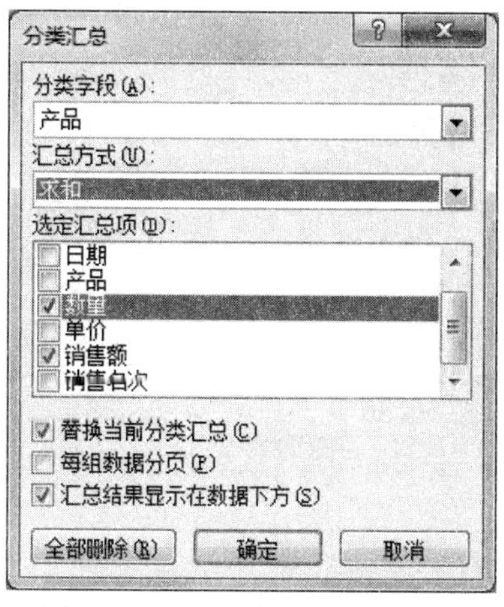

图4-111　“分类汇总”对话框

分类汇总操作完成后结果如图4-112所示，读者会发现工作表中多了几行，这些行都是汇总结果。

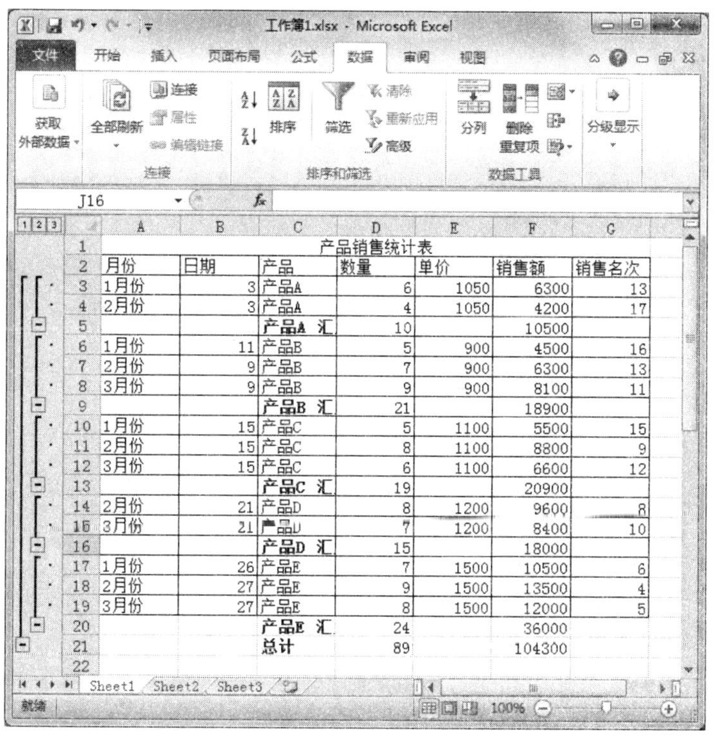

	A	B	C	D	E	F	G
1	产品销售统计表						
2	月份	日期	产品	数量	单价	销售额	销售名次
3	1月份	3	产品A	6	1050	6300	13
4	2月份	3	产品A	4	1050	4200	17
5			产品A 汇	10		10500	
6	1月份	11	产品B	5	900	4500	16
7	2月份	9	产品B	7	900	6300	13
8	3月份	9	产品B	9	900	8100	11
9			产品B 汇	21		18900	
10	1月份	15	产品C	5	1100	5500	15
11	2月份	15	产品C	8	1100	8800	9
12	3月份	15	产品C	6	1100	6600	12
13			产品C 汇	19		20900	
14	2月份	21	产品D	8	1200	9600	8
15	3月份	21	产品D	7	1200	8400	10
16			产品D 汇	15		18000	
17	1月份	26	产品E	7	1500	10500	6
18	2月份	27	产品E	9	1500	13500	4
19	3月份	27	产品E	8	1500	12000	5
20			产品E 汇	24		36000	
21			总计	89		104300	
22							

图4-112　分类汇总操作后的工作表

（8）制作数据透视表

数据透视表是可以动态地改变表格的版面布置，以便按照不同方式分析数据。数据透视表其实是建立在数据表的基础上的统计表，它可以多角度地观察数据表的数据之间的联系。

现在要求在统计表中能够按产品显示数量和销售额的总和值，还能够按月份显示数量和销售额的总和值。操作方法如下：

首先，工作表中取消上述的分类汇总操作，操作如下：选定数据表中的某一单元格，例如选定单元格A2；选择“数据”选项卡→“分级显示”选项组→“分类汇总”按钮，在出现的“分类汇总”对话框中单击“全部删除”按钮。

选定数据表，单元格区域A2:G15；选择“插入”选项卡→“表格”选项组→“数据透视表▼”按钮（出现下拉菜单）→“数据透视表”按钮，出现图4-113所示的“创建数据透视表”对话框，在对话框中选择数据透视表的位置为新工作表，最后单击“确定”按钮。

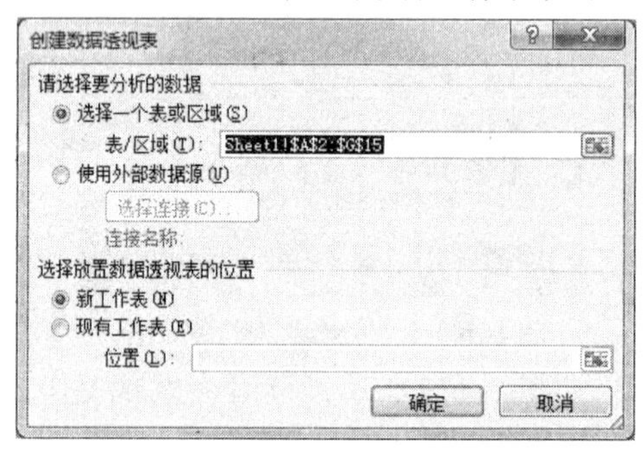

图4-113 “创建数据透视表”对话框

这时，新建的工作表Sheet4即数据透视表如图4-114所示。

图4-114 数据透视表

在工作表的右窗格“数据透视表字段列表”中的设置如图4-115所示，用鼠标拖拽字段列表框中的字段“月份”至“列标签”框内，拖拽字段“产品”至“行标签”框内，拖拽字段“数量”和“销售额”至“数值”框内。设置完成后，数据透视表如图4-116所示。

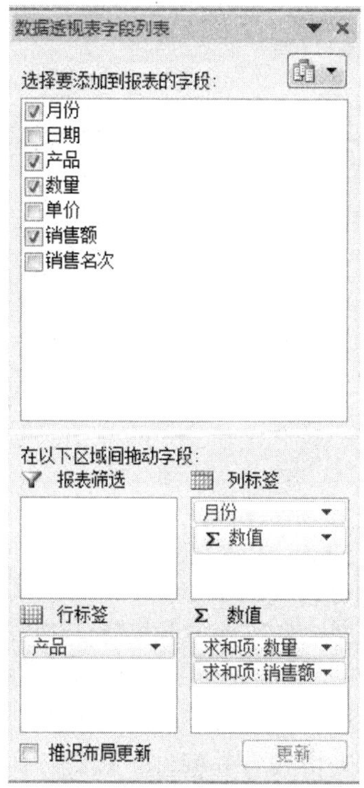

图4-115 “数据透视表字段列表”窗格

	列标签							
	1月份		2月份		3月份			
行标签	求和项:数量	求和项:销售额	求和项:数量	求和项:销售额	求和项:数量	求和项:销售额	求和项:数量汇总	求和项:销售额汇总
产品A	6	6300	4	4200			10	10500
产品B	5	4500	7	6300	9	8100	21	18900
产品C	5	5500	8	8800	6	6600	19	20900
产品D			8	9600	7	8400	15	18000
产品E	7	10500	9	13500	8	12000	24	36000
总计	23	26800	36	42400	30	35100	89	104300

图4-116 设置后的数据透视表

在此透视表中，可以完成产品和月份的筛选，能够按产品显示数量和销售额的总和值，还能够按月份显示数量和销售额的总和值。

用户还可以在“数据透视表字段列表”窗格重新拖选字段。

（9）保存工作簿

在“产品销售统计表”制作过程中，使用了筛选、分类汇总和数据透视表等表格处理的常用方法。

4.2.4 上机练习

1. 在Excel中创建如图4-117所示的名为“高中学生考试成绩表”的工作表，然后按以

下要求进行操作

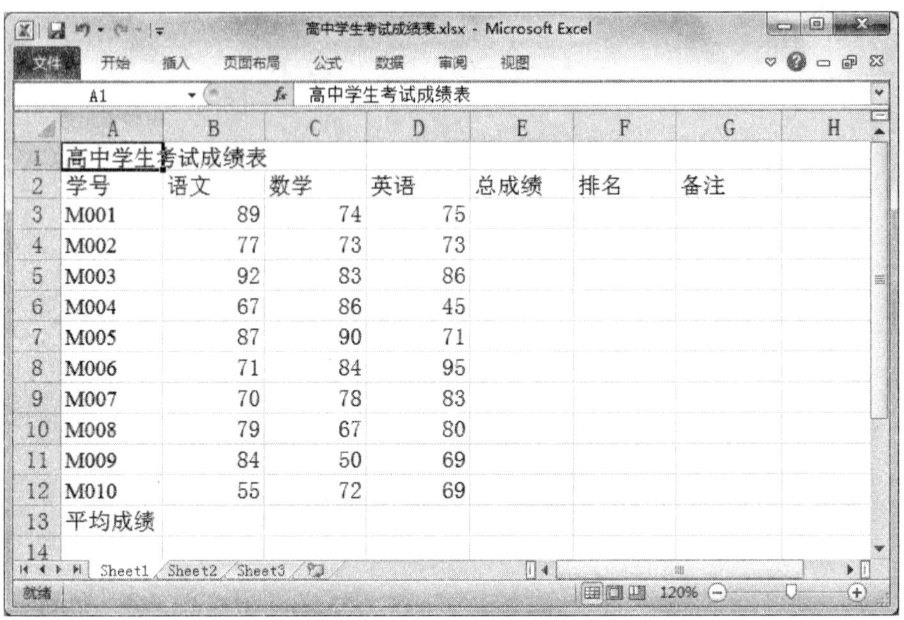

	A	B	C	D	E	F	G	H
1	高中学生考试成绩表							
2	学号	语文	数学	英语	总成绩	排名	备注	
3	M001	89	74	75				
4	M002	77	73	73				
5	M003	92	83	86				
6	M004	67	86	45				
7	M005	87	90	71				
8	M006	71	84	95				
9	M007	70	78	83				
10	M008	79	67	80				
11	M009	84	50	69				
12	M010	55	72	69				
13	平均成绩							
14								

图4-117　高中学生考试成绩表

①将Sheet1工作表的A1:G1单元格合并为一个单元格，内容水平居中。

②A1单元格字体设为宋体、加粗、红色、20号。

③为单元格区域A1:G13添加表格线（外框红色双线，内框蓝色的细单实线）。

④工作表Sheet1重命名为“成绩表”。

⑤保存工作薄，名为“高中学生考试成绩表.xlsx”。

2. 在习题1的基础上完成下列操作

①计算“总成绩”列的内容。

②利用RANK函数计算“排名”列的内容，要求按“总成绩”递减次序排名。

③计算“平均成绩”行的内容，是三门课的平均成绩。

④如果总成绩大于或等于200，则在备注栏内给出信息“有资格”，否则给出信息“无资格”，利用IF函数实现。

⑤选取单元格区域A2:D12，建立“簇状圆柱图”，设置图表标题“考试成绩图”。

⑥将第⑤题所创建的图表插入到A14:G28单元格区域。

3. 在Excel中创建如图4-118所示的工作表，具体要求如下

教材销售情况表.xlsx - Microsoft Excel

文件　开始　插入　页面布局　公式　数据　审阅　视图

H20　f_x

	A	B	C	D	E	F
1			教材销售情况表			
2	分店	教材名称	季度	数量	单价	销售额(元)
3	A书店	大学语文	3	111	¥32.80	
4	A书店	大学语文	2	119	¥32.80	
5	B书店	物理	2	123	¥26.90	
6	C书店	高等数学	2	145	¥23.50	
7	C书店	高等数学	1	167	¥23.50	
8	A书店	物理	4	168	¥26.90	
9	B书店	物理	4	178	¥26.90	
10	A书店	高等数学	4	180	¥23.50	
11	C书店	高等数学	4	189	¥23.50	
12	C书店	物理	1	190	¥26.90	
13	C书店	物理	4	196	¥26.90	
14	C书店	物理	3	205	¥26.90	
15	C书店	高等数学	1	206	¥23.50	
16	C书店	物理	2	211	¥26.90	
17	A书店	物理	3	218	¥26.90	
18	C书店	大学语文	1	221	¥32.80	
19	A书店	大学语文	4	230	¥32.80	
20	B书店	物理	3	232	¥26.90	
21	B书店	高等数学	3	234	¥23.50	
22	B书店	大学语文	4	236	¥32.80	
23	A书店	物理	2	242	¥26.90	
24	A书店	高等数学	3	278	¥23.50	
25						

教材销售情况表　Sheet2　Sheet3

就绪　100%

图4-118　教材销售情况表

①计算“销售额”列的内容。

②单元格区域E3:E24设置单元格格式为货币格式，货币符号为“￥”，小数位数为2位。

③对工作表中的数据清单A2:F24，按“分店”递增排序。

④对数据清单A2:F24进行分类汇总，分类字段为“分店”，汇总项为“销售额（元）”，汇总方式为“求和”。

4.3　PowerPoint 2010应用实例

PowerPoint 2010以其强大的展示功能在商务应用领域占有极其重要的地位。下面通过几个实例介绍PowerPoint 2010的应用。

4.3.1　实例1：电子相册

1. 实例分析

该例主要是利用PowerPoint 2010所提供的“相册”功能制作电子相册。在正式制作相册之前，先要做好准备工作，例如，准备好制作相册的素材图片、背景音乐等。

2. 知识点分析

本例在制作电子相册的过程中，需要设计幻灯片的母版，利用PowerPoint“相册”功能建立相册的框架，还需要用到超链接、文本框、插入音频等功能。该例中所涉及的知识点

如下：

①基本编辑。

②设置幻灯片母板。

③设置超链接。

④相册功能。

⑤插入音频。

⑥插入文本框。

⑦设置幻灯片切换效果。

3. 设计步骤

（1）创建电子相册框架

利用PowerPoint 2010的“相册”功能，建立相册大体框架。操作步骤如下：

打开PowerPoint 2010，系统自动创建了一个新的演示文稿，名为“演示文稿1”。现在关闭此演示文稿，操作如下：单击“文件”选项卡→“关闭”按钮。现在PowerPoint窗口如图4-119所示。

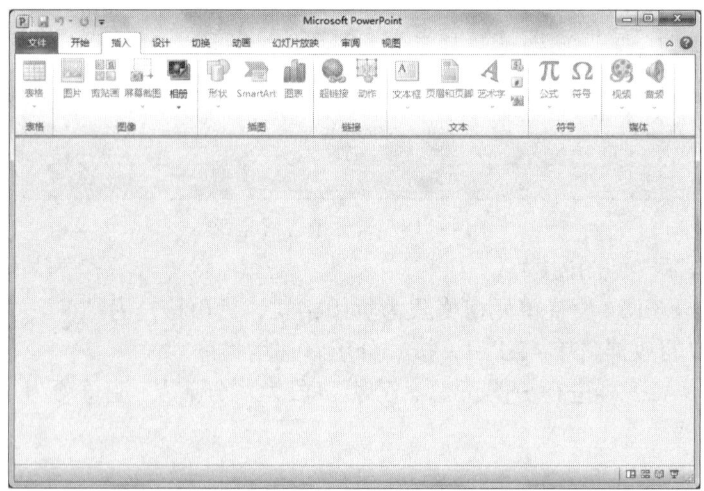

图4-119　没有演示文稿的PowerPoint窗口

利用“相册”功能创建含有图片的演示文稿，操作如下：单击“插入”选项卡→“图像”选项组→“相册▼”按钮→“新建相册...”项，出现图4-120所示的“相册”对话框。

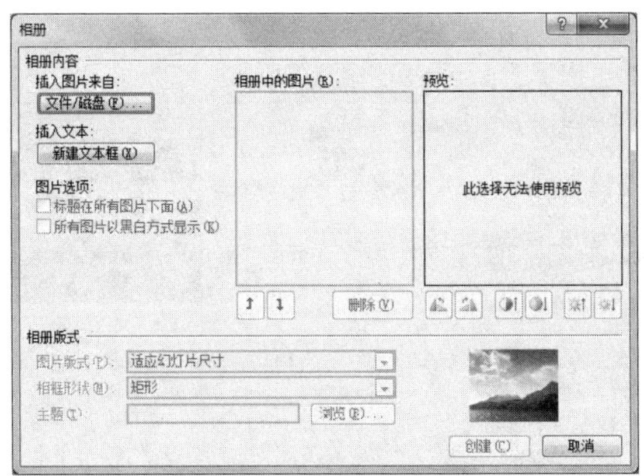

图4–120　“相册”对话框

请提前将演示文稿所需的图片存储到计算机中。现在在“相册”对话框中，单击“文件/磁盘...”按钮，出现图4–121“插入新图片”的对话框。在对话框中将所有要插入的图片全部选中，再单击“插入”按钮。

图4–121　“插入新图片”对话框

此时，又返回到“相册”对话框，在如图4–122对话框中作如下设置：选择图片版式为“1张图片”，相框形状为“简单框架，白色”。单击“创建”按钮。

图4–122 “插入新图片”对话框的设置

创建的相册演示文稿如图4–123所示。

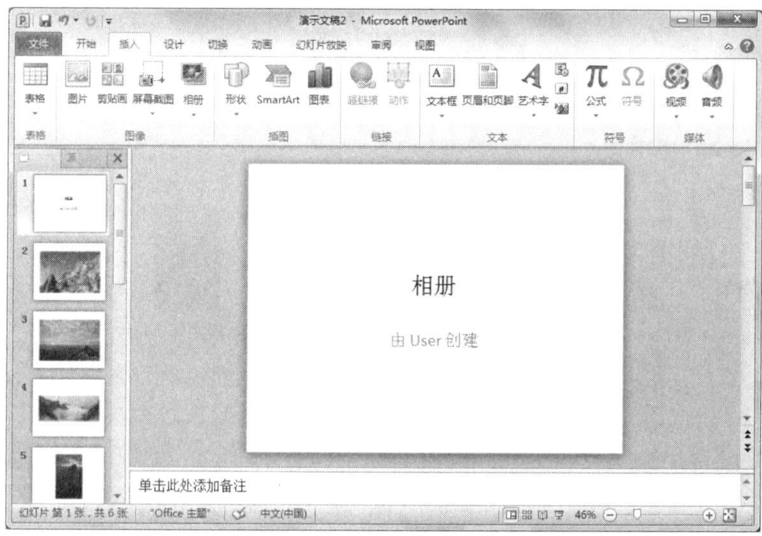

图4–123 插入相册所得的相册演示文稿

（2）设置母版

幻灯片母版用于快速统一幻灯片的风格，它包括了演示文稿的模板信息，例如字体、项目符号、背景等。幻灯片母版中包括一整套幻灯片的结构，当用户在母版中修改了一些设置后，用户新建幻灯片时就会使用母版中的设置。具体操作步骤如下：

单击“视图”选项卡→“母版视图”选项组→“幻灯片母版”按钮。

单击“幻灯片母版”选项卡→“编辑主题”选项组→内置主题列表框中的“跋涉”主题按钮，出现图4–124所示的幻灯片母版视图。

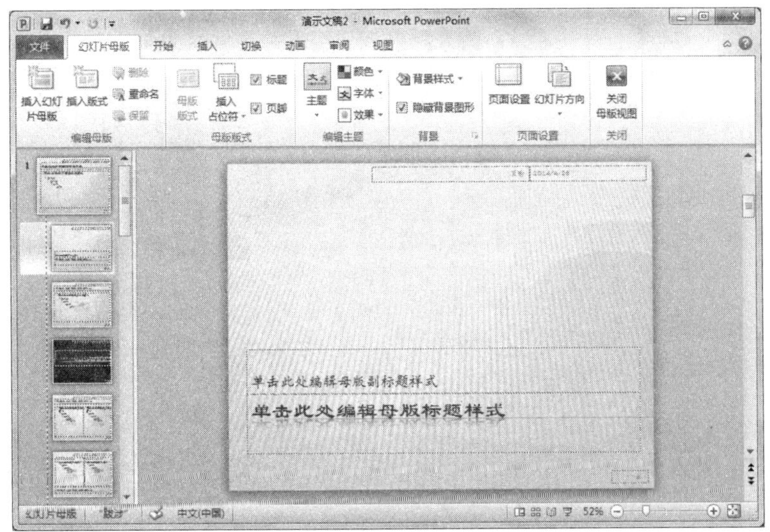

图4–124　使用主题效果的幻灯片母版视图

在幻灯片母版视图的左窗格中，选择“标题幻灯片版式”，现在准备为标题幻灯片版式的母版插入一张图片。操作方法如下：单击“插入”选项卡→“图像”选项组→“图片”按钮，出现图4–125所示的“插入图片”对话框。在此对话框中，左侧框内选择要插入的图片文件所在的盘符，再在右窗格中选择文件所在的文件夹，并选择要插入的图片文件。最后单击“插入”按钮。

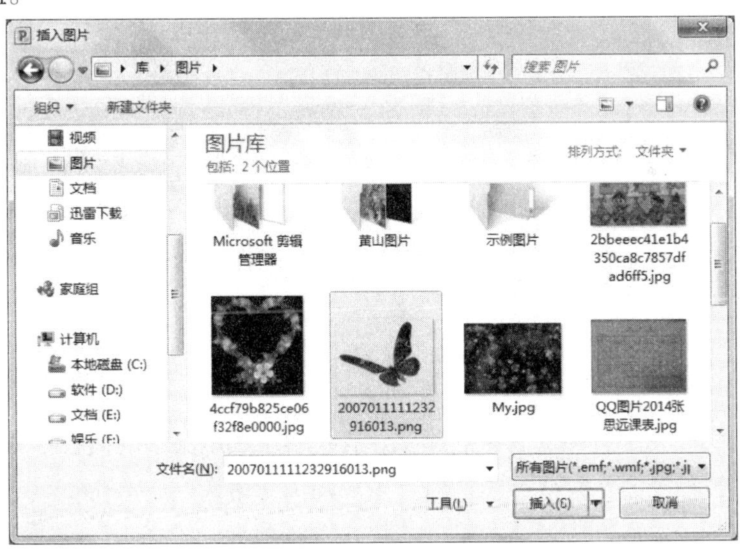

图4–125　“插入图片”对话框

调整图片的大小和位置，操作如下：选定图片后，拖拽图片的调整柄按钮“□”或“○”，调整图片大小；选定图片后，拖拽图片完成移动。此时，效果如图4–126所示。

图4-126　插入图片后的标题幻灯片母版

在标题幻灯片母版中，用鼠标左键单击母版标题的占位符，选定标题占位符中的所有文字，在“开始”选项卡→“字体”选项组中的字号设置为60；用鼠标左键单击母版副标题的占位符，选定副标题占位符中的所有文字，在“开始”选项卡→“字体”选项组中的字号设置为40，设置后的效果如图4-127所示。

图4-127　设置字体后的标题幻灯片母版

在幻灯片母版视图的左窗格中，选择“标题和内容版式”，现在准备为标题和内容版式的母版插入艺术字。操作方法如下：单击“插入”选项卡→“文本”选项组→“艺术字▼”按钮，在下拉列表中选择一种艺术字样式，再在艺术字文本框内输入文本“仙境美景”。

选定所输入的艺术字后，在“开始”选项卡→“字体”选项组中“字号”列表框中选择36。

选定所输入的艺术字后，拖动旋转按钮，旋转按钮如图4-128中标注所示，使得文字旋转一定的角度。选定艺术字，与调整图片方法相同，调整艺术字大小，并拖放艺术字至合适的位置。标题和内容版式的母版在设置艺术字后的效果如图4-129所示。

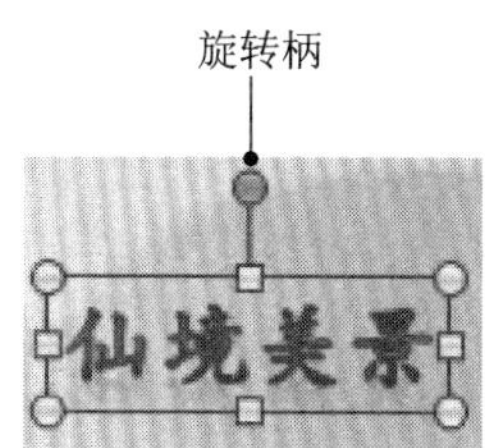

图4-128　艺术字的旋转按钮

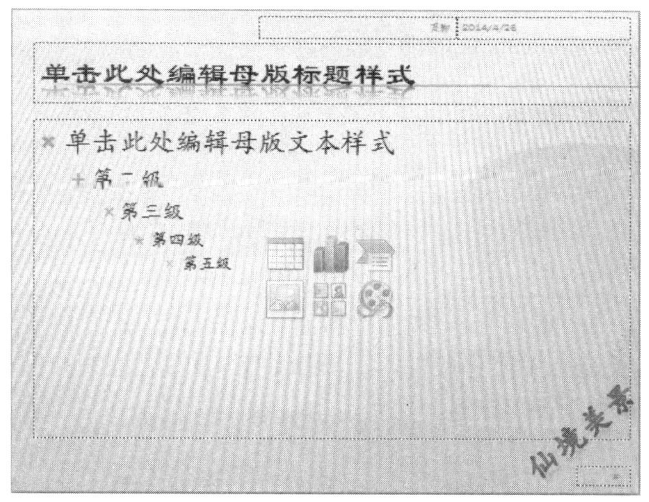

图4-129　设置艺术字后的标题和内容版式的母版

在幻灯片母版视图的左窗格中，选择“标题和内容版式”，在右侧窗格中，选定艺术字，艺术字框内有插入符，在边框上单击鼠标左键，按下“Ctrl+C”，即同时按下“Ctrl”和“C”键。再在幻灯片母版视图的左窗格中，选择“空白版式”，在右侧窗格中，单击幻灯片，按下“Ctrl+V”，即同时按下“Ctrl”和“V”键。设置艺术字后的空白版式母版如图4-130所示。

图4-130　设置艺术字后的空白版式的母版

再按上述方法为“仅标题版式”的母版添加艺术字“仙境美景”，效果如图4–131所示。

图4–131　设置艺术字后的仅标题版式的母版

母版设置完成后关闭，关闭母版视图，操作如下：单击“幻灯片母版”选项卡→“关闭”选项组→“关闭母版视图”按钮。

（3）编辑幻灯片

修改版式：在幻灯片普通视图下，在左侧的幻灯片窗格中，鼠标左键单击第2张幻灯片，按住Shift键，鼠标左键再单击第6张幻灯片，即选定第2张到第6张幻灯片。选择“开始”选项卡→“幻灯片”选项组→“版式▼”按钮（出现下拉列表）→“仅标题”版式。现在第2张幻灯片至第6张幻灯片的版式修改成功，第2张幻灯片如图4–132所示。

图4–132　第2张幻灯片

修改第一张幻灯片的副标题：在幻灯片普通视图下，在左侧的幻灯片窗格中，鼠标左键单击第1张幻灯片，鼠标左键单击副标题占位符，进行内容的修改。

为第2张至第6张幻灯片添加文字：在每一张幻灯片的标题占位符输入文字，操作方法如下：在幻灯片窗格中单击幻灯片，即选定幻灯片；再单击标题占位符，输入标题文字。

为每一张幻灯片，配上相应的文字，操作方法：在幻灯片普通视图下，选定幻灯片；再选择“插入”选项卡→“文本”选项组→“文本框▼”按钮，再根据需要选择“横排文本框”或“竖排文本框”项。在幻灯片上单击以后，在文本框内输入文字。

选定文本框中的所有文字，在“开始”选项卡→“字体”选项组中设置文字的字体。

选定文本框中的段落文字，单击“开始”选项卡→“段落”选项组→“ ”（最右下方处），出现图4–133所示的“段落”对话框，在对话框中设置段落格式。

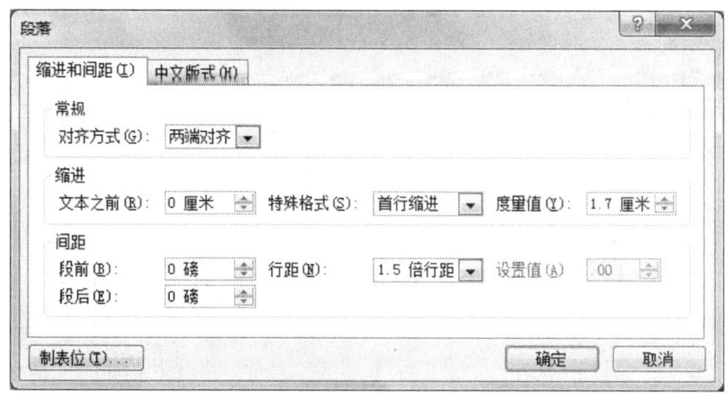

图4–133　“段落”对话框

再用调整艺术字的方法调整文本框和图片的位置。演示文稿中幻灯片的效果如图4–134所示。

图4–134　演示文稿幻灯片效果图

（4）制作相册的目录页

相册的目录页主要介绍相册的主体内容，即将每张幻灯片的标题汇集到一张目录幻灯片中，在目录中分别将相关的内容链接，通过单击这些链接可以跳转到相应的幻灯片页面。具体的步骤如下：

插入一张新幻灯片：在幻灯片普通视图下，在左侧的幻灯片窗格中，鼠标左键单击第1张幻灯片与第2张幻灯片之间，单击“开始”选项卡→“幻灯片”选项组→“新建幻灯片▼”按钮→“标题和内容”版式的项。插入的幻灯片如图4–135所示。

图4–135　插入的“标题和内容”版式的新幻灯片

输入文字：在新的幻灯片中，单击标题占位符，输入标题文字“相册目录”。单击内容占位符，分行输入后面5张幻灯片的标题文字：“鳌鱼峰”“光明顶”“排云亭”“始信峰”“迎客松”。

如果要设置字体，请先选定文字，再在“开始”选项卡→“字体”选项组→“ ”（最右下方处），出现图4–136所示的“字体”对话框，在对话框中设置字体格式。

图4–136　“字体”对话框

选定段落文字，单击“开始”选项卡→“段落”选项组→“ ”（最右下方处），出现“段落”对话框，在对话框中设置段落格式。

设置超链接：将目录中的文字链接到对应的幻灯片中。

选定文字“鳌鱼峰”，单击“插入”选项卡→“链接”选项组→“超链接”按钮，出现图4–137所示的“插入超链接”对话框。

图4–137　“插入超链接”对话框

在对话框中，“链接到”框中选择“本文档中的位置”，再选择链接到文档中的位置为第3张幻灯片，其标题是“鳌鱼峰”。

按照这个方法将目录中其他文字链接到对应的幻灯片，操作完成后目录幻灯片的效果如图4–138所示。

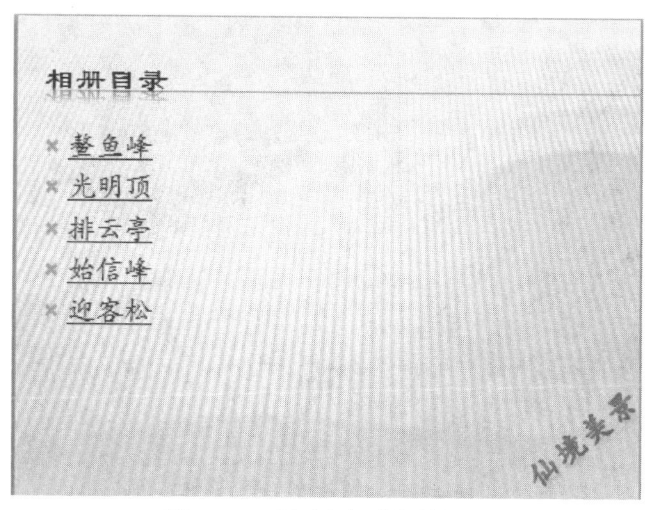

图4–138　目录幻灯片的效果图

注意：超链接的效果只能是在幻灯片放映时才能显示出来。

（5）插入音频

在制作演示文稿时，需要幻灯片在放映时能播放背景音乐，而且由于可能音乐播放时长少于幻灯片放映时长时，要求音乐能循环播放。具体操作如下：

插入音频：在幻灯片普通视图下，在左侧的幻灯片窗格中，鼠标左键单击第1张幻灯片，单击“插入”选项卡→“媒体”选项组→“音频▼”按钮→“文件中的音频…”项，出现“插入音频”对话框如图4–139所示。

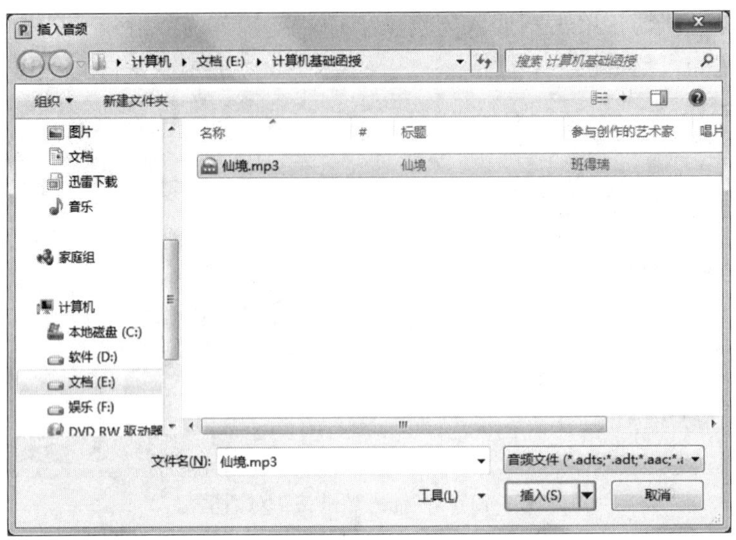

图4–139 “插入音频”对话框

在对话框中，先选择音频文件所在的磁盘和文件夹，再选择音频文件。在幻灯片中出现喇叭状图标，将这个图标拖拽到幻灯片的合适位置。插入音频后的幻灯片如图4–140所示。

图4–140 插入音频后的幻灯片

设置音频：选定图标，在窗口中多了两个“音频工具”的选项卡：格式与播放；选择“播放”选项卡→“媒体”选项组，在如图4–141所示的选项组中设置如下：开始播放选择“跨幻灯片播放”，勾选“循环播放，直到停止”，勾选“放映时隐藏”即幻灯片放映时隐藏音频图标。

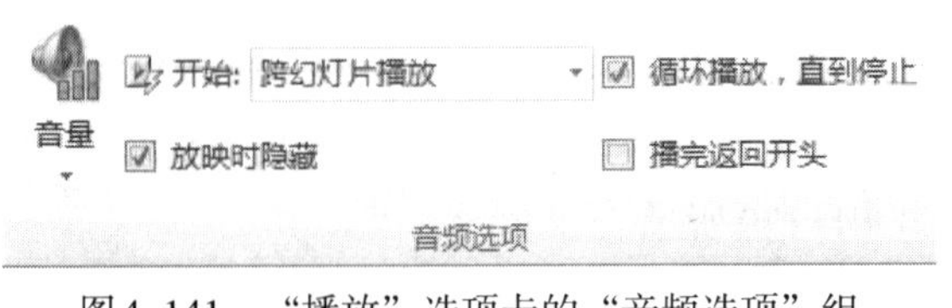

图4–141 “播放”选项卡的“音频选项”组

幻灯片从第一张幻灯片放映时就会播放背景音乐。

（6）设置幻灯片切换动画

准备为演示文稿中的所有幻灯片添加切换的动画效果，具体操作如下：

选定幻灯片；选择“切换”选项卡，在“切换”选项卡中设置：“切换到此幻灯片”选项组的切换列表框中选择“分割”效果，“计时”选项组的换片方式为“设置自动换片时间为3秒”，最后单击“全部应用”按钮。

幻灯片在放映时，每张幻灯片播放3秒会自动换片。

（7）放映幻灯片

单击“幻灯片放映”选项卡→“开始放映幻灯片”选项组→“从头开始”按钮，即可以进行幻灯片放映。

（8）保存演示文稿

单击“文件”选项卡→“保存”项，出现“另存为...”对话框，在对话框中选择文件保存位置和文件名，文件名为“相册.pptx”，演示文稿如图4–142所示。

图4–142 “相册”演示文稿的效果图

4.3.2 实例2课程介绍的演示文稿制作

1. 实例分析

本例是对“计算机基础Ⅰ课程简介”的制作，包括课程介绍、教学内容、教学目标和考核方式，以动态演示的方式展示幻灯片。

2. 知识点分析

本例在制作过程中主要用到以下知识：

①主题的使用。

②图形的使用。

③表格的创建和设置。

④自定义动画设计。

⑤剪贴画和标注的使用。

3. 设计步骤

（1）输入文字

创建空白演示文稿：打开PowerPoint 2010，系统自动创建一个空的演示文稿，这个演示文稿只有一张幻灯片，如图4–143所示。

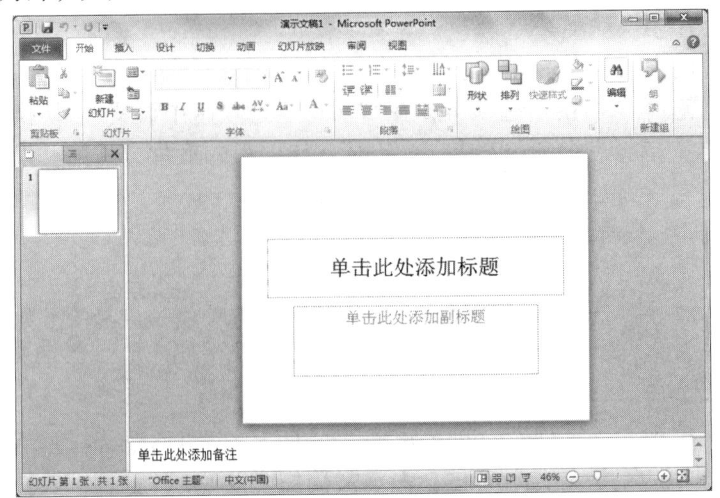

图4–143　空演示文稿

注意：一定要确认当前的视图是普通视图。

插入幻灯片并输入文字：选定第1张幻灯片，鼠标单击标题占位符，输入“计算机基础Ⅰ课程简介”，再鼠标单击副标题占位符，输入“XXXXX学院”。

插入一张新的幻灯片，单击“开始”选项卡→“幻灯片”选项组→“新建幻灯片▼”按钮→“标题和内容”版式项目，分别在标题占位符和内容占位符中输入文本内容。前2张幻灯片输入后的效果图如图4–144所示。

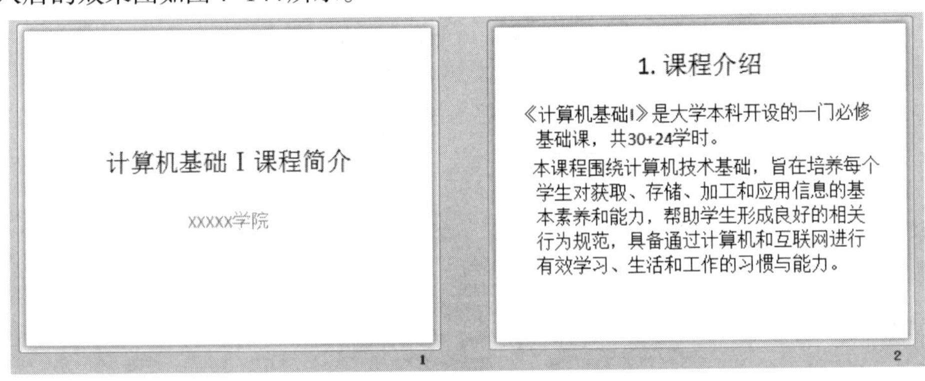

图4–144　第1张与第2张幻灯片的效果图

第2张幻灯片输入完成后，准备创建第3张幻灯片，创建的方法同上，但是幻灯片的版式是“仅标题”版式，在标题占位符中输入“2. 教学内容”。再按上述方法创建第4张幻灯片，第4张幻灯片的版式是“标题和内容”，在标题占位符和内容占位符中输入文字。第3张幻灯片和第4张幻灯片的效果图如图4–145所示。

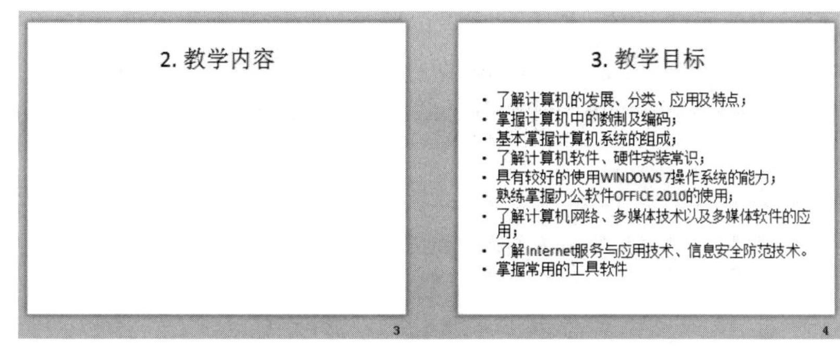

图4–145　第3张与第4张幻灯片的效果图

再按上述方法创建第5张和第6张幻灯片，幻灯片的版式分别为“标题和内容”版式与空白版式，输入文字后效果如图4–146所示。

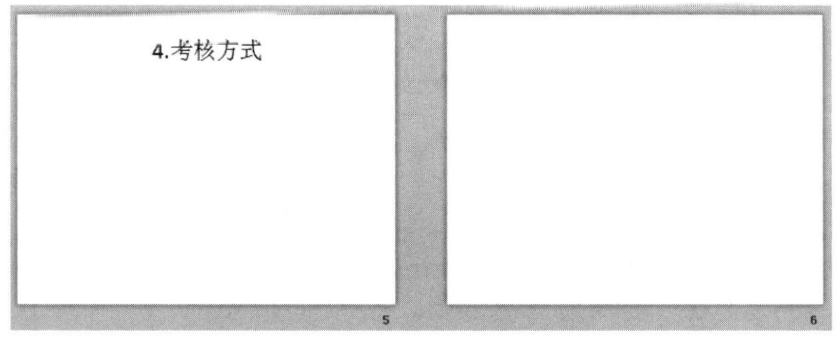

图4–146　第5张与第6张幻灯片的效果图

（2）使用主题修饰幻灯片

当前演示文稿中的所有幻灯片没有任何背景修饰，为了快速地完成幻灯片的修饰，可以使用主题，具体操作如下：右键单击“设计”选项卡→“主题”选项组→主题列表框中的“凸出”项，在出现的如图4–147所示的快捷菜单中，选择“应用于所有幻灯片”。

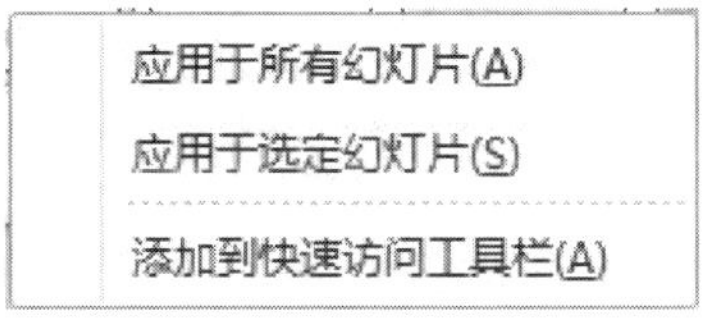

应用于所有幻灯片(A)
应用于选定幻灯片(S)
添加到快速访问工具栏(A)

图4–147　“主题”的快捷菜单

此时，发现所有幻灯片的标题颜色淡了些，字也显得小，这颜色和字号的修改可以在普通视图下进行设置，也可以在幻灯片母版中进行修改，以下操作是通过修改母版中标题文本颜色和字号完成的，具体操作如下：

单击“视图”选项卡→“母版视图”选项组→“幻灯片母版”按钮。

在左窗格中选择“标题幻灯片”。

在右窗格中选定标题占位符中的所有文字。

在“开始”选项卡→“字体”选项组→“A ·”按钮中的“▼”按钮，选择“深蓝色”。

在“开始”选项卡→“字体”选项组中设置字号为44。

再选择副标题中的所有文字，按上述方法设置颜色为深蓝色和字号为32。

在左窗格中选择“标题和内容”版式的幻灯片，按上述方法修改标题占位符的文字颜色和字号，字号为40；再在左窗格中选择“仅标题”版式的幻灯片，按上述方法修改标题占位符的文字颜色和字号，字号为40。

最后，单击“幻灯片母版”选项卡→“关闭”选项组→“关闭母版视图”按钮，返回到普通视图。第1张和第2张幻灯片的效果如图4-148所示。

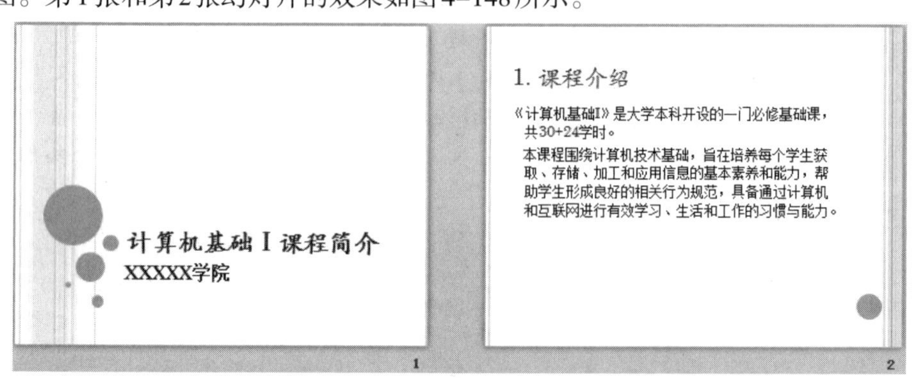

图4-148　使用主题后的第1张和第2张幻灯片的效果图

（3）插入图形并设置

在幻灯片中可以插入图形，比如线条、矩形、箭头等，还可以插入SmartArt图形。SmartArt图形是信息和观点的一种视觉表示形式，用户可以从多种不同布局中进行选择，从而创建SmartArt图形，通过这个图形快速、轻松、有效地传达信息。

现在准备在第3张幻灯片中就插入一个SmartArt图形，由这个图形表示教学的内容，以及教学顺序。具体操作如下：

选定第3张幻灯片。

单击“插入”选项卡→“插图”选项组→“SmartArt”按钮，出现图4-149所示的“选择SmartArt图形”对话框。

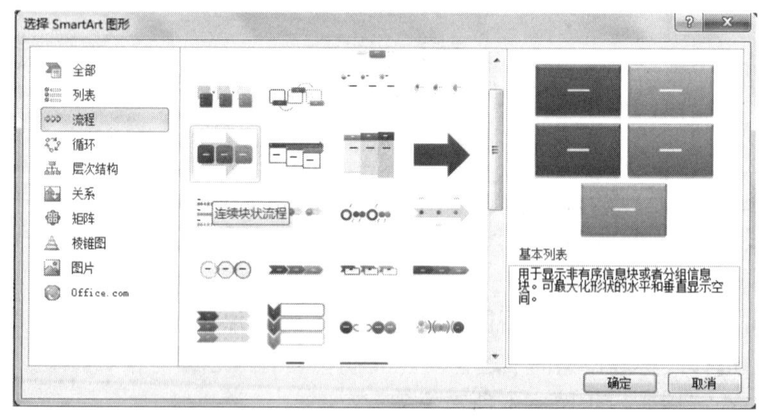

图4-149　“选择SmartArt图形”对话框

鼠标指针指向列表框中的图标，静止一会儿，图标下方就会出现文字说明。

在对话框的左侧类别框中选择“流程”，在右侧列表框中选择“连续块状流程”，最后单击“确定”按钮，第3张幻灯片在插入“连续块状流程”图形后的效果如图4–150所示。

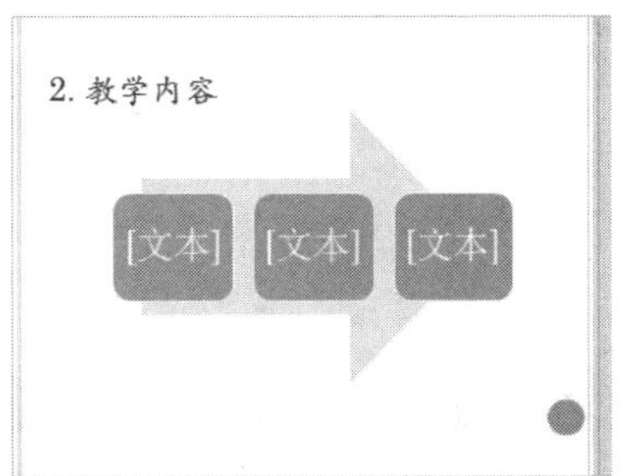

图4–150　插入图形后的第3张幻灯片

鼠标单击图形最左侧的文本框，这时图形如图4–151所示。

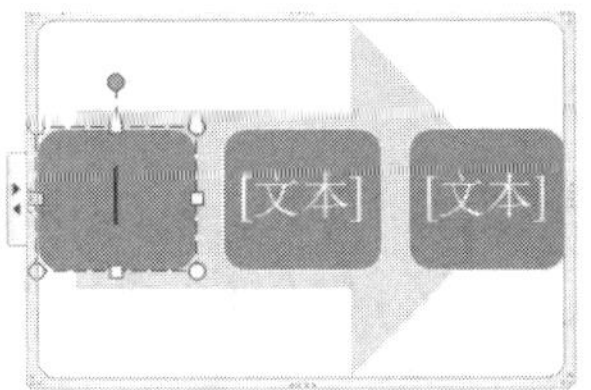

图4–151　单击图形文本框的图形状态

单击图–151中的方块按钮，出现图4–152所示的“在此处键入文字”的对话框。

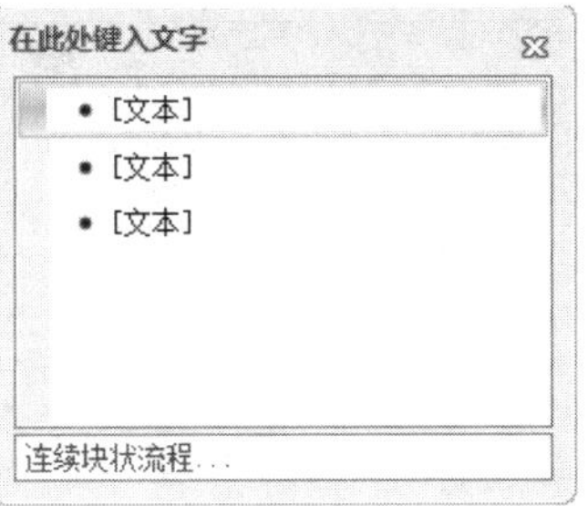

图4–152　“在此处键入文字”的对话框

在图形框中需要输入6个文本，在第3个文本输入后按下“Enter”键，就插入了一个文本。文本输入后的“在此处键入文字”的对话框如图4–153所示。再单击“在此处键入文字”的对话框的“×”按钮。

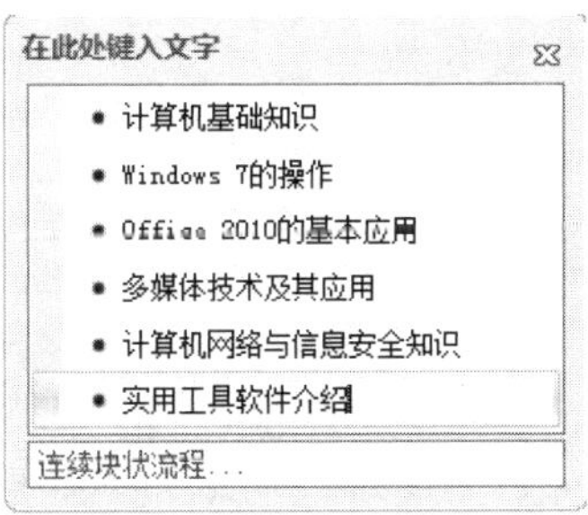

图4–153　输入文字后的“在此处键入文字”的对话框

这时，发现图形过小，则要调整图形的大小，调整的方法是：用鼠标单击图形的空白处后，鼠标指针指向图形的角，按住鼠标左键拖拽鼠标，调整图形的大小至合适大小。再选定图形，鼠标指向图形的边框，鼠标指针形状变为带箭头的十字，再按住鼠标左键拖拽鼠标，完成移动图形。第3张幻灯片的效果图如图4-154所示。

图4-154　输入文字后的图形

注意：如果要删除文本框，就在“在此处键入文字”的对话框中删除要删除的文字后，再按“backspace”键。

修改图形中的文本框的背景色：鼠标指针指向图形的文本框并右键单击，在出现的快捷菜单中选择“设置形状格式...”菜单项，出现图4-155所示的“设置形状格式”对话框。

图4-155　“设置形状格式”对话框

在对话框左侧列表框中选择“填充”，右侧框中设置填充色，在本例中设置的是纯色填充，给每个文本框设置不同的填充色。文本框的填充色就是背景色。图形中文本框的填充色设置后的效果图如图4-156所示。

图4-156　设置文本框背景色后的第3张幻灯片效果图

（4）插入表格并设置

现在准备在第5张幻灯片中插入表格，具体操作如下：

选定第5张幻灯片。

单击“插入”选项卡→“表格”选项组→“表格▼”按钮→“插入表格…”项，出现图4-157所示的“插入表格”对话框。

图4-157　“插入表格”对话框

在对话框中设置列数为2，行数为4，单击“确定”按钮，成功地在幻灯片插入了4行2列的表格。

在表格中输入文字后，幻灯片如图4-158所示。

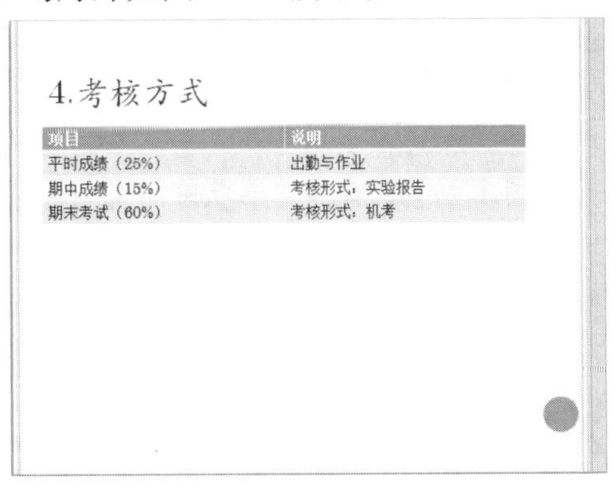

项目	说明
平时成绩（25%）	出勤与作业
期中成绩（15%）	考核形式：实验报告
期末考试（60%）	考核形式：机考

图4-158　插入表格后的第5张幻灯片

鼠标指向表格的两列之间，鼠标指针变成两个竖线左右各有两条指向左、右的带箭头的直线，这时可以按住鼠标左键，向左或向右拖拽，调整列宽。行高则是鼠标指向两行之间进行鼠标拖拽调整。

鼠标指向表格边框，鼠标指针变成带箭头的十字状，按住鼠标左键拖拽，完成表格移动。

（5）插入剪贴画和标注

现在准备在第6张幻灯片中插入剪贴画，具体操作如下：

选定第6张幻灯片。

单击“插入”选项卡→“图像”选项组→“剪贴画”按钮，在窗口右侧出现图4–159所示的“剪贴画”对话框。

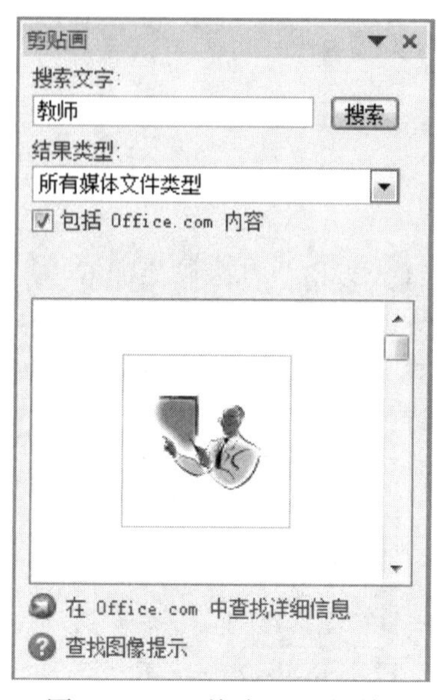

图4–159　“剪贴画”对话框

在对话框的搜索文字框内输入“教师”，单击“搜索”按钮，在列表框中出现教师的剪贴画。在列表框中选择一个剪贴画。

在幻灯片里选定剪贴画，拖拽边角可以调整大小，鼠标指向剪贴画的边框，鼠标指针变成带箭头的十字状时，拖拽鼠标可以移动剪贴画。

现在准备在第6张幻灯片中插入标注，具体操作如下：

选定第6张幻灯片。

单击“插入”选项卡→“插图”选项组→“形状▼”按钮，在列表中选择“标注”中的“圆角标注”项，单击幻灯片，则标注插入成功。

调整标注的大小和位置，调整方法与剪贴画的调整方法一样。

选定标注，鼠标指向标注的黄色按钮，按住鼠标左键拖拽至合适位置。

在标注框内输入文字。

选定标注中的所有文字，在“开始”选项卡的“字体”选项组设置字号为28。

选定标注中的所有文字，在“开始”选项卡的“段落”选项组设置两端对齐。

插入剪贴画和标注后的第6张幻灯片如图4–160所示。

图4-160　插入剪贴画和标注后的第6张幻灯片

（6）添加动画

添加动画的操作如下：首先选定幻灯片，再选定幻灯片中的对象，选择“动画”选项卡→“动画”选项组→动画列表中某个动画效果，或者选择“动画”选项卡→“高级动画”选项组→“添加动画”按钮。有些动画可以设置效果选项，例如，动画进入的方向。动画还可以设置持续时间等。

一般，做动画设置时，建议打开动画窗格。打开动画窗格的方法是：单击“动画”选项卡→“高级动画”选项组→“动画窗格”按钮。动画窗格一般在PowerPoint窗口的右侧，动画窗格如图4-161所示。

图4-161　动画窗格

演示文稿中动画的设置如下：

选定第2张幻灯片，选定内容占位符中的两段文本，要求设置动画为“进入”中的“轮子”动画，效果选项为“4轮辐图案”、“按段落”，动画开始是单击鼠标。

选定第4张幻灯片，选定内容占位符中的所有文本，要求设置动画为“强调”中的“加粗显示”，现在所有段落文本动画是同时开始的，现在要求每段文本动画开始必须用鼠标单击，因此，在动画窗格中为每个段落的动画开始设置为单击。动画设置后动画窗格如图4-162所示。

图4-162　第4张幻灯片设置后的动画窗格

选定第5张幻灯片，选定表格，要求设置动画为“进入”中的“基本缩放”动画，效果选项为“从屏幕中心放大”。

（7）添加幻灯片切换

添加幻灯片切换的操作如下：首先选定幻灯片，选择“切换”选项卡→“切换到此幻灯片”选项组→切换列表中某个切换效果。有些切换可以设置效果选项，例如，切换时的方向。切换还可以设置换片时间或设置单击切换。

选定第1张幻灯片，要求设置切换效果为“旋转”，效果选项为“自底部”，单击时切换。

选定第3张幻灯片，要求设置切换效果为“覆盖”，效果选项为“从右上部”，单击时切换。

（8）保存演示文稿

演示文稿中的幻灯片制作结果如图4-163所示。

图4-163 演示文稿制作效果图

4.3.3 实例3：XXXX公司资产情况及变动分析的报告

1. 实例分析

本例介绍如何由已存在的Word文档创建演示文稿，并在演示文稿中插入Excel已存在的图表，并对幻灯片进行格式化操作，设置动画。

2. 知识点分析

本例在制作演示文稿时所涉及的知识点如下：

①Word文档设置大纲等级。

②由Word大纲创建演示文稿。

③插入已存在的Excel图表。

④幻灯片的格式化设置。

⑤设置动画。

3. 设计步骤

在日常的工作中，人们可能会碰到这样的情况，在撰写某个文档时，除了文字以外，可能需要涉及数据处理和分析，文字处理在Word中可以完成，数据处理和分析在Excel中完成，那么，用户就可以在Word中调用Excel表格。同理，用户在制作演示文稿时，文字资料已经存在于Word文档中，表格和图表已经存在于Excel工作簿中，那么用户可以利用现有的资料制作演示文稿。

本例就是由已存在的Word文档创建演示文稿，并在演示文稿中插入Excel已存在的图表，其具体操作步骤如下：

（1）在Word中为已存在的Word文档设置大纲级别

本例中所使用的文档是本书4.1.3例中文档的部分文字。因为原文档中涉及大量的文字和数据，作为PowerPoint制作范例讲解不太适合，因此，为了便于操作，本例将文档中的部分文字复制，并粘贴到一个新文档中，其中这部分文字也进行了一定的修改。这个新文档的名字是“资产构成及变动情况.docx”。

在计算机中找到制作演示文稿所需的文字材料Word文档，并将该文档再复制一份，并对新的文档重命名。在此例操作中，就将“资产构成及变动情况.docx”复制了一份，并对复制所得的文档命名为“资产构成及变动情况2.docx”。

说明：之所以需要将文档复制，是因为后面的操作可能会对文档的格式产生一定的影响。

打开新文档“资产构成及变动情况2.docx”，出现如图4-164所示。

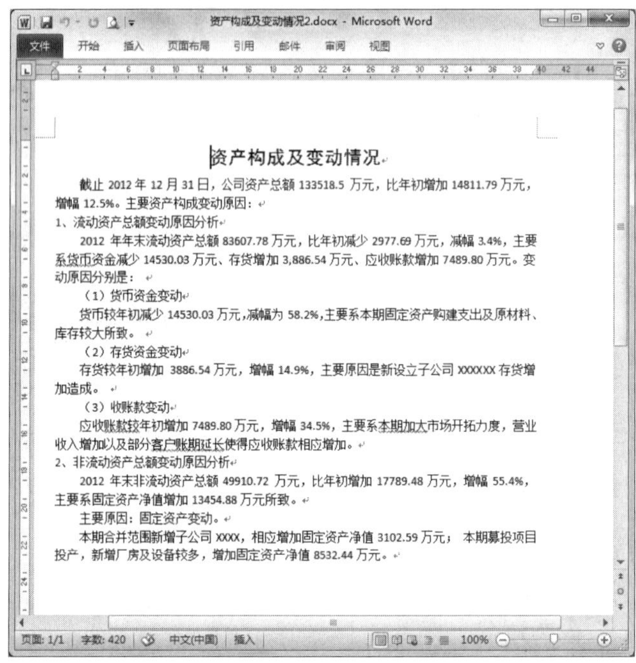

图4-164 “资产构成及变动情况2.docx”文档

切换到大纲视图，操作方法如下：选择“视图”选项卡→“文档视图”选项组→“大纲视图”按钮。此时，Word窗口是如图4-165所示的大纲视图。

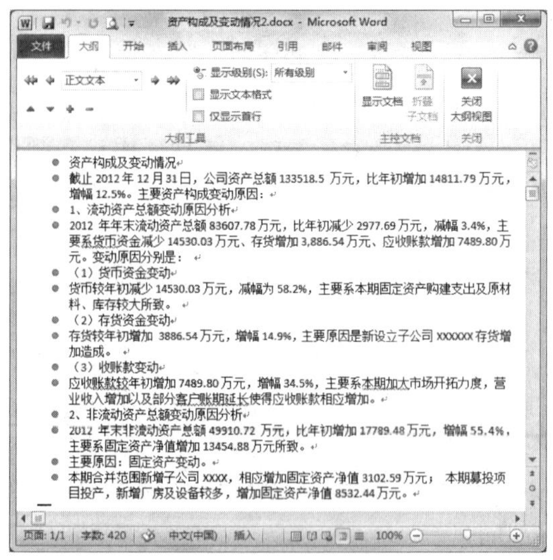

图4-165 大纲视图

为制作演示文稿，设置文本段落的大纲等级。大纲等级的一种设置方法就是使用“大纲”选项卡中的“大纲工具”选项组中的工具按钮。“大纲工具”选项组如图4-166所示。

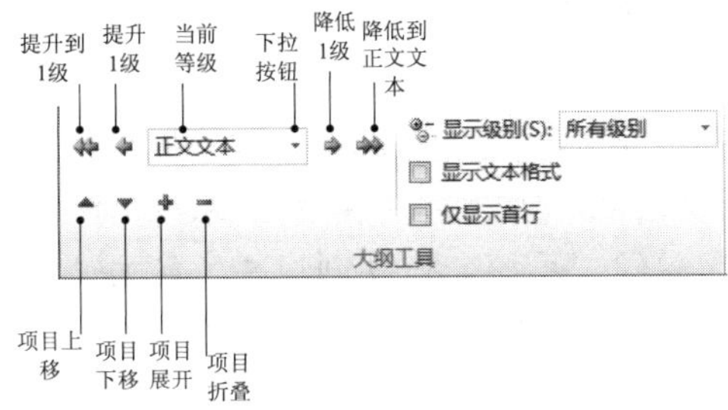

图4-166　“大纲工具”选项组

Word中文本段落的大纲等级为1级的对应于演示文稿中幻灯片的标题文本，等级为2级的对应于幻灯片内容中的1级，其余依此类推。

设置某个段落文本的大纲等级的操作方法如下：首先，确认当前Word的视图为大纲视图；再选定段落文本（将插入符置于段落内就可以，也可以将段落中文本部分或全部选中）；再单击“大纲”选项卡→“大纲工具”选项组→文本框右侧的“▼”按钮，在下拉列表中选择等级。

此例中是将各段落设置的大纲等级为：1级、2级、1级、2级、2级、3级、2级、3级、2级、3级、1级、2级、2级、3级。设置后的效果图如图4-167所示。注意：用户需根据实际情况设置段落文本的大纲等级。

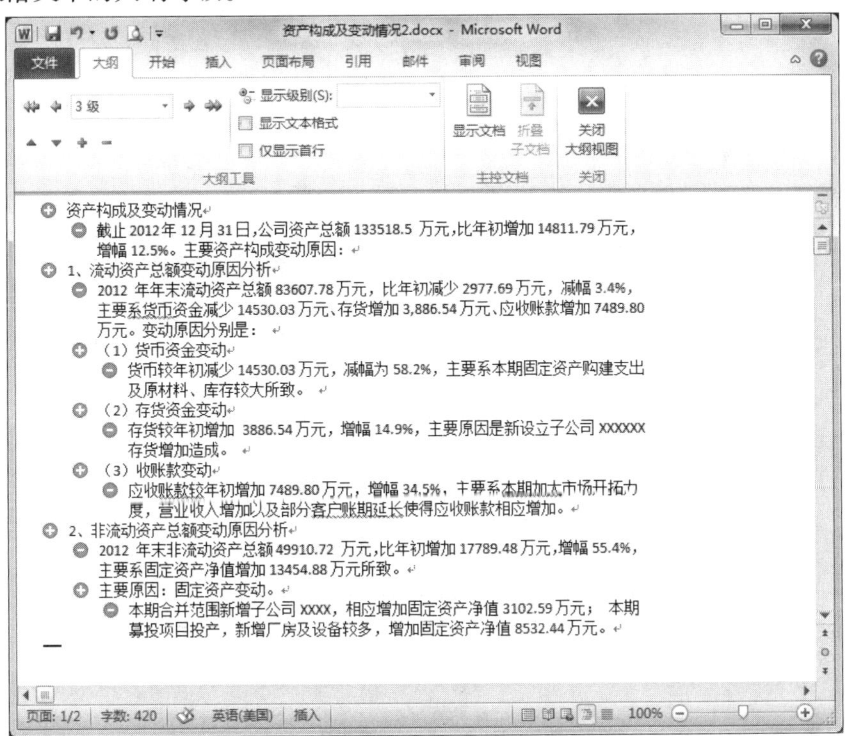

图4-167　设置大纲等级后的Word文档

说明：在4.1.3中为了制作目录，使用了标题样式，其中，“标题1”对应的就是大纲等级1级，“标题2”对应的就是大纲等级2级，依此类推。也就是说，用户也可以通过为段落文本设置标题样式，完成大纲等级的设置。

保存文档并关闭文档。

（2）使用Word文档快速创建演示文稿

使用已经设置大纲等级的Word文档创建演示文稿，具体的操作步骤如下：

打开PowerPoint 2010，这时，系统会自动创建一个名为“演示文稿1”的空演示文稿。请选择“文件”选项卡中的“关闭”项，将空演示文稿关闭。此时，PowerPoint中没有打开的演示文稿。

单击“大纲”选项卡→“打开”项，出现图4-168所示的“打开”对话框。在对话框中文件类型默认的是“所有PowerPoint演示文稿”，此例中需要修改打开文件类型为“所有大纲”，并选择Word文档“资产构成及变动情况2.docx”所在的磁盘和文件夹，选择Word文档“资产构成及变动情况2.docx”。单击“打开”按钮。

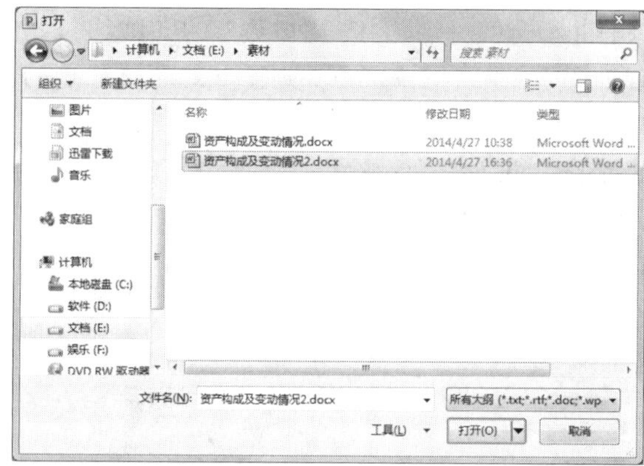

图4-168　“打开”对话框

这时，系统就依据Word大纲快速地创建了一个演示文稿，如图4-169所示。

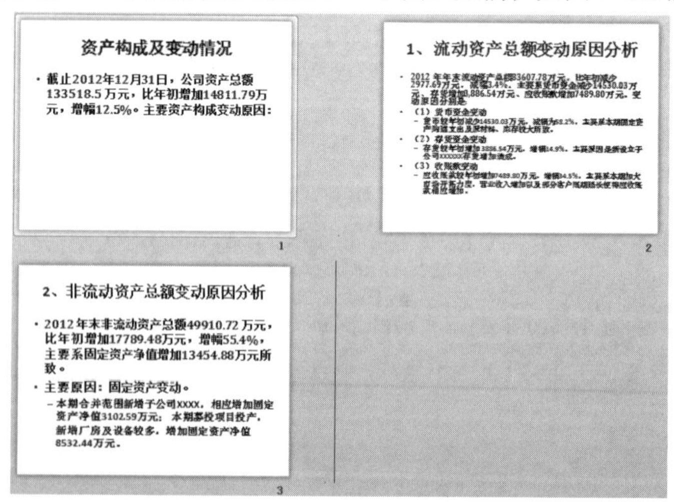

图4-169　按照Word大纲文档所创建的演示文稿

（3）美化演示文稿

①设置主题。

演示文稿使用主题可以快速地美化，主题中配置一套颜色方案、字体方案和图形设置方案。首先，选定幻灯片，再进行如下的设置主题操作：

选择“设计”选项卡→“主题”选项组→主题列表框中“流畅”项。直接选择主题项，则所有幻灯片都会使用该主题。效果如图4–170所示。

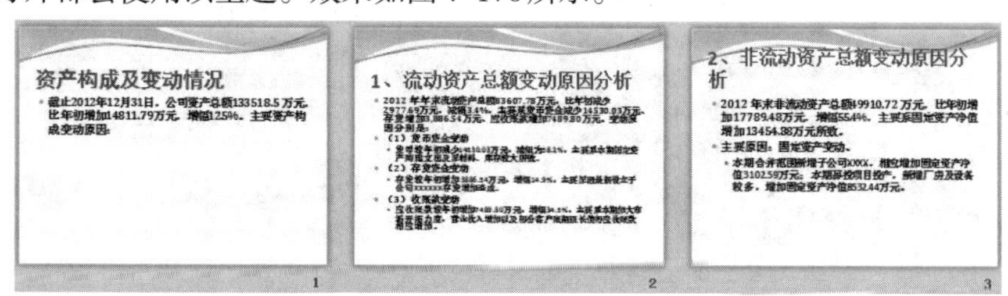

图4–170　设置“流畅”主题的演示文稿

②设置背景。

设置幻灯片背景的操作是：先选定幻灯片，再单击“设计”选项卡→“背景”选项组→“背景样式▼”按钮→“设置背景格式...”项，出现图4–171所示的“设置背景格式”对话框。

图4–171　“设置背景格式”的对话框

对话框中的填充方式有：纯色填充、渐变填充（其中包括系统预设渐变色方案，还可以设置渐变的方向）、图片或纹理填充（可以选择文件中的图片填充，也可以使用系统提供的纹理进行填充）、图案填充。

注意：用户在选择系统提供的预设渐变色、纹理及其图案等，只要将鼠标置于某个方案上静止一会儿，方案下方就会出现文字说明。

若设置的背景只应用于当前选定的幻灯片，则单击“关闭”按钮；若设置的背景要应用于所有幻灯片，则单击“全部应用”按钮；若要取消背景设置，则单击“重置背景”按钮。

按照上述的方法，给3张幻灯片设置不同的背景。第1张幻灯片的背景：填充方式为“渐变填充”，预设颜色为“薄雾浓云”，类型为“线型”，方向为“线型向下”。第2张幻灯片的背景：填充方式为“纹理填充”，纹理为“水滴”。第3张幻灯片的背景：填充方式为“纹理填充”，纹理为“水滴”。第3张幻灯片的背景：填充方式为“图片填充”，图片是磁盘上的图片文件。

三张幻灯片设置背景后的效果如图4–172所示。

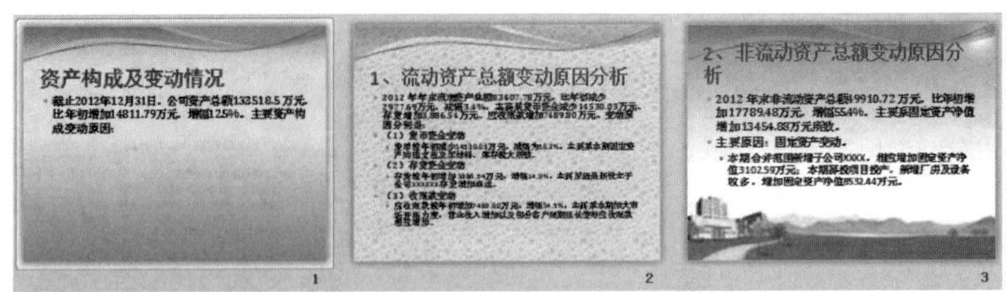

图4–172　设置背景后的演示文稿

③设置字体。

用户可以设置文本的字体、字号、颜色等。操作的方法是：先选定文本，再在 “开始”选项卡→“字体”选项组中进行相应项目的设置。

此例中，将第3张幻灯片的标题的字号设置为44。

④设置段落。

用户可以设置段落的对齐方式、缩进方式、段间距、行距等。操作的方法是：先选定段落文本，再单击“开始”选项卡→“段落”选项组→“ ”按钮，在出现的“段落”对话框中完成段落设置。

此例中，将第2张幻灯片中除幻灯片标题外的内容文本的所有段落设置为如图4–173所示。

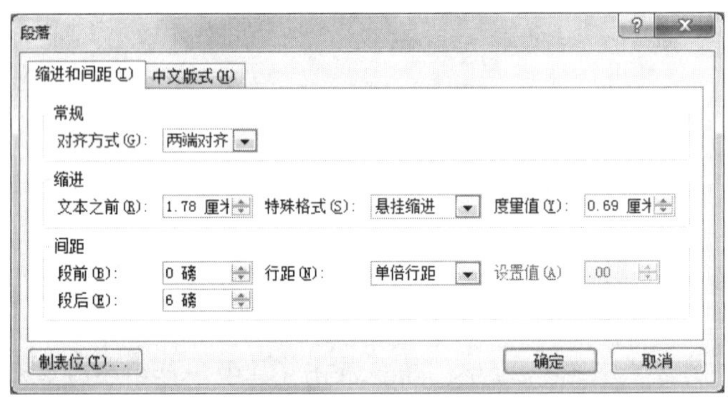

图4–173　第2张幻灯片内容文本的段落设置

（4）插入幻灯片

现在在第1张幻灯片的前面插入1张标题幻灯片，具体操作如下：在普通视图下，鼠标指向左侧“幻灯片”窗格的第1张幻灯片上方空白处单击，这时“幻灯片”窗格中第1张幻灯片的上方出现插入符；选择“开始”选项卡→“幻灯片”选项组→“新建幻灯片▼”按钮→“标题幻灯片”项。

现在在第1张幻灯片的后面插入1张“仅标题”版式幻灯片，具体操作如下：在普通视图下，鼠标指向左侧“幻灯片”窗格的第1张与第2张幻灯片的空白处单击，这时“幻灯片”窗格中第1张幻灯片的下方出现插入符；选择“开始”选项卡→“幻灯片”选项组→“新建幻灯片▼”按钮→“仅标题”项。

现在在第2张幻灯片的后面插入1张“仅标题”版式幻灯片，此次采用幻灯片复制的方法。具体操作如下（注意：以下操作都是在普通视图下，左侧的幻灯片窗格中进行）：右键单击第2张幻灯片，在弹出的快捷菜单中选择“复制”，再右键单击第2张与第3张幻灯片的空白处，在弹出的快捷菜单中选择“粘贴选项”中“ ”按钮。

插入的3张幻灯片如图4–174所示。

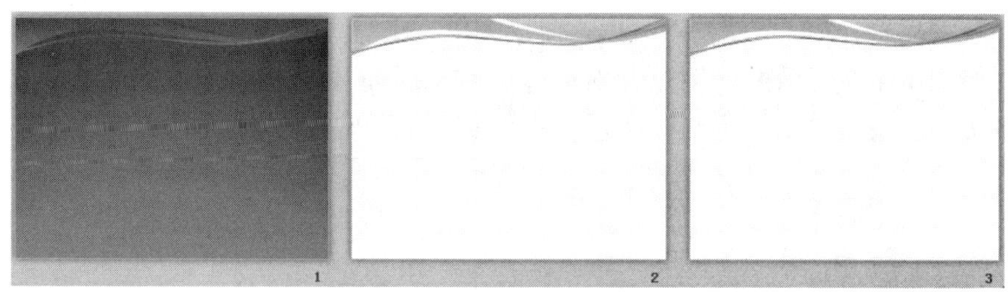

图4–174 插入的3张幻灯片

（5）编辑幻灯片

编辑标题幻灯片：在普通视图的左侧幻灯片窗格中单击第1张幻灯片，即选定第1张幻灯片；在标题占位符中输入“XXXX公司资产情况及变动分析的报告”，在副标题占位符中输入“报告人：XXXX”。第1张幻灯片的效果如图4–175所示。

图4–175 第1张幻灯片

编辑第2张幻灯片：选定第2张幻灯片，在第2张幻灯片的标题占位符中输入“2012年资产构成情况”。

现在在第2张幻灯片中插入图表，该图表就是4.2.2例“资产项目分析表.xlsx”中的饼图图表，也就是说，插入一个已存在的Excel表格。具体操作如下：

①选定第2张幻灯片。

②选择“插入”选项卡→“文本”选项组→“对象”按钮，出现图4–176所示的“插入对象”对话框。在对话框中选择“由文件创建”，再单击“浏览”按钮。

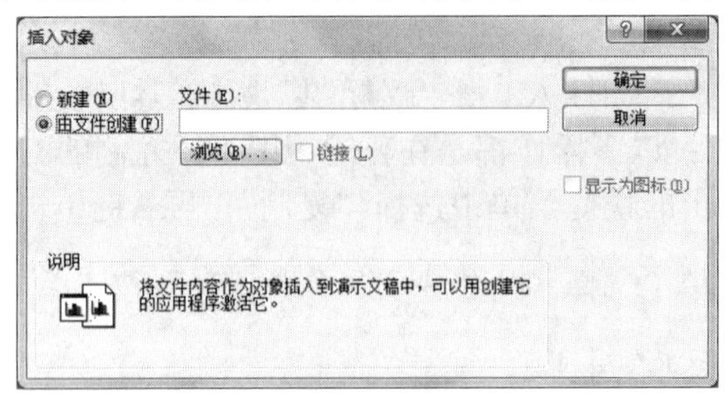

图4–176 “插入对象”对话框

③出现如图4–177所示的“浏览”对话框，在对话框中选择电子表格所在的文件夹并选定电子表格文件，最后单击“确定”按钮，返回到“插入对象”对话框。

图4–177 “浏览”对话框

④在“插入对象”对话框中，单击“确定”按钮。

这时，幻灯片中就出现了饼图图表。现在调整图表大小，操作方法如下：选定图表，拖拽图表对象框四个角中任意的角。若移动图表，则拖拽图表对象的空白处。

双击图表，则进入Excel表格的编辑状态。用户可以在这种状态下调整文字的大小。例如，此处就调整了图例文字的大小，调整的方法是：单击图例，再在“开始”选项卡→“字体”选项组中设置字号为20。又单击选定了饼图中的数字比例标签，将它们的字号也设置为20。还拖拽了图例，完成图例的移动操作。此外，还调整了图表的显示大小。

如果发现插入的表格应该是另一张工作表，就在编辑状态下单击所需的工作表标签。

第2张幻灯片的效果图如图4–178所示。

图4-178　第2张幻灯片的效果图

编辑第3张幻灯片：选定第3张幻灯片，在第3张幻灯片的标题占位符中输入“2012年与2011年资产构成比较”。

现在在第3张幻灯片中插入图表，该图表就是4.2.2例“资产项目分析表.xlsx”中的簇状柱形图表。此处，采用图表复制的方法，具体操作如下：

①打开Excel文件“资产项目分析表.xlsx”。

②单击工作表标签“Sheet2”，即选定Sheet2工作表。

③右键单击簇状图形表的空白处，在弹出的快捷菜单中选择“复制”菜单项，然后关闭Excel。

④切换到当前演示文稿的PowerPoint窗口，选定第3张幻灯片，在普通视图下右侧编辑窗格的幻灯片标题下方的空白处，右键单击，在弹出的快捷菜单中选择“ ”按钮。

⑤单击图标中需要调整文字大小的对象，例如，图例、文本框、数值标签等设置字体的大小，此处设置的大小为16。调整图表的位置和大小。

第3张幻灯片的效果图如图4-179所示。

图4-179　第3张幻灯片的效果图

(6) 设置动画

①为第2张幻灯片的图表设置动画。

首先，选定第2张幻灯片；再单击图表的空白处，即选定图表；选择“动画”选项卡→“高级动画”选项组→“添加动画▼”按钮→“进入”中的“形状”效果；在“动画”选项卡→“计时”选项组中设置持续时间为2.50；选择“动画”选项卡→“动画”选项组→“效果选项▼”按钮→方向为“缩小”。

②为第3张幻灯片的图表设置动画。

首先，选定第3张幻灯片；再单击图表的空白处，即选定图表；选择“动画”选项卡→“高级动画”选项组→“添加动画▼”按钮→“更多进入效果...”，出现图4-180所示的“添加进入效果”对话框，在对话框中选择华丽型的“飞旋”；在“动画”选项卡→“计时”选项组中设置动画开始为“上一动画之后”。

③为第4张幻灯片的内容文本设置动画。

首先，选定第4张幻灯片；选定内容占位符中的所有文字；选择“动画”选项卡→“高级动画”选项组→“添加动画▼”按钮→“进入”中的“出现”效果；在“动画”选项卡→“计时”选项组中设置动画开始为“上一动画之后”。

选择“动画”选项卡→“高级动画”选项组→“动画窗格”按钮，窗口的右侧出现动画窗格，在动画窗格的列表框中选定动画，再单击“▼”按钮，出现如图4-181所示的下拉菜单，在菜单中选择“效果选项...”，出现图4-182所示的对话框。在对话框中设置：声音为“打字机”，动画文本为“按字/词”，“0.2字/词”的延迟。

④为第5张幻灯片的内容文本设置动画。

首先，选定第5张幻灯片；选定内容占位符中的所有文字；选择“动画”选项卡→“高级动画”选项组→“添加动画▼”按钮→“进入”中的“随机线条”效果；在“动画”选项卡→“计时”选项组中设置动画开始为“单击”。

⑤为第6张幻灯片的内容文本设置动画。

首先，选定第5张幻灯片；鼠标单击内容占位符；选择“动画”选项卡→“高级动画”选项组→“动画刷”按钮；在幻灯片窗格中选定第6张幻灯片，鼠标单击内容文本。

图4-180 “添加进入效果”对话框

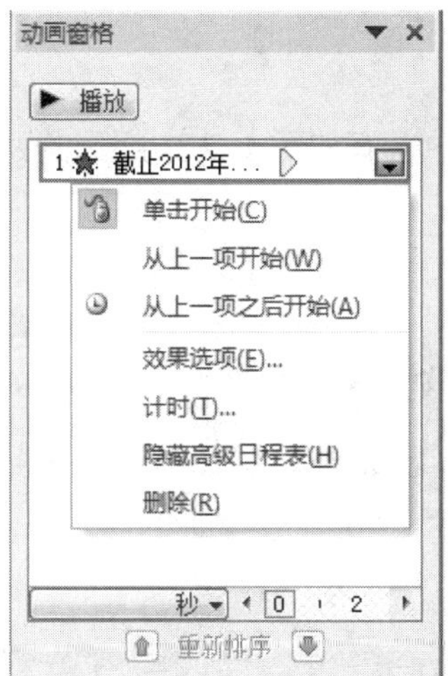

图4–181　动画窗格

图4–182　设置动画效果的对话框

（7）保存演示文稿

演示文稿的最终效果图如图4–183所示。

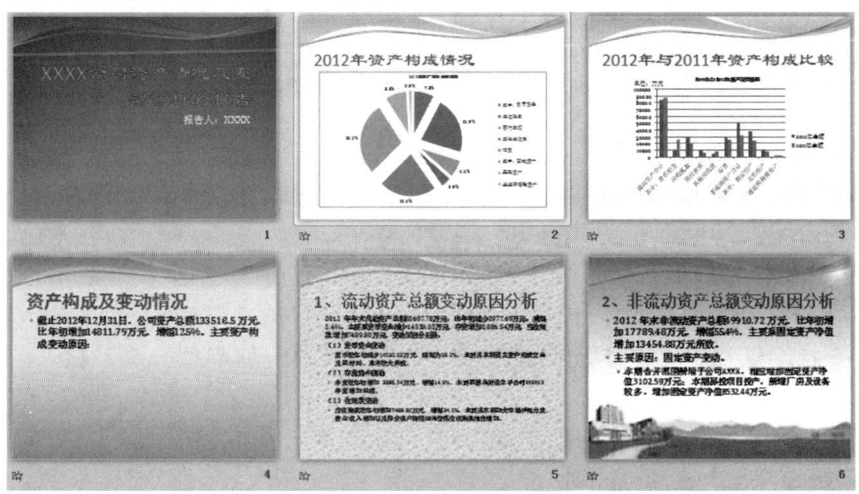

图4–183　演示文稿的效果图

4.3.4 上机练习

1. 创建演示文稿，演示文稿中含有如图4-184所示的两张幻灯片，再进行如下操作

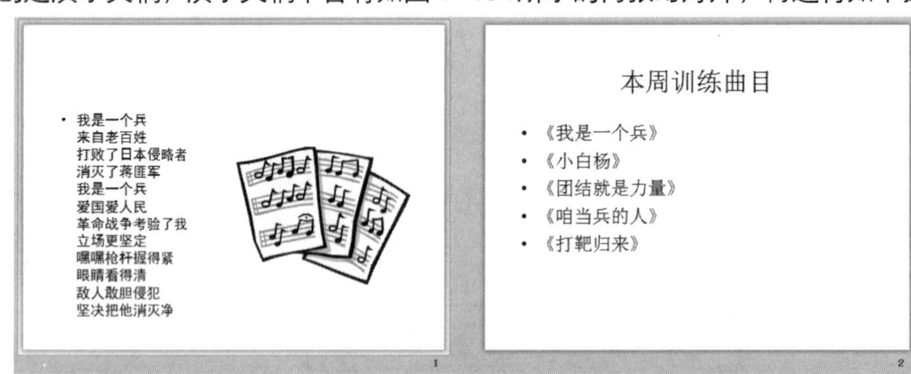

图4-184 演示文稿的效果图

①在第1张幻灯片标题处键入“我是一个兵”文字，设置成隶书、倾斜、48磅，红色。

②第1张幻灯片的剪贴画设置为动画：“进入效果→基本型→盒状”，方向“放大”。

③第1张幻灯片的文本设置为动画：“进入效果→基本型→盒状”，方向“缩小”。

④调整动画顺序：先文本再剪贴画。

⑤将第1张幻灯片移动到最后。

⑥使用主题“波形”修饰全文。

⑦全部幻灯片的切换效果设为“分割”。

2. 创建演示文稿，演示文稿中含有如图4-185所示的两张幻灯片，再进行如下操作

奥运福娃

• 五个福娃分别叫“贝贝”、“晶晶”、“欢欢”、“迎迎”、“妮妮”。各取它们名字中的一个字有次序的组成了谐音“北京欢迎你”。

1

福娃漫游记

• 福娃是北京2008年第29届奥运会吉祥物，其色彩与灵感来源于奥林匹克五环、来源于中国辽阔的山川大地、江河湖海和人们喜爱的动物形象。

2

图4-185 演示文稿的效果图

①在第1张幻灯片前插入一张版式为“仅标题”的幻灯片，并输入“北京欢迎您”，字体为“黑体”，55磅，加粗，红色。

②在第3张幻灯片中，文本动画设置为：“进入效果—基本型—百叶窗”，方向为“垂直”。

③在第3张幻灯片中，图片动画设置为：“进入效果—基本型—飞入”，方向为“自右上部”，动画开始为“与上一动画同时”。

④移动第2张幻灯片为第3张幻灯片。

第5章　多媒体技术及应用

学习目标

多媒体技术是计算机对文本、图像、图形、动画、音频、视频等多种媒体进行综合处理的产物。当前，多媒体技术已成为计算机科学的一个重要方向。通过对本章的学习，学生需要理解多媒体的基本概念，认识多媒体环境的组成，了解多媒体素材的基本类型及其特点，会使用常用的多媒体软件。

重点和难点

多媒体的基本概念；多媒体的类型；多媒体工具的使用。

5.1　多媒体的概念

5.1.1　什么是多媒体

关于多媒体的定义或说法多种多样，它们各自从不同的角度对多媒体的概念给出了不同的描述。有人从广义的角度给出定义，认为多媒体是指多种信息媒体的表现和传播形式。人们在日常生活中进行交流时，可以通过文字、图形、图像、声音和各种姿势进行信息传递，还可以通过感觉系统来感受外界信息，从某种意义上来讲，人是多媒体的信息处理系统。有人从狭义的角度定义多媒体，认为多媒体是指人们利用计算机及其他设备交互处理多媒体信息的方法和手段。这其中有三层含义。一是指媒体的表示形式，如数值、文字、声音、图像等；二是指处理多媒体的声卡、视频卡、DSP（数字信号处理）芯片等；三是指用以存储信息的存储介质等。

综合上述两个观点，概括地来说，多媒体是指把文字、图像、图形、动画、声音和视频等多种形式的信息组合在一起，并通过计算机技术进行综合处理和控制，能支持完成一系列交互操作的信息技术。

实际上，“媒体”的含义相当广泛，根据ITU-T（国际电信联盟远程通信标准化部门）的建议，我们可以将“媒体”划分成五大类：感觉媒体、表示媒体、表现媒体、存储媒体和传输媒体。

1. 感觉媒体

感觉媒体是指能够直接作用于人的感觉器官，并使人产生直接感觉的媒体。众所周知，人类的感觉器官有五种，听觉、视觉、触觉、嗅觉和味觉。在人们平时的工作、生活中，一部分信息是通过听觉、视觉获取的，一部分信息是通过触觉、嗅觉和味觉获取的。但是早期的计算机只能够辨别文本、数字及少量的符号，人们在应用计算机的时候，常常需要将信息的其他表达形式转换成计算机能识别的形式，从而造成了人们操纵计算机的方式以及计算机反馈给应用者结果的方式都很单一，加大了使用计算机的困难程度，使得大众对于计算机望而生畏。人们期待着计算机也能够逐步人性化，即让人与计算机的交流方式逐步接近人与人的交流方式。实际上，目前的计算机已经可以识别听觉和视觉的表现形式，并用此形式与人类进行沟通了。比如，计算机可以处理文本、图形、图像、视频等视觉媒体，还可以处理声音、语音、音乐这些听觉媒体，触觉媒体也正在开始由计算机系统所认知。

2. 表示媒体

表示媒体是指为了传播感觉媒体而人为地研究、构造出来的媒体形式。其目的是为了更有效地将感觉媒体从一个地方传播到另一个地方，以便对其进行加工、处理和应用。比如，我们平时接触到的条形码、电报码，在计算机中使用的文本编码、图像编码、音频编码和视频编码都属于表示媒体。

3. 表现媒体

表现媒体是指将感觉媒体输入到计算机中或通过计算机展示感觉媒体所使用的物理设备。比如，键盘、鼠标、光笔、话筒、扫描仪等设备具有采集计算机外部感觉媒体的功能；而显示器、扬声器、打印机等设备则具有将计算机中的各种媒体信息用人们习惯的方式表现出来的能力。

4. 存储媒体

存储媒体是指用于存放表示媒体的介质，以便计算机可以随时对它们进行加工、处理和应用。常用的存储媒体有硬盘、软盘、光盘、U盘等。

5. 传输媒体

传输媒体是指用来将表示媒体信息从一个地方传输到另一个地方的物理载体。常用的传输媒体有电话线、电缆、光纤等。

在上述所说的各种媒体中，表示媒体是核心。因为用计算机处理媒体信息时，首先通过表现媒体的输入设备将感觉媒体转换成表示媒体，并存放在存储媒体中。计算机从存储媒体中获取表示媒体信息后进行加工、处理。最后，再利用表现媒体的输出设备将表示媒体还原成感觉媒体，反馈给应用者。如图5-1所示。

图5-1　各种媒体之间的关系

5.1.2　多媒体数据的特点

多媒体数据与以往计算机处理的数据相比较具有以下特点：

1. 数据量大

传统的文本、数值均采用编码的表示方式，其结构简单，数据量不大。但是在多媒体环境中，许多媒体形式的数据量相当庞大，比如，一幅分辨率为640×480，颜色为256种的彩色图像，数据量约0.3MB字节：一段采样频率为44.1kHz，量化精度为16位，立体声的音乐每秒钟数据量约为0.176MB字节，动态视频的数据量就更可想而知，即使经过压缩，数据也仍然很大。对这么大量的数据进行输入、输出、存储、传输和处理会带来许多新问题。

2. 数据类型多

从媒体种类来讲，目前计算机能够处理的媒体形式有文本、图形、图像、音频、视频、动画等。每一种媒体又有多种类别，比如，图像可以分为黑白、灰度、彩色等各种格式，而彩色图像又分为16色、256色、65536色、24位和32位真彩色等几种。对于各种形式的媒体，在输入形式、表现方式以及处理手段上都存在着很多不同，如何将这些媒体有机地合成起来将是一个复杂的问题。

3. 数据类型之间的差别大

首先是在存储量上，有的媒体信息存储量很小，比如文本，而有的媒体信息存储量却大得惊人，比如，声音、动画和视频。其次是在内容上，不同类型的媒体由于格式不同，其相应的处理方式差异也很大。比如，对于文本媒体，编辑时往往以字符为单位。对于图像媒体，在加工处理的时候往往以像素为单位。对于视频媒体，在剪接的时候往往以帧为单位。

4. 多媒体数据的输入输出复杂

目前多媒体数据广泛采用多通道异步的输入方式。即允许在通道、时间都不相同的情况下，输入各种媒体数据并存储，最后按合成效果在不同的设备上表现出来。例如，通过扫描仪输入照片、利用录音设备录制声音、通过键盘输入字符等。由于涉及的设备种类比较多，所以比较复杂。

正是由于多媒体数据的这些特性，使得计算机处理信息的方式发生了很大变化，媒体技术随之应运而生。

5.1.3　多媒体的基本特征

多媒体具有以下3个基本特征：

1. 集成性

能够进行信息的多通道统一获取、存储、组织与合成，主要表现在两个方面：一方面是指可把文字、图形、图像、视频、动画和声音等多种形式的信息集成，从而实现信息存储和表现的多样化；另一方面是指通过计算机可以对来自物理媒介和信息源的信息进行编辑，即把计算机同音响、电视、通信等技术结合在一起。

2. 交互性

能够向用户提供有效的控制和使用信息的手段，以增强用户对信息的注意和理解，延长信息保留的时间。多媒体技术的交互性具有多层含义：一是指多媒体计算机利用图形交互界面、窗口技术以及屏幕触摸等方式，使人们能通过十分友好的人机交互界面来操纵、控制多媒体信息的处理和显示；二是指多媒体技术为用户提供了视觉、听觉和触觉等多种交互手段。交互性是多媒体应用有别于传统信息交流媒体的主要特征之一。传统信息交流媒体只有单向地、被动地传播信息，而多媒体技术则可以实现人对信息的主动选择和控制。

3. 多样性

指信息媒体的多样化，通过采用多种媒体表现形式、施加多种感官作用、使用多种设备，不仅使计算机能处理的信息空间范围扩展和放大，而且使人与计算机的交互具有更广阔、更自由的空间。

5.2 多媒体环境的组成

5.2.1 多媒体硬件环境的组成

多媒体素材的加工和合成需要多媒体硬件环境的支持。性能先进和功能完备的多媒体硬件系统可以为用户提供一个良好的制作环境，可以提高用户的制作效率和制作质量，极大的丰富制作效果。

1. 多媒体计算机

多媒体计算机一般是指在普通的PC机上配置了光存储子系统、音频信号处理子系统、视频信号处理子系统等。多媒体计算机系统的基本构成如图5-2所示。随着电子技术的不断发展，将来会有许多新型的多媒体设备不断出现，诸如3D的音视频设备。

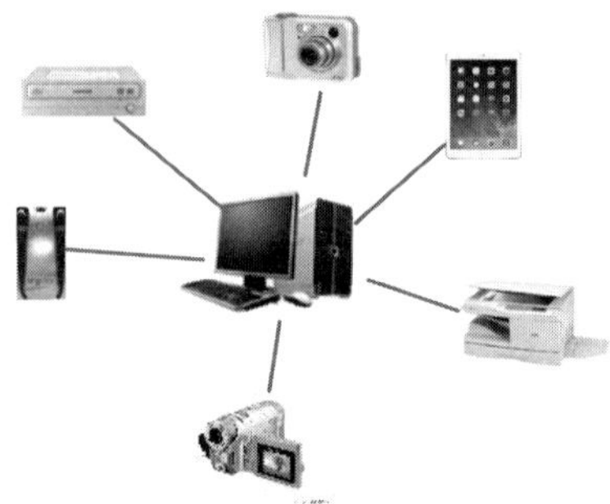

图5-2 多媒体计算机的基本组成

（1）光盘驱动器

光盘驱动器主要分为CD-ROM、DVD-ROM、BD三种。

●CD-ROM曾经几乎是每台计算机的基本配置之一，目前已经基本被市场淘汰。市面上CD-ROM的最大读取速度为56X。1X表示每秒可以读取150kB的数据。CD-ROM上可以存放文字、声音、图像等信息。一张光盘可以存储650MB以上的信息。

●DVD-ROM有两种传输速率标称，分别为DVD-ROM和CD-ROM的传输速率。其中DVD-ROM的传输速率1X表示每秒钟可以读取1350kB的信息，以目前市面上主流的产品来说，DVD-ROM的传输速率为16X，而CD-ROM的传输速率则可能为48X或50X。

●蓝光光碟（Blue-ray Disc，简称BD）是DVD之后的下一代光盘格式之一，用以存储高品质的影音以及高容量的数据存储。蓝光光碟的命名是由于其采用波长405纳米（nm）的蓝色激光光束来进行读写操作（DVD采用650纳米波长的红光读写器，CD则是采用780纳米波长的光读写器）。一个单层的蓝光光碟的容量为25或27GB，足够录制一个长达4小时的高解析影片。

（2）刻录机

所谓刻录机是指可擦写的光盘驱动器，这种驱动器不仅可以将数据刻录到光盘中，而且还可以像普通光驱一样读取光盘上的信息，是目前常用的存储设备。刻录机可分为CD-R、CD-RW、DVD刻录机、蓝光刻录机等。

●CD-R刻录机是一种只允许写入一次的刻录机，一旦刻录完成就不可更改，而且CD-R刻录机只能刻录CD-R光盘，其他类型的光盘不能刻录。

●CD-RW刻录机既可以刻录CD-R光盘也可以刻录CD-RW光盘，CD-RW可擦写的次数约1000次。

●DVD刻录机从问世至今有多种标准，盘片的容量有2.6GB、4.7GB、5.2GB、9.4GB多种。

●蓝光刻录机是指基于蓝光技术的刻录机。蓝光盘片的容量仅单层就可高达27GB。

（3）显卡

用来连接主机和显示器的适配器俗称显卡，VGA（Video Graphics Array）是最常用的显卡。显卡的接口规格分为ISA、VESA、PCI、AGP、PCI-E五种，ISA和VESA接口是早期的规格，显示速度慢，PCI接口的显卡显示速度比ISA快，是ISA后继规格，AGP是在PCI图形接口的基础上发展而来的。AGP规范是英特尔公司解决电脑处理（主要是显示）3D图形能力差的问题而出台的。PCI-E则是最新的显示接口规格，数据传输速率最快。

由于PCI-E支持双向传输模式，因此连接的每个装置都可以使用最大带宽。PCI-E的接口根据总线位宽不同而有所差异，包括X1、X4、X8以及X16（X2模式将用于内部接口而非插槽模式），其中X1的传输速度为250MB/s，而用于取代AGP的PCI-E X16拥有两条专用信道，数据传输带宽达到8GB/s，几乎是AGP 8X的4倍！

（4）声卡

声卡是多媒体计算机的一类重要设备，计算机中的声音输出、声音的获取都得通过声卡完成。计算机上声卡一般提供这样一些插口：

●麦克风接口：连接麦克风，实现声音输入，外部录音功能。

●线性输入：连接各种音频设备的模拟输出，作为声卡的输入音源。

●音频输出：连接多媒体有源音箱，实现声音输出。

●扬声器输出：通过声卡功放输出的放大信号直接连接无源音箱。

●后置音频输出：用于四声道声卡，连接环绕音箱。

●MIDI设备接口：连接MIDI音源、电子琴等设备。

声卡主要有数字信号处理器、混音芯片、音乐合成器、总线接口和控制器等构成。这些部件功能的更深入了解可参阅下文中的解释。

数字信号处理器能将来自ADC（模数转换器）的信号加以处理，改变成所需要的形式。DSP芯片对输入的数字声音用PCM（Pulse Code Modulation）等方式进行编码和压缩，并形成WAV格式文件。声音输出时，将WAV文件的信息送到DSP芯片，经解码后变成数字声音信号送到D/A转换部分。

混音芯片主要负责对原始声音信号的采样、编码和混音处理，它的处理能力和信噪比（信号与噪音的比）对最终的声音输出品质有很大的影响。混音的声源可以是MIDI信号、CD音频、线性输入、麦克风输入等，可以选择一个或多个不同声源进行混合录音。

音乐合成器有两种：频率调制（FM）合成器、波表（Wave Table）合成器。波表合成器是将一种乐器对应一种或几种波形，合成音乐时，以查表方式获取乐器的波形，从而产生效果逼真的合成音乐信号。

总线接口和控制器现在一般采用PCI接口，可设定基本的I/O地址、中断向量IRQ和DMA通道3个参数控制声卡的工作。

随着科技的不断发展，多媒体的外部设备越来越丰富，像MP3播放器、数码照相机、数码摄像机等都是现代多媒体计算机重要的声音、图像和视频的输入输出设备，随着应用的不断深入，相信会有更多的功能齐全，高性能价格比的小型设备诞生。

5.2.2 多媒体软件环境的组成

多媒体系统的软件环境是多媒体制作的重要保障。多媒体创作系统的软件根据其功能不同划分为两类：素材制作类软件和编辑平台类软件。前者用于加工处理不同类型的多媒体素材，后者用于编辑集成多媒体作品。素材制作类软件非常繁多，包括文字编辑、图像处理、动画制作、音频处理和视频处理这些方面的软件。

1. 图像处理类软件

这类软件主要针对图像的绘制、抓图、看图和加工处理等，比较常用的软件有：

●Adobe Photoshop：图像编辑合成工具，具有强大的图像加工和处理功能。

●Ulead PhotoImpact：提供许多现成的效果和创意，可生成多种特效，具有对象仿制功能。

●FreeHand：创作和编辑矢量图形。

●CorelDRAW：矢量图绘制软件。

●Picasa：Google公司开发的一款强大的图像搜索及查看工具，具有丰富的编辑功能。

2. 动画制作软件

●Adobe Flash：动画制作软件，可以把音乐、动画、声效、交互等融为一体。

●Gif Tools：简单的GIF动画制作软件。

●3D Studio MAX：三维造型与动画设计软件，可以快速生成简单造型等。

3. 音频处理软件

●GoldWave：具有数字录音、编辑、合成等功能的处理软件。

●百度音乐：前身是老牌的音乐播放软件千千静听，拥有海量在线资源和最极致的音乐音效及音乐体验。

4. 视频处理

●Microsoft Movie Maker：可以制作视频、个人影集等。

●暴风影音：不仅具有视频播放功能，而且还可以将视频画面或片断截取，也可以对不同的视频文件格式进行转换。

上述所列举的只是多媒体方面具有代表性的几个软件。

5.3 多媒体素材的基本类型及特点

多媒体的组成包括文字、图形、图像、声音、动画和视频，不同的对象所使用的数据格式也不一样，对于多媒体数据的格式有初步的了解，将有助于多媒体系统的编辑和使用。

5.3.1　文字

文字可以说是多媒体的基本对象，任何多媒体都少不了文字，文字是沟通思想与提供信息最有效、最直接的方式。

常见文字资料的文件格式：

●TXT：Windows 记事本的文件格式，是一种纯文字的文件格式，可以跨平台使用。

●DOC：Microsoft office Word 的文件格式，可以存储文字、文字格式设定、图像、图表、书签等。

●RTF：Microsoft 书写器的文件格式，可以存储文字、文字格式设定等。

5.3.2　图形

图形通常是指点、线、面及空间的几何图，又称矢量图。矢量图用一组指令来描述其构成图形的所有线、圆、圆弧、矩形、曲线等的位置、维数和形状。在多媒体制作中应用较多。

图形素材的格式：

●DXF：AutoCAD 中使用的绘图互换格式文件。

●CDR：CorelDRAW 默认的文件格式。

●FRH：FreeHand 图形文件。

5.3.3　图像

图像是多媒体中重要的对象，又称为位图，它是由像素点阵构成的画面，每个像素的颜色和亮度都有一定的比特位来描述。位图图像视觉效果好，生动逼真，适合于表现层次和色彩比较丰富、包含大量细节的图像。位图图像的清晰程度与分辨率有关，分辨率越高图像越细腻，图像文件越大。

常见图像资料的文件格式：

●BMP：BitMap Picture 的缩写，是标准的 Windows 图像文件格式，此种文件格式支持 RGB、索引色、灰度和位图等彩色模式的图像。

●JPEG：Joint Photographic Expert Group 的缩写，是一种压缩率很高的文件格式，它是经过变换方式进行压缩的，属于有损压缩。

●GIF：Graphic Interchange Format 的简称，此种文件格式只能存储 256 色 RGB 表示的图像，这种格式的特点是存储容量小，网页设计中使用得比较普遍。

●PNG：Portable Network Grpahics 的简称，此种文件格式是因网络盛行而新兴的图形格式，它可以说是 GIF 和 JPEG 的结合，既可以使文件容量变小，也支持透明背景的功能，所以渐渐地被网页设计所应用。

●TIFF：Tagged Image File Format 的简称，这种格式的文件适用于不同平台和软件之间，提供无失真的压缩，它是一般图像处理常用的一种格式。

●JPEG 和 GIF 几乎是网络上最为常用的两种图像文件格式。

5.3.4 声音

声音所使用的文件格式有多种，常用的格式有：

●WAV：这种声音格式的文件是声音采样的结果，即每隔一个固定的时间间隔所测量的声音信号幅度的数值。WAV格式的文件没有对信息进行压缩，所以所占空间大。

●MP3：属于MPEG（Moving Picture Experts Group）标准之一，是一种采用MPEG编码技术压缩和解压的声音格式，它的压缩比比较高，对WAV格式的文件压缩比约1：10~1：12。

●WMA：Windows Media Audio的缩写，该格式的文件跟MP3相比，利用WMA压缩技术压缩的文件更小（约为MP3的一半），失真度更小，音质更好。利用Windows自带的Windows Media Player即可播放WMA格式的文件。

●RA：RealAudio的缩写，有Real Network公司所开发的流（Streaming）声音数据格式，目前Internet上普遍使用，只要安装RealPlayer播放软件即可播放RA格式的声音文件。

5.3.5 动画

动画是指利用相关的动画设计软件所产生的动画效果，通过动画效果可为多媒体系统增添许多特色。常见的动画文件的格式有：

●GIF：在图像部分已经加以解释。

●FLA、SWF：Flash所特有的动画格式文件，它具有文件小、易制作、易控制的特点，现已成为流行的动画文件格式。

●FLI、FLC：是AutoCAD所特有的文件格式。

5.3.6 视 频

视频是图像和声音的结合，视频是多媒体中既丰富又生动的元素。常用的视频格式有：

●MPEG:Moving Picture Experts Group的缩写，专门用于动态图像的压缩，压缩比最大可达200:1以上，而这种标准又分为MPEG-1、MPEG-2和MPEG-4等。

1. MPEG-1:在1988年底MPEG委员会制定了MPEG-1标准，影片VideoCD1.1及2.0版就是采用此标准。此标准规格的影片分辨率为352×240，每秒钟29.97个画面，传输速率为1200kbps，声音的品质为立体声44.1kHz声音，传输速率224kbps。

2. MPEG-2:在1990年底MPEG委员会制定了MPEG-2标准，DVD就是采用此标准，此标准规格的影片分辨率为720×480，每秒钟29.97个画面，传输速率为2000~4000kbps，声音的品质为立体声44.1kHz，声音的传输速率为192~256kbps。MPEG-1和MPEG-2都兼容于DVDVideo的规格。

3. MPEG-3:此标准制定的原意是想要应用于HDTV （High-Definition TV），但MPEG-2标准就可以处理这种高频宽的视频声音信号，所以MPEG-3被并入MPEG-2标准中。

4. MPEG-4：在1998年10月， MPEG委员会通过了MPEG-4第一版标准，又于1999年底通过了MPEG-4第二版标准。主要作为移动、无线网络及一般网络上传输电影的应用。

●AVI：Audio Video Interleave的缩写，微软开发的数字影片格式，兼容性好，但播放时需要相应的编码器。

●WMV：Windows Media Video的缩写，可同时存储声音和视频，可以直接利用Windows Media Player直接播放。

MP4如今比较盛行，关于MP4的准确概念，并无统一说法，因为无论是从MP4的品牌、市场、产品规格、配置标准等各方面来说，都没有一个统一的标准。MP4播放器是利用数字信号处理器DSP（Digital Signal Processor）完成传输和解码MP4文件的任务。DSP负责随身听的数据传输、设备接口控制、文件解码回放等活动。DSP能够在非常短的时间里完成多种处理任务，而且此过程所消耗的能量极少（这也是它适合于便携式播放器的一个显著特点）。

5.4　多媒体声音信息处理

5.4.1　与声音有关的概念

声音是由物体振动引发的一种物理现象。例如，讲话时声带的振动和扬声器纸盆的振动都会造成空气的振动，这种振动会不断地向四周传播，当被人耳接收时，我们就听到了声音。在多媒体技术中，人们通常将处理的声音媒体分为三类。

1. 波形声音

所谓波形声音，实际上已经包含了所有声音形式，这是因为计算机可以将任何声音信号通过采样、量化数字化，在必要的时候，还可以准确地将其恢复。

2. 语音

人的说话声不仅是一种波形声音，而且还通过语气、语速、语调携带着比文本更加丰富的信息。这些信息往往可以通过特殊的软件进行抽取，所以人们把它作为一种特殊的媒体单独研究，即语音处理和识别。

3. 音乐

音乐是一种符号化的声音，这种符号就是乐谱，乐谱则是转变为符号媒体形式的声音。

从听觉角度讲，声音媒体具有三个要素，即音调、音强和音色。

●音调：与声音的频率有关，频率越高，音调就越高。所谓声音的频率是指每秒钟声音信号变化的次数，用Hz（读作“赫兹”）表示。例如，20Hz表示声音信号在1秒针内周期性地变化20次。并不是所有频率的声音人们都可以听到。人的听觉范围大约在20Hz~20kHz之间，这个频率范围内的信号被称为音频或声音，多媒体技术主要研究的是这部分信息的使用。

●音强：又称为响度，它取决于声音的振幅。振幅越大，声音就越响亮。

●音色：音色的评价主要通过纯音、复音、基音和泛音四个要素衡量。

●纯音：声音中只有一种振动频率的音叫做纯音。

●复音：由许多纯音织成，复音的频率用组成这个复音的基音频率表示，一般的乐音都是复音。

●基音：是复音中频率最低部分的声音。

●泛音：任一个复音中，除去基音外，其余的纯音都是泛音。

声音的质量与声音的频率范围有关，频率范围越宽，声音的质量就越好。

5.4.2 声音信号数字化

平时我们听到的声音是以模拟信号的形式出现，模拟信号的显著特点是具有连续性。对于声音的模拟信号来说，这种连续性不仅体现在时间上，还反映在幅度值上，如图5-3所示。计算机不能记录模拟信号，需要将模拟信号转换成数字信号的形式进行存储和处理。

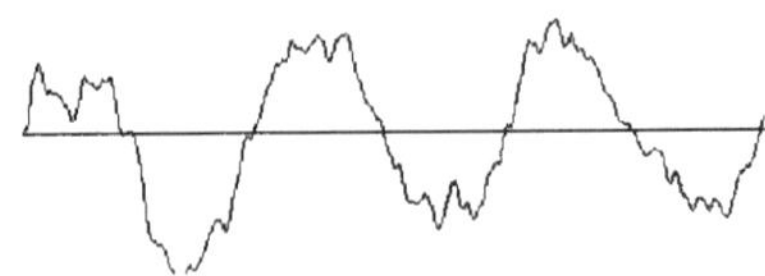

图5- 3　模拟声音信号示意图

1. 采样与量化

声音的幅度有高低之分，如果把声音波形刻画在坐标纸上，纵向表示幅度，横向表示时间，可以直观看出，任意时刻的声音幅度可以用时间和幅度两个要素来表示。在时间轴上，每隔一个固定的时间间隔（虚线表示）对波形曲线的振幅进行一次取值，这被称为采样。根据幅度坐标所取得的声音幅度值被称为量化。采样、量化的结果将用所得到的数值序列表示原始的模拟声音信号，这就是将模拟声音信号数字化的基本过程，如图5-4所示。采样的时间间隔大小；量化的数值范围大小直接影响声音还原的质量。图5-5是对图5-4采样的还原，图5-6采样的频率是图5-4采样的两倍，它的还原如图5-7，还原效果明显好于前者。理论上采样的时间间隔越小声音越逼真，但数据的量也成倍增加。实际中选取人难以感觉失真的采样频率即可，CD质量的采样频率为44.1kHz。

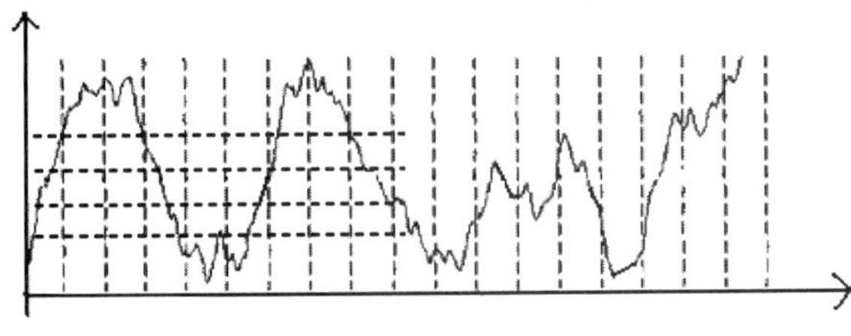

图5-4　声音采样示意图

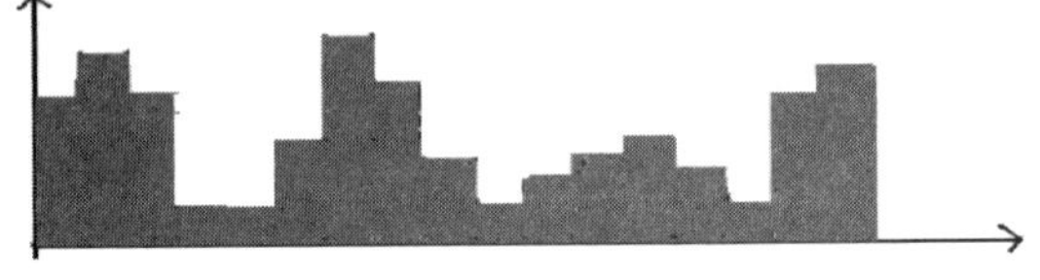

图5-5　采样后还原声音示意图

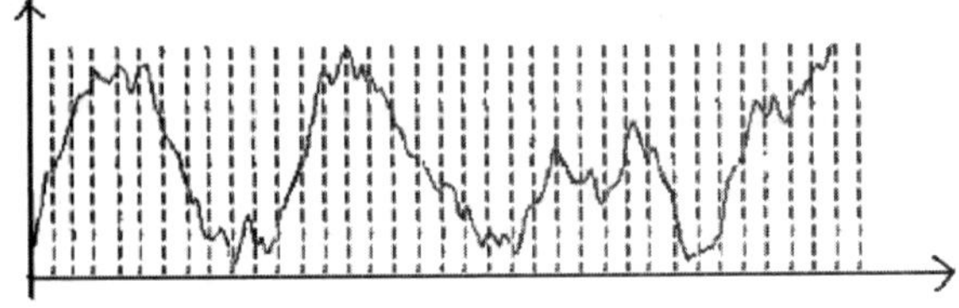

图5-6　图5-4两倍采样频率的示意图

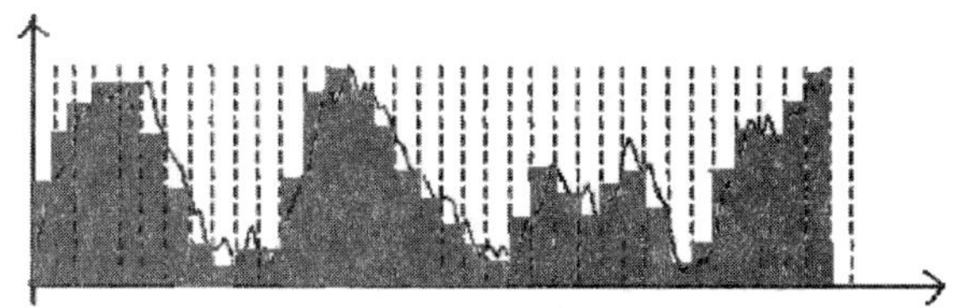

图5-7　上图采样后的还原示意图

5.5　音频信息的获取

Windows环境下声音获取的工具非常之多，不同的工具有着不同的侧重点，有的侧重于对获取的声音信息进行加工，有的侧重于对声音的格式转换。Windows本身自带了一个简易的声音获取工具，虽然功能简单，但是非常实用。下面我们逐步介绍Windows环境提供的声音获取工具——“录音机”的使用以及录制声音时需要注意的问题。

录制声音可以用两种输入方式，一种是Line输入，就是其他放音设备输出的声音通过声卡上的Line IN插孔输入到声卡作为音源，另一种是通过麦克风输入。为便于操作我们选择“麦克风”作为声音输入源，录制声音的具体步骤：

①将麦克风插头插入声卡提供的标有“MIC”（有些声卡标识的是一个麦克风图形）的插孔，并确认已连接好。

②单击Windows的“开始”→“所有程序”→“附件”　→“录音机”打开“录音机”窗口。如图5-8所示。

③单击窗口中 ● 开始录制(S) 按钮开始录音，此时“开始录制”按钮变为“停止录制”按钮。

④单击 ■ 停止录制(S) 按钮停止录音，同时弹出文件保存窗口。

⑤如果要继续录制音频，请单击“另存为”对话框中的“取消”按钮，然后单击 ● 继续录制(S) 就可以继续录制声音，待确定声音录制完成后再单击 ■ 停止录制(S) 按钮结束录制过程。

⑥在弹出的文件保存窗口中输入保存的文件名，并选择好保存路径，然后单击“保存”按钮，将刚刚录制好的声音保存为一个声音文件。

至此，录音过程结束，可以去保存文件的目录里打开该文件，听一听刚刚录制的声音效果。如果觉得录制效果不满意，可以将该文件删除，然后继续重复上述操作重新录制，直到录制效果满意为止。

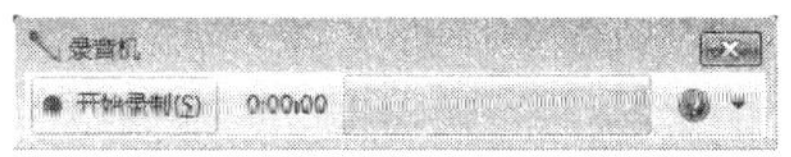

图5-8　录音机窗口

在利用“录音机”录制声音时，为了使录制的声音效果更加理想，通常不要让“输入源”的声音幅度过大，过大造成声音失真，但也不要将声音的幅度调得过小，调得过小录制时会丢失声音中的细节，甚至无法录制声音。

5.6 多媒体常用工具

多媒体的播放和制作工具非常多，有的侧重于声音效果；有的侧重于图像质量；有的侧重视频质量，本节主要介绍基于Windows 7的多媒体数据播放工具Windows Media Player和微软自主研发的简单的电影制作工具Windows Movie Maker，同时也介绍Google开发的图片查看工具Picasa和流行的视频播放工具暴风影音以及强大的音频播放工具百度音乐。

5.6.1 Windows Media Player

Windows Media Player程序是专门用来播放各类媒体文件的程序，只要启动Windows Media Player就可以播放声音、音乐、影片等各种多媒体格式的文件。Windows Media Player为Win7系统附带程序，不用单独安装，启动步骤如下：

点击“开始”→“所有程序”→“Windows Media Player”，启动后如图5-9所示。

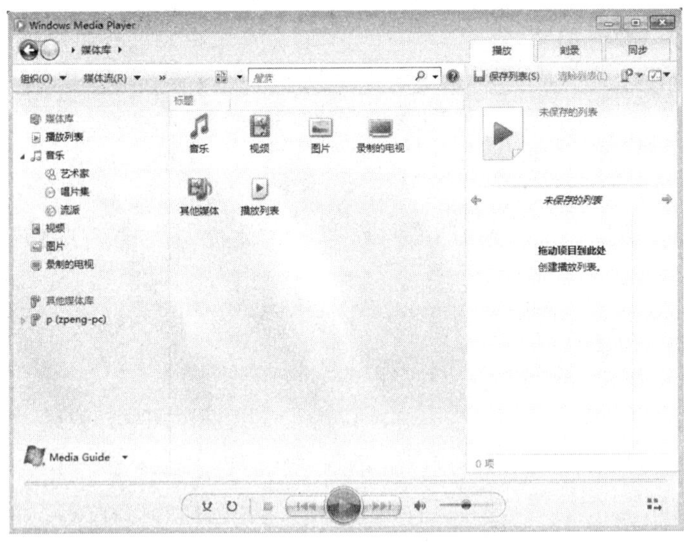

图5-9　Windows Media Player界面

在默认的情况下，启动Windows Media Player后以完整模式出现。所谓完整模式是指Windows Media Player中的所有功能都可使用，即图5-9所示的界面。当我们在播放音乐时，我们可以切换到一个比较简单的正在播放模式中，在该模式下，只能使用一些常用的功能，例如：播放控制按钮、音量调整功能等，不能直接使用媒体指南、媒体库等功能。在Windows Media Player的播放窗口中点击右下角的图标，即可进入如下图5-10所示的正在播放模式当设定为正在播放模式后，通过界面上标注的“转至媒体库”按钮可以返回到完整模式。

图5-10　正在播放模式

媒体库是用来存放计算机中各种媒体文件的地方，包括曾经在计算机中播放过的内容链接。

1. 将媒体文件存放到媒体库

将媒体文件存放到媒体库后，就可以从媒体库中打开计算机中所有的媒体文件。下面仅介绍如何将音乐文件加入到媒体库中的操作过程，其他诸如视频、图片等文件的添加方式与此类似。

右击媒体库窗口左方的“音乐”按钮，在弹出的快捷菜单里点击“管理音乐库”按钮。弹出如图5-11所示的窗口。

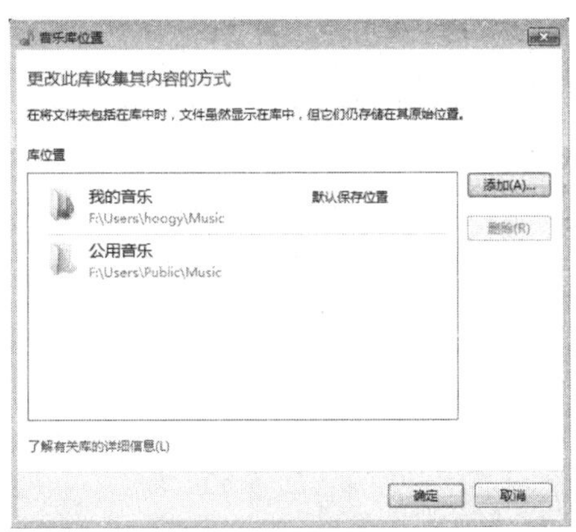

图5-11　更改音乐库收集内容的方式

单击窗口中的“添加”按钮，弹出文件查找界面，如图5-12所示，在该窗口左侧选择音乐文件存放的位置，找到后选中该文件夹，然后点击界面下方的“包括文件夹”按钮，这样整个文件夹中的音乐文件就被包含到音乐库中。

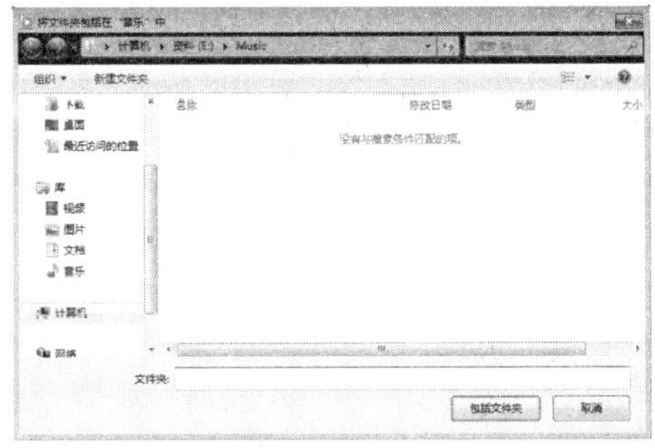

图5-12　添加音乐文件到音乐库

当我们再次在媒体库窗口中点击“音乐”按钮后，在窗口的中间部分就可以看到已经增加到音乐库中的所有文件了。画面如图5-13所示。

图5-13　音乐文件添加结果

2. 搜索想要的媒体文件

利用搜索功能，可以快速找到想要的媒体文件，并将结果显示于窗口中，只要双击媒体文件，就可以立刻播放。以下是搜索媒体文件的操作步骤：

在窗口右上方的“搜索”框中输入想要寻找媒体的关键词，如输入“Hotel California”，直接回车即可开始搜索。完成后会显示是否搜索成功的提示，如图5-14所示。

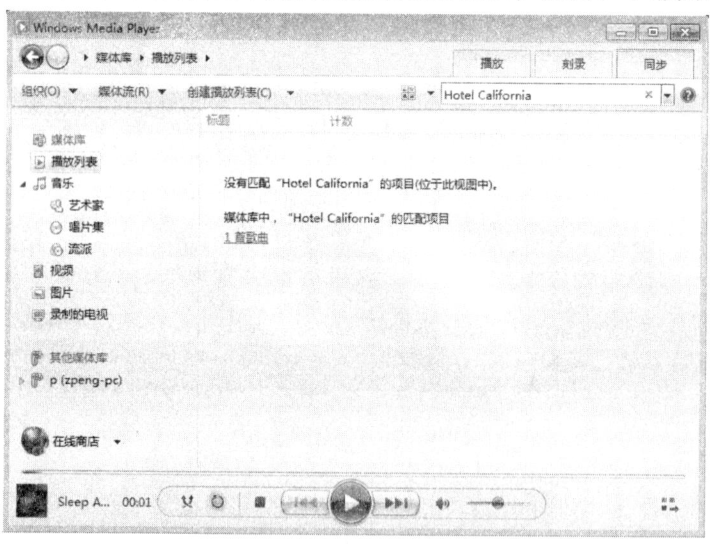

图5-14　在媒体库中搜索文件

5.6.2　Picasa

Picasa软件原先是一款收费的图片管理工具，后来该软件被Google收购，Google公司将该软件改为免费向公众提供，Picasa界面简洁实用，功能丰富，Picasa最突出的优点是可以对硬盘中所有的图片进行搜索，借助于Google的看家搜索本领，Picasa的搜索速度非常快，这是其他的图片管理工具望尘莫及的，本教材编写时该软件最新的版本为3.9。

1. Picasa安装过程

双击下载的Picasa安装文件，进入如图5-15所示界面。

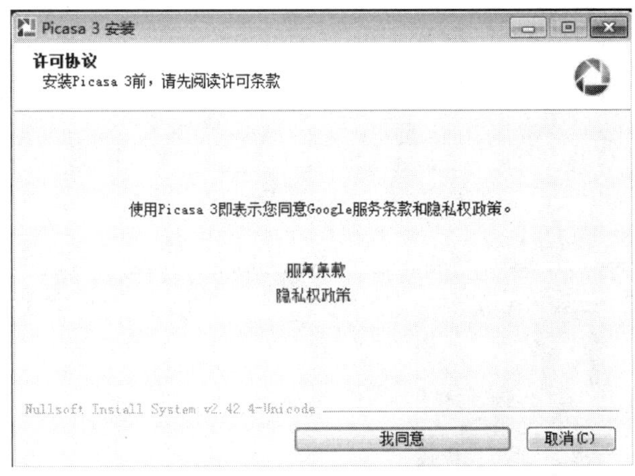

图5-15　Picasa安装界面1

点击“我同意”按钮，进入如图5-16所示界面。

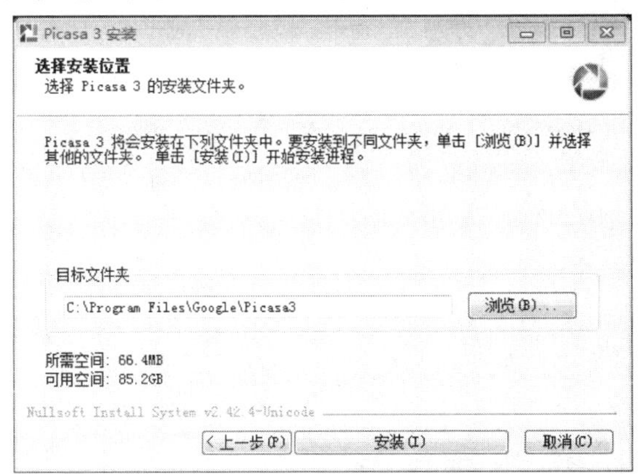

图5-16　Picasa安装界面2

在该界面上可以选择安装目录，确定安装目录后点击“安装”按钮，进入如图5-17所示界面。

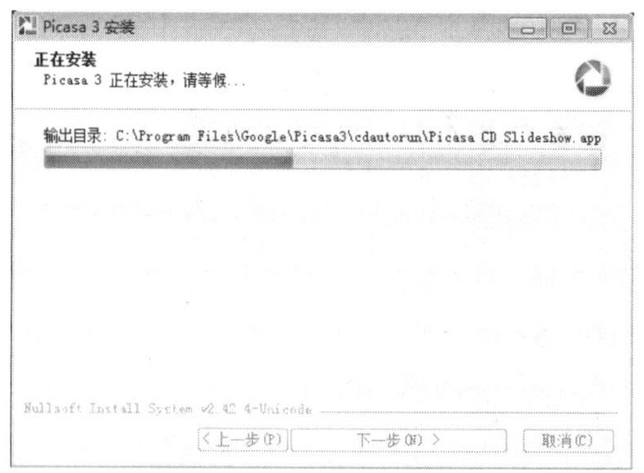

图5-17　Picasa安装界面3

安装完成界面如下图所示。

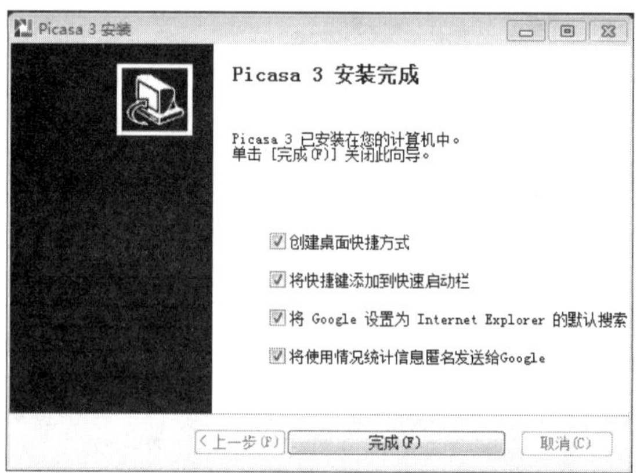

图5-18　Picasa安装完成界面

在此界面上可以根据用户自己要求决定是否去掉复选框中的勾号。最后点击“完成”按钮，Picasa安装成功。

2. 搜索图片

Picasa在安装好之后第一次打开时，如图5-19所示。

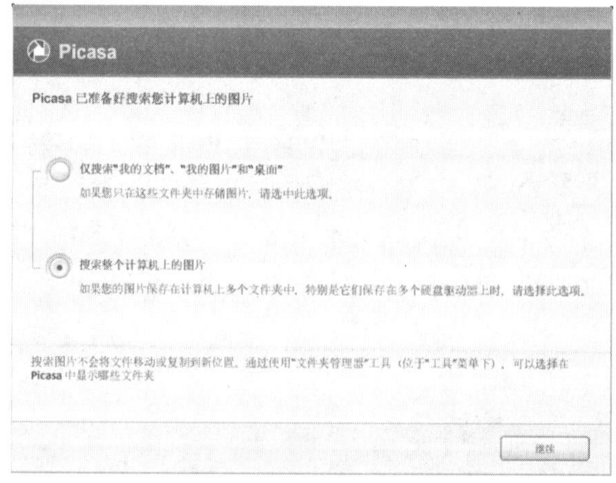

图5-19　第一次打开Picasa软件时的界面

因为是第一次使用软件，所以在该界面上用户要首先选择图片文件的搜索位置，例如用户选择“搜索整个计算机上的图片”，然后点击“继续”按钮，进入如图5-20所示的照片查看器配置界面。

图5-20　照片查看器配置界面

默认情况下将会使用Picasa来查看电脑里各种类型的图片，如果不想这样做，也可以点击“不使用Picasa照片查看器”这个单选按钮。然后点击“完成”按钮，这时会碰到一个提问是否利用Google+来备份照片，我们直接点击“以后再说”这个按钮，跳过这一步，这样Picasa就开始搜索指定位置的所有图片。搜索出来的图片默认将会按时间排序，在界面的左侧边栏里显示如图5-21所示。

图5-21　图片查看界面

3. 查看及修饰图片

我们可以直接点击左侧边栏中的文件夹，右边的显示区域即可显示对应的文件夹中的图片，每一个文件夹的下方都有一排按钮，可以将图片以幻灯片方式显示，也可以对图片进行拼接，还可以制作视频。当在右侧显示区域选中一张图片后，界面下方会显示如图5-22所示。

图5-22　图片查看界面

我们可以通过上图中的不同按钮实现将图片转向、共享、作为邮件附件发送、打印或导出等诸多功能。

如果希望对图片进行编辑，可以双击图片，进入到如图5-23所示界面。

图5-23　编辑图片

我们可以利用上图左边的编辑控件对右边区域中的图片做多种方式的修改，假如我们希望将图片改为铅笔素描效果，可以按照如下步骤进行设置：

①点击上图左边编辑控件中最右边一列的“更有趣且更实用的图片处理”，编辑控件如图5-24 a所示。

②点击“铅笔素描”，效果如图5-24 b所示，可以继续利用界面右边的调节滑块对“半径”、“浓度”、“淡化”等进行微调。

③调节完成后，点击应用，此时图片效果应用完成，点击“回到图片库”即可对其他图片继续进行操作。

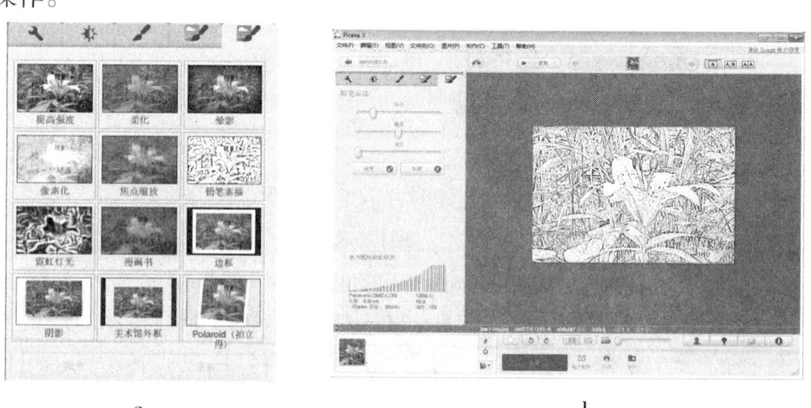

a　　　　　　　　　　b

图5-24　设置图片的“铅笔素描”效果

4. 导入图片

如果我们需要的图片不在图片库中，我们可以通过导入图片的方式将外部的图片导入到图库中，其步骤如下：

①点击Picasa界面上的“导入”按钮，进入如图5-25 a所示。

②在“导入来源中”选择“文件夹”，弹出如图5-25 b所示的窗口。

a

b

图5-25　导入图片

③在此窗口中逐级选中图片文件存放的位置，最终选中图片，然后点击“打开”按钮，如果需要将某个文件夹中图片全部添加进去，在打开文件夹后直接点击“全部导入”即可，进入如图5-26所示。

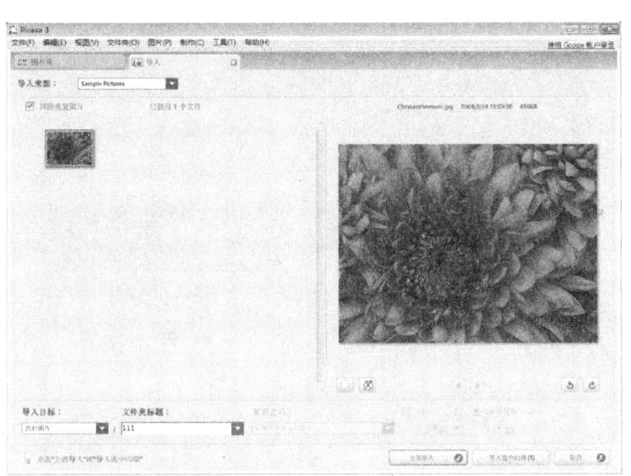

图5-26　图片保存位置

④在导入目标中选择希望存放图片文件的位置，然后在“文件夹标题”里键入自己保存图片的文件夹名称，再点击“导入选中项”，此时图片即被导入到指定的位置。

5.6.3　暴风影音

暴风影音是北京暴风科技有限公司推出的一款视频播放器，该播放器兼容绝大多数的视频和音频格式。从2003年开始，暴风科技就致力于为互联网用户提供最简单、便捷的互联网音视频播放解决方案，现今暴风影音每日为1.8亿用户提供1.5亿次播放服务，是目前播放器市场上最为流行的一款影音播放软件。本教材编写时该软件最新的版本是5.35。

1. 暴风影音安装过程

双击暴风影音安装文件，进入如图5-27所示界面。

图5-27　暴风影音安装界面1

点击开始安装，进入如图5-28所示界面。

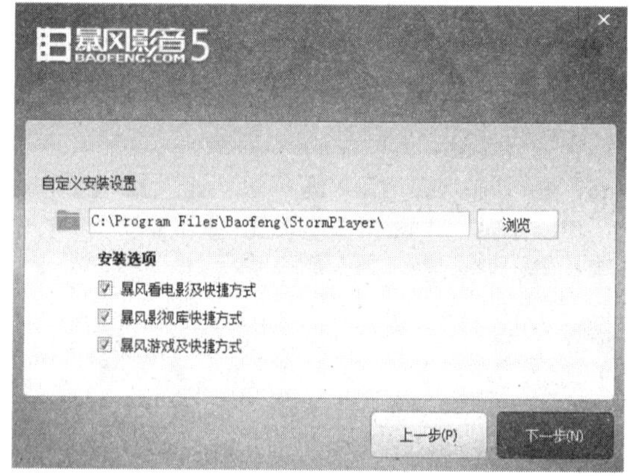

图5-28　暴风影音安装界面2

在该界面上用户自行选择安装路径和安装选项，然后点击下一步，进入如图5-29所示界面。

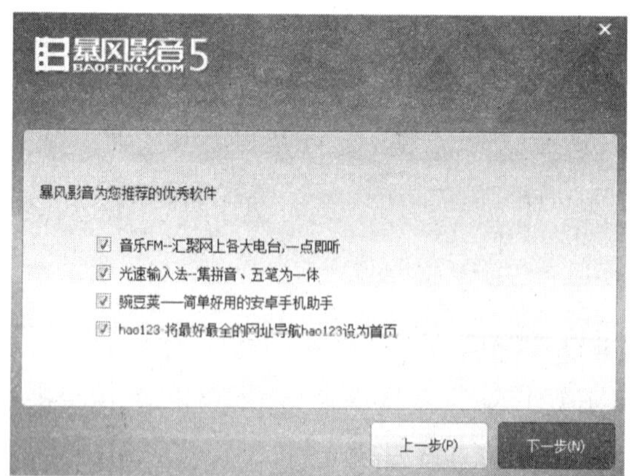

图5-29　暴风影音安装界面3

在该界面上暴风影音向用户推荐了一些软件，用户可根据自身需要决定是否选择安装这些软件（一般如果我们仅仅只是安装暴风影音，这些选项可以全部去掉），然后点击下一步开始进行安装，如图5–30所示。

图5–30　暴风影音安装界面4

软件安装完成后在桌面上会自动生成一个名为“暴风影音5”的快捷方式，双击打开如图5–31所示：

图5–31　暴风影音界面

整个窗口分成三个部分，分别为播放区域、播放列表以及暴风盒子，如果觉得右边的暴风盒子占据空间，可以通过点击其右上角的关闭按钮将其关闭。也可以通过点击图标将其关闭，还可以通过点击与该图标相邻的将播放列表关闭，这样可以让播放区域增大，同时整个播放器界面显得更为干净。

2. 播放视频

如果希望直接播放网络中的视频，可以在暴风盒子或播放列表的“在线影视”里直接点击相关视频或者在搜索框中搜索视频，获取到该视频后点击，此时播放列表里的“正在播放”一栏里将显示你所选择的视频列表，如图5–32所示。

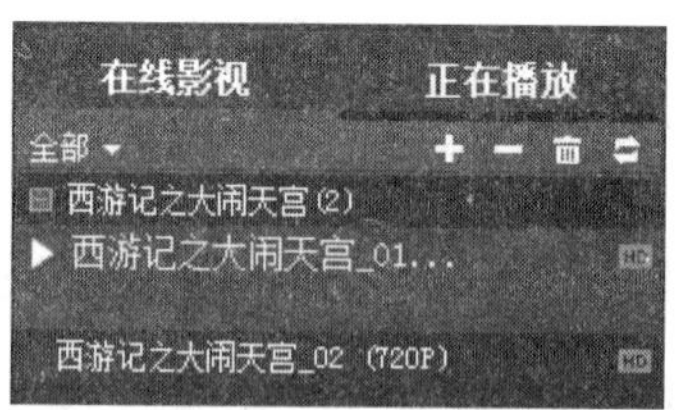

图5-32　播放列表

如果播放本地视频，可以点击播放界面正中间的打开文件按钮或界面下方的按钮，也可以点击界面左上角“文件”→“打开文件”，进入打开文件界面，然后选择播放文件后点击“打开”按钮，播放器开始播放文件，如果文件所需的解码器在暴风影音的软件里没有提供，此时暴风影音会弹出相应提示界面，如图5-33所示。

图5-33　下载解码器

点击“下载”按钮会自动打开网页在百度中搜索所需要的解码器，但是这个解码器需要手动地去下载并安装，相对来说不是太方便。后面会介绍一种相对巧妙的方法，即可以利用暴风转码来自动下载文件解码器。如果暴风影音软件提供了文件所需的解码器，则可以直接打开文件进行视频播放。播放过程中点击播放器下面的按钮或单击播放界面将暂停播放，再次单击播放界面或点击按钮将重新开始播放，播放过程中点击播放器下面的按钮或者双击播放界面可以全屏观看，在全屏界面下双击播放界面或按ESC键将退出全屏。

3. 视频截图

在视频播放的过程中可以将视频截图保存下来，具体操作如下：

点击播放界面左下角的工具箱图标，打开如图5-34所示。

图5-34　暴风影音工具箱

点击上图中的截图按钮，即可以将视频图片保存到默认目录里。暴风影音还提供了连拍功能，点击上图中连拍按钮，会对视频中连续多个画面进行截图并最终将所有画面合成在一张图片里，如图5-35所示。

图5-35　暴风影音连拍截屏

4. 视频转码

视频格式非常多，不同的设备或播放器支持的文件格式不一样，有些能够在电脑上播放的文件放到手机上去不能播放，暴风影音提供了一种对文件进行转码的操作，可以对视频格式进行转换，使得视频能够在目标设备上顺利播放。下面举例介绍视频转码操作。

首先点击暴风影音界面上的工具箱图标，在打开的窗口中点击转码图标，打开界面如图5-36所示。

图5-36　暴风转码界面

点击界面上方的“添加文件”按钮，在打开的窗口中选中待转换格式的文件然后点击“打开”按钮，文件即被导入且同时弹出输出格式窗口，如图5-37所示

图5-37　转码输出文件格式

在此界面中的输出类型中选择目标设备，如“手机”、“平板电脑”、“家用电脑”等。然后再选择相应的品牌型号。即使在同样的格式下也可以选择不同的播放配置。最后点击“确定”按钮回到暴风转码界面，如图5-38所示。

图5-38　选定输出目标的暴风转码界面

在输出目录上选择好转码后文件的存放位置后点击“开始”按钮，开始对文件进行转码。如果暴风影音本身不支持被转码的文件格式，那么软件会自动联网下载相应的解码器并自动安装，安装完成后继续转码。如果将界面下方的“完成后自动关机”选项选中，那么暴风影音会在转码完成后自动关闭计算机，转码过程中可以随时终止操作。

在暴风转码界面的右侧中部有一个设置按钮，点击后会打开“输出预览/视频编辑”窗口，如图5-39所示。

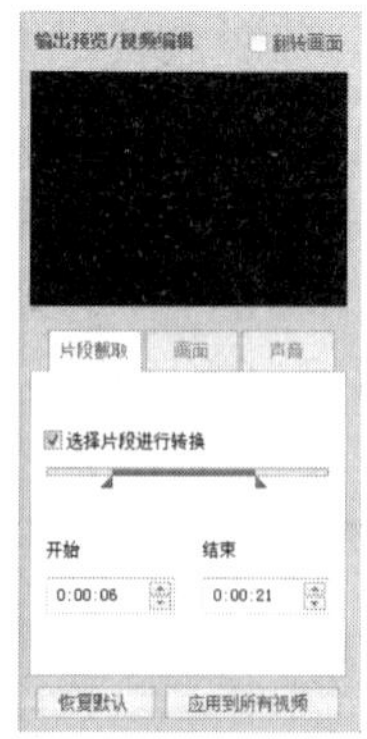

图5-39　侧边按钮区域

在这个窗口里可以对视频进行更加细致地调整，例如可以预览视频内容，可以对视频中的某个片段进行转换以及对画面进行裁切，还可以放大声音。

5.6.4 Windows Movie Maker

Windows Movie Maker（简称WMM）是一款由微软开发的优秀的视频编辑工具软件，Win7系统默认没有自带该软件，需要从网上下载后进行安装。它使得制作电影变得非常简单，并且充满乐趣，只需要做一些简单的拖放操作，就可以在计算机上制作、编辑和分享富有艺术魅力的个人电影;也可以将大量照片，进行巧妙的编排，配上背景音乐，加上解说词和一些精巧特技，加工制作成电影式的电子相册。Windows Movie Maker最大的特点就是操作简单，使用方便，并且用它制作的电影体积小巧。制作的多媒体文件使用Windows自带的媒体播放器即可随时欣赏。

根据WMM输出质量的不同，其制作的电影有320×240像素、640×480像素2种窗口规格，为了保证欣赏时的画面质量，通常选择640×480像素规格。另外，图像的长宽比有4:3和16：9两种幅面。

软件安装过程较为简单，安装完成后，准备好视频编辑的的素材，启动“Windows Movie Maker”，就可以开始制作个人电影相册了。教材中介绍的是Windows Movie Maker 2.6版。启动步骤：

“开始”→“所有程序”→“Windows Movie Maker 2.6”，启动后如图5-40所示。

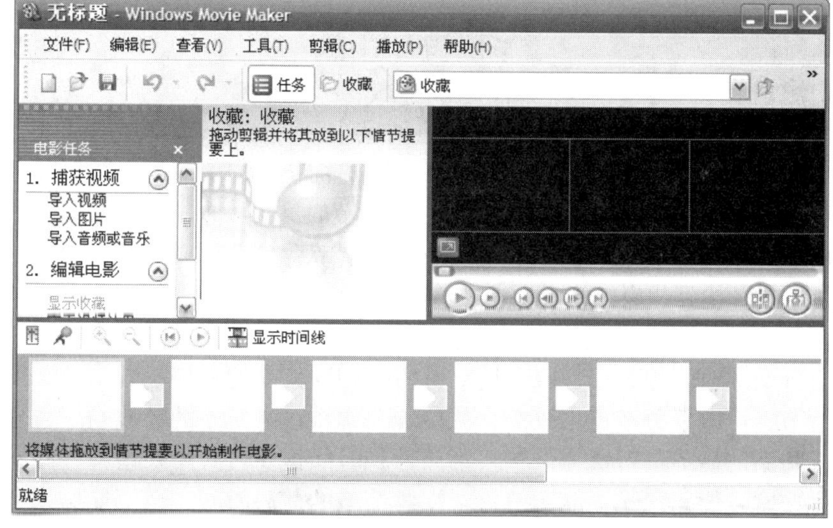

图5-40　Windows Movie Maker 2.6主界面

Windows Movie Maker的主界面由菜单栏和工具栏、收藏区、素材区、监视区、操作区组成。运行Windows Movie Maker后，在收藏区出现一个名为“收藏”的项目。单击工具栏中的“收藏”按钮切换到“收藏”区，将鼠标移到“收藏”项，单击鼠标右键选择“新收藏”菜单项建立一个“新收藏”，即可将“视频”、“照片”及“音乐”等素材导入至新收藏中，素材可以分多次导入。新收藏中的素材保存为.MSWMM类型的项目文件，下次启动Windows Movie Maker后单击工具栏的“打开项目”按钮，在“打开项目”对话框中打开该文件，即可调出上次未完成的文件继续制作。

1. 导入照片素材

单击工具栏“任务”按钮切换到电影任务区，如图5–41所示。电影区有三个功能：“捕获视频”、“编辑电影”、“完成电影”。“捕获视频”提供了导入视频、图片和音频的功能，以导入图片为例：点击“导入图片”，出现打开文件对话框，找到图片所在的目录选中单张或多张图片后按“导入”按钮将选中的图片放到“素材”区，视频和音频的导入方法相同。

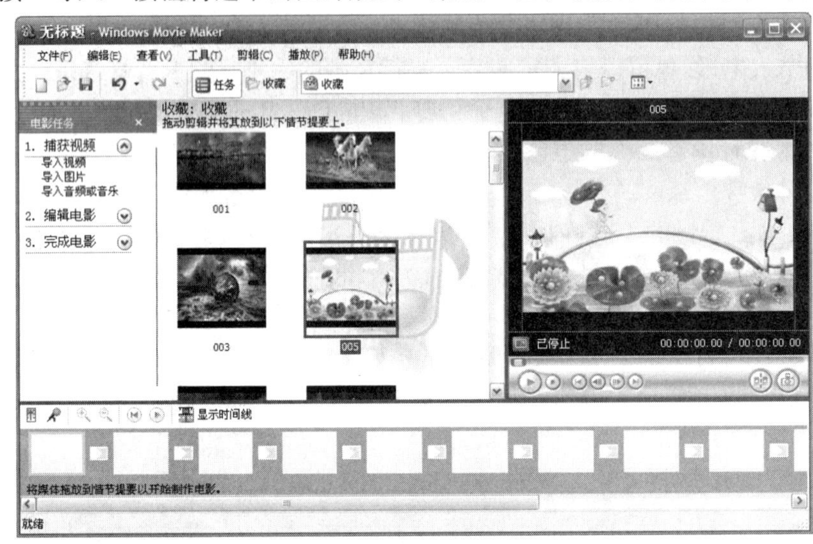

图5–41　导入素材界面

2. 剪辑电影情节

将素材区的图片或视频图标一个一个地拖到操作区，被选中的图标会出现在“视频线”上成为电影中新加入的视频情节，同时，鼠标选中的视频区的图片或视频会在监视区的播放器中同步显示出来。注意:每次向视频区加入视频情节时，可以根据需要将它放置在已加入的视频情节的前或后。分多次拖入视频区的多个视频情节会自动形成连续的画面。音频文件的加入方式：在素材区找到相应的音频图标，将它拖到音频/音乐区即可。

操作区窗口有两种显示方式。一种是情节视图方式。在此方式下，“视频线”中的所有视频情节，不分播放时间的长短，每一情节都占据相同大小的一格，各个情节均匀排列。用户选中一个情节，可以任意拖曳来改变它的位置及调整在电影中的播放顺序，也可以同时选中多个连续或间断的情节进行快速调整。第二种是时间视图方式。在情节视图方式下调整视频情节的顺序非常方便，但却不能调整每个视频情节的播放时间，也不能插入音频情节。两种方式通过“显示时间线”按钮进行切换。如图5–42所示。

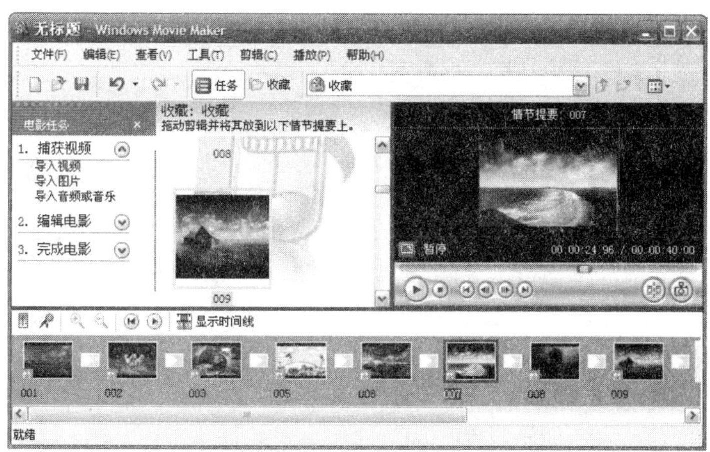

图5–42　编辑电影情节界面

3. 电影旁白

自己制作的电影可以加入自己的旁白。加入方法：选择菜单中“工具”→“旁白时间线（N）...”出现如图5–43所示界面。选中操作区的“音频/音乐”→“开始旁白”，旁白结束后按停止按钮停止录音，然后按“完成”项退出旁白录制状态。

图5–43　录制旁白界面

4. 视频效果与过渡

选中菜单中“工具”→“视频效果”出现如图5–44所示的效果，它的作用是要求指定的图片出现效果。拖动视频效果图标并将它放到情节提要的视频剪辑上，不同的视频效果可以插在不同的图片之间，合理的插入可以剪辑出非常生动的影片。

图5-44 视频效果界面

选中菜单中“工具”→“视频过渡”出现图5-45的效果，它的作用是从当前图片过渡到下一幅图片的效果，Windows Movie Maker提供了多种过渡效果供设计者使用。拖动视频过渡图标并将它放到视频剪辑上需要过渡的图片之间，两图片之间可以插入不同的过渡效果，合理的插入过渡效果可以剪辑出非常活泼的影片效果。

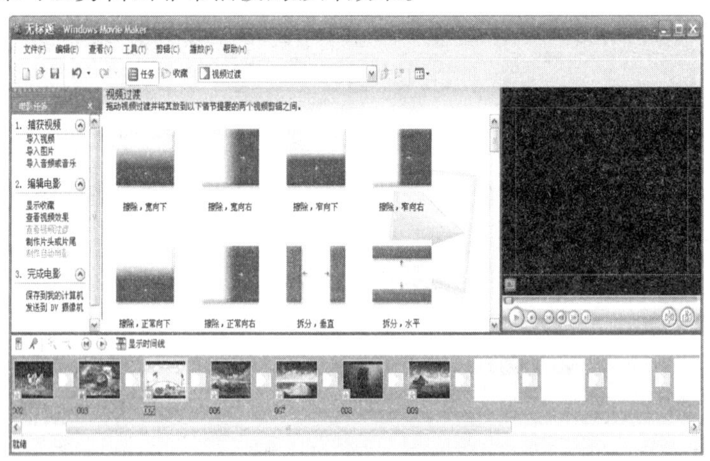

图5-45 视频过渡界面

5. 片头和片尾

选中菜单中“工具”→“片头和片尾”出现图5-46的界面，界面中有5种添加方式。以添加片头为例：

点击“电影开头添加片头”出现图5-47，在文字框内输入“这是我自己添加的片头文字”，随即在右边的预览窗口播放效果。片头的效果随时可以更改，在文字框的下方提供了“更改片头动画效果”和“更改文本字体和颜色”两个功能，通过这个地方直接修改片头文字的颜色的效果。

图5-46　添加片头和片尾界面

图5-47　添加片头文字界面

6. 完成电影制作

每个视频情节和音频情节调整、剪辑好后，单击监视区的“播放”按钮，即可在播放器中查看该情节的播放效果，通过监视器右下角的时间显示还可以了解其准确的播放时间。当全部视频情节和音频情节设置完毕后，单击“显示方式切换”按钮切换到情节视图方式，再单击监视区的“播放”按钮，即可预览整部电影的播放效果。

如果对预览效果满意，选择菜单中“文件”→“保存电影”出现对话框，通常按对话框中“下一步”按钮进行默认操作，它会将电影保存为WMV格式的视频/音频媒体文件。经过一段时间地合成操作即可完成制作工作，之后可立即启动媒体播放器来观看自己的作品。

5.6.5　百度音乐

百度音乐原名“千千静听”，是一款优秀的音乐播放软件，但随着互联网的快速发展以及QQ音乐、酷狗音乐等一系列优秀播放器的出现，千千静听主打的本地播放模式在当时已经很难满足用户的音乐需求，2006年7月，百度收购了千千静听并于2013年7月正式将千千静听更名为百度音乐，如图5-48所示。

图5-48　千千静听更名为百度音乐

1. 安装过程

从网上将百度音乐下载到本地（本教材编写时百度音乐的最新版本是V8.3.4），双击打开安装软件，如图5-49所示。

图5-49　百度音乐安装界面1

快速安装会将软件安装在默认路径并且可能会安装一些附加软件，自定义安装可以按照自己要求选择按照路径以及是否安装其他附加软件，点击“自定义安装”按钮后进入如图5-50界面。

图5-50　百度音乐安装界面2

在该界面可以变更安装目录和设置百度音乐作为音频文件的默认播放器，然后点击“开始安装”按钮进入如图5-51所示界面。

图5-51 百度音乐安装界面3

安装完成后如图5-52所示界面。

图5-52 百度音乐安装完成界面

在安装完成界面根据自己需要决定是否将百度卫士前面和开机时自动启动的复选框中的勾号去掉。然后点击“立即启动”按钮既可以打开百度音乐，也可以点击“完成”按钮，然后在桌面上双击百度音乐的快捷方式打开软件，界面如图5-52所示。

图5-53 百度音乐主界面

软件界面上的多个窗体可以自由集合或分离，随意摆放，给用户以最方便的听歌体验。百度音乐除了可以播放本地音乐文件外，它更具有吸引力的地方在于其海量的在线资源，软件支持包括无损格式在内的20多种音频格式并且支持音频格式间的互相转换，支持多种音效提升插件，全面增强音乐效果，还具备均衡调节和强大的歌词制作功能。

2. 播放本地文件

如果只是播放本地音乐文件，我们可以点击界面上音乐窗按钮将右边的“音乐窗”窗口关闭掉，这样整个软件界面会显得更加简洁。然后点击“本地音乐”→“添加本地歌曲”，如图5–54所示。

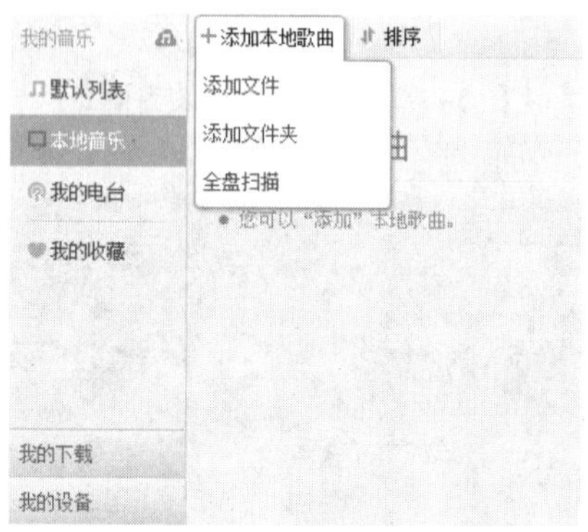

图5–54　添加歌曲界面

可以通过3种方式添加本地歌曲，分别是“添加文件”、“添加文件夹”以及“全盘扫描”。其中添加文件或文件夹会由用户指定具体的目标文件或文件夹，全盘扫描则会在整个硬盘上查找所有可播放的音乐文件。添加或扫描到的文件将会以列表的形式显示在界面中间的列表框中。可以对列表框中的音乐进行排序，点击音乐列表框上方的排序按钮，如图5–55所示。

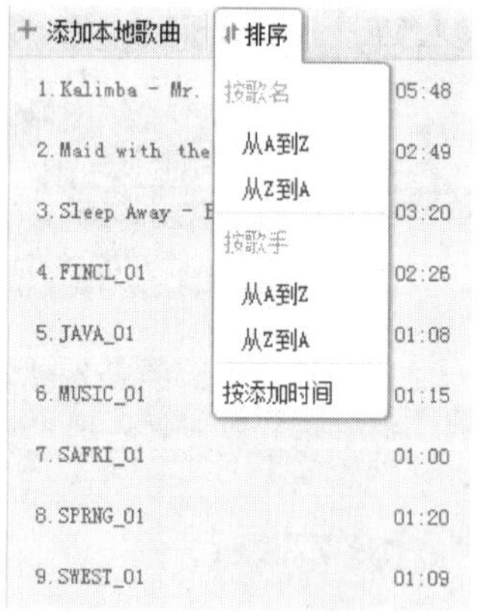

图5–55　对歌曲进行排序

排序方式有多种，可以按照歌名或歌手名排序，也可以按照歌曲的添加时间排序。播放歌曲时，直接双击列表中歌曲名称或者点击列表框上方的播放按钮，播放界面如图5–56所示。

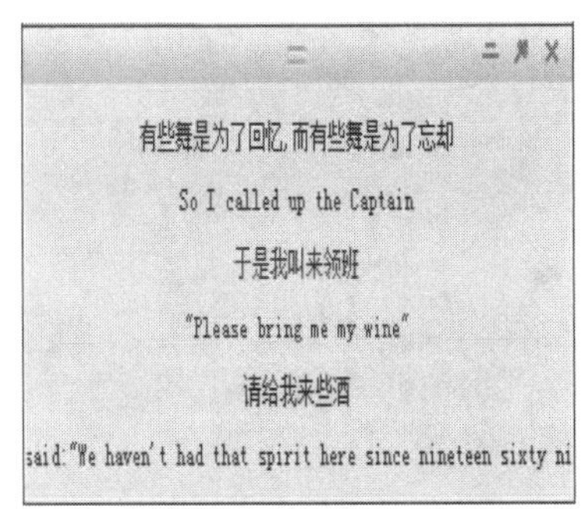

图5-56　播放歌曲

播放过程中点击将跳到下一首歌曲开始播放，点击跳到上一首开始播放，点击可以设置循环播放模式，点击设置音量大小。点击按钮打开如图5-57所示均衡器界面。

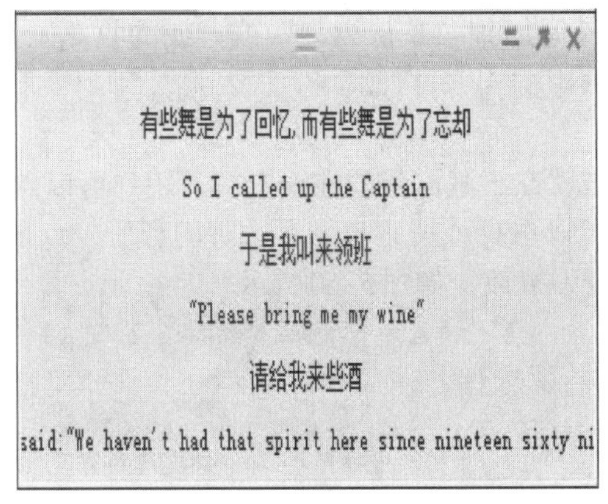

图5-57　均衡器设置界面

界面的右上角是均衡器的开关，在此均衡器界面上可以按照预设方案选定歌曲播放时的均衡模式，也可以自定义均衡器模式，如果觉得选定的方案或者自定义的均衡模式不合要求，可以点击界面上的“重置”按钮将所有的均衡设置为0。可以拖动界面上的“声道平衡”滑块来平衡左右声道，也可以拖动“环绕音效”滑块来调整环绕音效效果。

点击按钮可以打开或关闭歌词窗口，如图5-58所示。

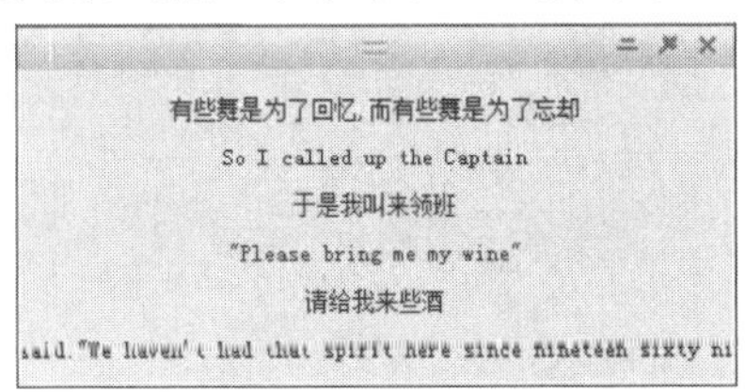

图5-58　歌词窗口界面

歌词显示与歌曲相关，有些歌曲可能因为本身信息不全而不能自动匹配网上歌词，此时就需要手动查找。

在列表中对任一歌曲点击右键，弹出右键菜单，如图5-59所示。

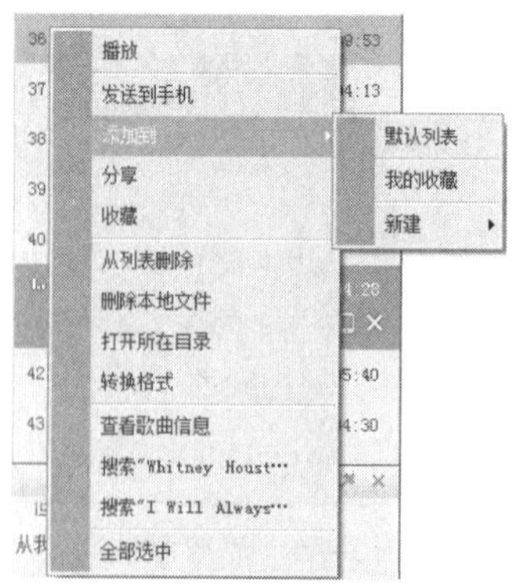

图5-59 歌曲的右键快捷菜单

通过此快捷菜单上的命令，快捷菜单提供了诸多实用命令，例如用户可以将音乐文件发送到手机上，也可以将文件添加到“默认列表”或“我的收藏”，还可以将文件从播放列表中删除或直接从磁盘中删除等。

3. 播放网络歌曲

百度音乐最强大的地方就在于其海量的在线资源，用户可以点击音乐窗按钮来打开音乐窗界面。在此界面上，用户可以选择或搜索自己喜欢听的音乐，点击歌曲名称后，歌曲将自动加载到“默认列表”中并开始播放，如图5-60所示。

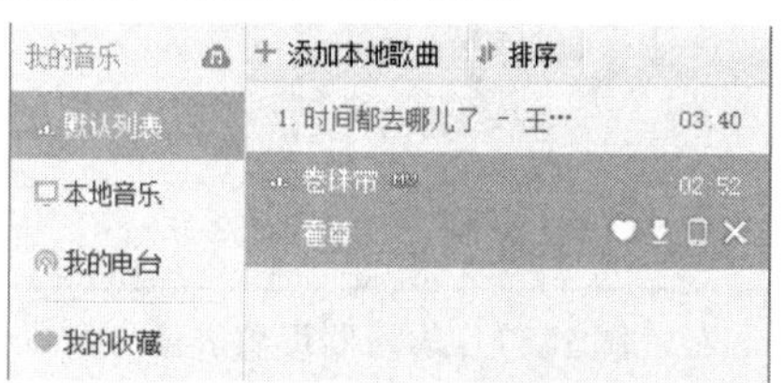

图5-60 播放网络歌曲界面

需要注意的是，此时音乐文件并没有真正下载到本地电脑里，而是在线播放。如果希望将网上的文件下载到本地，可以点击歌曲后面的按钮下载文件，如图5-61所示。

图5-61 从网上下载歌曲界面

选择好文件品质后，点击“立即下载”按钮，然后在“我的下载”里即可看到如图5-62所示的下载过程。

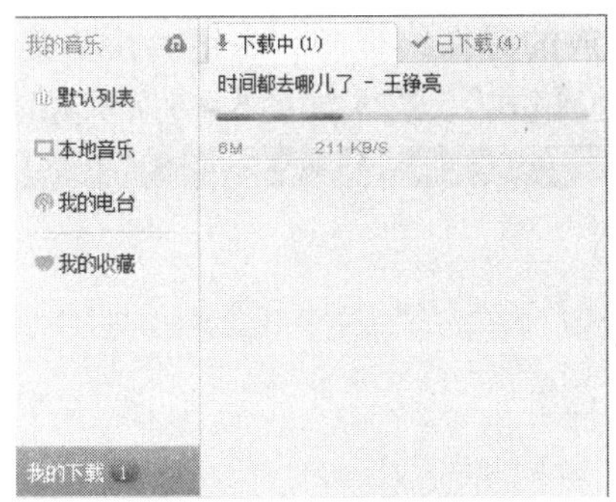

图5–62　正在下载界面

待下载完成后，“已下载”列表里即可看到刚刚下载的文件，此时文件即下载到本地电脑里了，如图5–63所示。

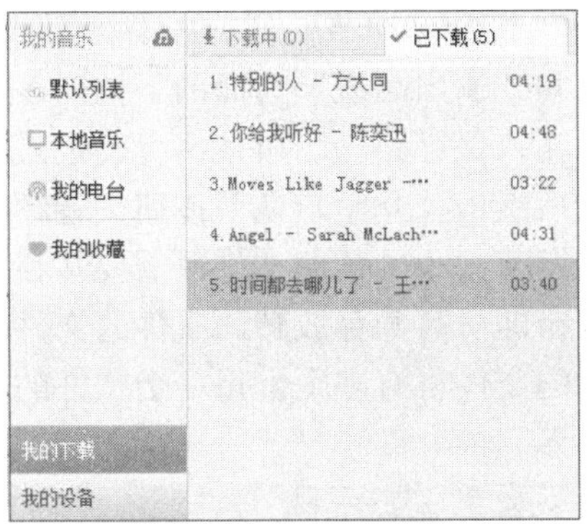

图5–63　已下载完成列表界面

用户也可以点击我的电台，在“我的电台”列表里点击任一电台主题进行播放，如图5–64所示。

图5–64　网络电台界面

如果希望听到更高品质的音乐，可以点击播放界面上的高品质来开启高品质模式（开启此模式需要用户拥有百度音乐的账号并登录百度音乐），这样在线歌曲将优先播放320K码率的。

4. 音频格式转码

百度音乐提供音频格式转码功能，在播放列表中的文件上点击右键（此文件必须是存储在本地电脑上的文件，如果播放的是在线资源，右键的快捷菜单上没有转码功能）打开快捷菜单，然后点击菜单中的“转换格式”，进入如图5-65所示界面。

图5-65　音频文件转码界面

在该界面的“输出格式”和“输出品质”后面的下拉列表框中分别选择目标文件的格式和比特率，在“输出目录”中输入保存路径。再视情况确定是否选择回放增益、均衡器设置以及杜比音效。所有设置完成后点击“开始转换”按钮，音频文件开始转码，转码时间跟文件大小相关，一般来说，几兆字节大小的歌曲文件只需要几秒钟即可完成转码。完成后用户可以直接点击“打开目录”按钮即可打开存放转码文件的文件夹。如果用户对一个文件进行多次相同格式的转码，转码后的文件将有多个，每一个文件的文件名均不同，是以数字递增的顺序命名文件。如图5-66所示。

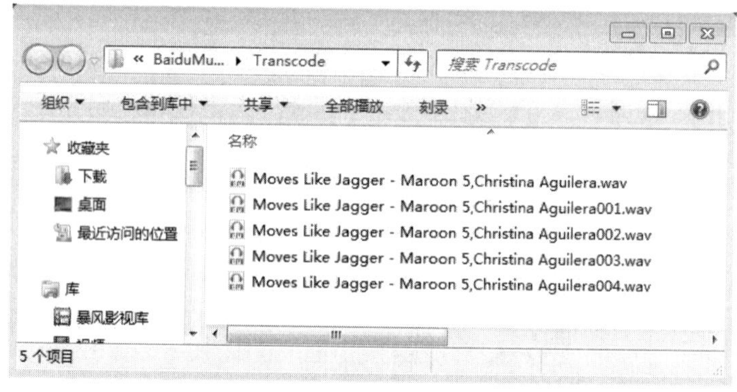

图5-66　转码完成的文件命名方式

除了上面介绍的几款典型的多媒体工具软件外，这一类型的软件还有很多，例如图片管理工具除了本章介绍的Picasa，常用的还有光影魔术手、美图秀秀，更专业的软件非Photoshop莫属。视频播放工具除了本章介绍的暴风影音，还有QQ影音、百度影音、PPTV、风行、KMPlayer等一系列优秀的播放软件。视频编辑工具除了本章介绍的Windows Movie Maker，常用的还有会声会影、视频编辑专家等专业软件。音频播放工具除了本章介绍的百度音乐，常用的还有酷狗音乐、酷我音乐、多米音乐、QQ音乐播放器等各有自己特色的优秀播放软件。

习　题

一、单项选择题

1.请根据多媒体的特性判断以下属于多媒体范畴的是（　　）。

（1）交互式视频游戏　　（2）有声图书

（3）彩色画报　　（4）彩色电视

A.仅（1）　　B.（1）（2）

C.（1）（2）（3）　　D.全部

2.一般说来，要求声音的质量越高，则（　　）。

A.量化级数越低和采样频率越低

B.量化级数越高和采样频率越高

C.量化级数越低和采样频率越高

D.量化级数越高和采样频率越低

3.5分钟单声道、16位采样位数、44.1kHz采样频率声音的不压缩数据量是（　　）。

A.50.47MB　　B.52.92MB　　C.201.87MB　　D.25.23MB

4.下列声音文件格式中，（　　）是波形文件格式。

A.WAV　　B.RAR　　C.ZIP　　D.MIDI

5.MIDI文件中记录的是（　　）。

A.乐谱　　B.MIDI消息和数据　　C.波形采样　　D.声道

6.下述声音分类中质量最好的是（　　）。

A.数字激光唱盘　　B.调频无线电广播

C.调幅无线电广播　　D.电话

7.下面关于数字视频质量、数据量、压缩比的关系的论述，正确的是（　　）。

（1）数字视频质量越高数据量越大

（2）随着压缩比的增大，解压后数字视频质量开始下降

（3）压缩比越大数据量越小

（4）数据量与压缩比是一对矛盾

A.仅（1）　　B.（1）（2）

C.（1）（2）（3）　　D.全部

8.下列说法正确的是（　　）。

A.Picasa是一款视频播放软件

B.暴风影音是微软公司开发的产品

C.Windows Movie Maker可以用来编辑电影

D.Win7系统自带了Windows Movie Maker软件

9.下列不属于多媒体开发的基本软件的是（　　）。

A.画图和绘图软件　　B.音频编辑软件

C.图像编辑软件　　D.项目管理软件

10.一个用途广泛的声卡应能够支持多种声源输入，下列（　　）是声卡支持的声源。
（1）麦克风　　（2）线路输入　　（3）CD Audio　　（4）MIDI
A.仅（1）　　B.（1）（2）
C.（1）（2）（3）　　D.全部
11.CD-ROM驱动器的接口标准有（　　）。
（1）专用接口　　（2）SCSI接口
（3）IDE接口　　（4）RS232接口
A.仅（1）　　B.（1）（2）
C.（1）（2）（3）　　D.全部
12.目前市面上应用最广泛的DVD-ROM驱动器是（　　）。
A.内置式的　　B.外置式的　　C.便携式的　　D.专用型的
13.下列设备中，不属于多媒体输入设备的是（　　）。
A.红外遥感器　　B.数码相机
C.触摸屏　　D.调制解调器
14.扫描仪可在下列（　　）应用中使用。
（1）拍摄数字照片　　（2）图像输入
（3）光学字符识别　　（4）图像处理
A.（1）（3）　　B.（2）（4）
C.（1）（4）　　D.（2）（3）
15.下列说法中，不正确的是（　　）。
A.电子出版物存储容量大，一张光盘可以存储几百本长篇小说
B.电子出版物媒体种类多，可以集成文本、图形、图像、动画、视频和音频等多媒体信息
C.电子出版物不能长期保存
D.电子出版物检索信息迅速
16.一台普通的计算机变成多媒体计算机要解决的关键技术是（　　）
（1）视频音频信号的获取　　（2）多媒体数据压缩编码和解码技术
（3）视频音频数据的实时处理　　（4）视频音频数据的输出技术
A.（1）（2）（3）　　B.（1）（2）（4）　　C.（1）（3）（4）　　D.全部
17.数字音频采样和量化过程所用的主要硬件是：（　　）
A.数字编码器
B.数字解码器
C.模拟信号到数字信号的转换器（A/ D转换器）
D.数字信号到模拟信号的转换器（D/ A转换器）
18.下列采集的波形声音质量最好的是：（　　）
A.单声道、8位量化、22.05 kHz采样频率
B.双声道、8位量化、44.1 kHz采样频率
C.单声道、16位量化、22.05 kHz采样频率

D.双声道、16位量化、44.1 kHz采样频率

19.多媒体计算机中常用的图像输入设备是：(　　)

(1) 数码照相机　(2) 彩色扫描仪　(3) 视频信号数字化仪　(4) 彩色摄像机

A.仅 (1)　B. (1) (2)　C. (1) (2) (3)　D.全部

20.下面硬件设备中哪些是多媒体硬件系统应包括的：(　　)

(1) 计算机最基本的硬件设备　(2) DVD-ROM

(3) 音频输入、输出和处理设备　(4) 多媒体通信传输设备

A.仅 (1)　B. (1) (2)　C. (1) (2) (3)　D.全部

二、填空题

1.文本、声音、________、________和________等信息的载体中的两个或多个的组合构成了多媒体。

2.多媒体系统是指利用________技术和________技术来处理和控制多媒体信息的系统。

3.多媒体技术具有________、________、________和实时性等特性。

4.在多媒体计算机系统中，声音（模拟）信号由________转换电路变换为二进制数字序列（数字信号）；播放时，由________转换电路将其恢复成原始的声音（模拟）信号。

5.多媒体电脑的硬件除了基本PC配置外，至少还应配置________、________。

6.多媒体电子出版物是把________经过精心组织、编辑及存储在________上的一种电子图书。

三、判断题

1.音频大约在20kHz ~ 20MHz的频率范围内。

2.音的三要素是音调、音高和音色。

3.在音频数字处理技术中，要考虑采样、量化和编码问题。

4.对音频数字化来说，在相同条件下，立体声比单声道占的空间大，分辨率越高则占的空间越小，采样频率越高则占的空间越大。

5.由于MIDI文件是一系列指令而不是波形数据的集合，所以其要求的存储空间较大。

6.对于位图来说，用一位位图时每个像素可以有黑白两种颜色，而用二位位图时每个像素则可以有三种颜色。

7.在相同的条件下，位图所占的空间比矢量图小。

四、简答题

1.多媒体数据具有哪些特点?

2.什么是多媒体技术?简述它的特点。

3.常见的多媒体文件格式有那些?

4.举出常见的多媒体播放工具，简述他们的特点?

5.声音文件的大小由哪些因素决定?